历史街区影响评估的方法及其应用研究

肖洪未　著

中国建筑工业出版社

图书在版编目（CIP）数据

历史街区影响评估的方法及其应用研究 / 肖洪未著
. —北京：中国建筑工业出版社，2021.6
ISBN 978-7-112-26161-1

Ⅰ. ①历…　Ⅱ. ①肖…　Ⅲ. ①城市道路—文化遗产保护—研究—中国　Ⅳ. ① TU-862

中国版本图书馆 CIP 数据核字（2021）第 087752 号

责任编辑：石枫华
文字编辑：郑　琳
责任校对：赵　菲

历史街区影响评估的方法及其应用研究
肖洪未　著
*
中国建筑工业出版社出版、发行（北京海淀三里河路9号）
各地新华书店、建筑书店经销
北京点击世代文化传媒有限公司制版
北京建筑工业印刷厂印刷
*
开本：787毫米×1092毫米　1/16　印张：16　字数：320千字
2021年5月第一版　2021年5月第一次印刷
定价：69.00元
ISBN 978-7-112-26161-1
（37630）

前言

21世纪以来，我国历史街区保护一直是城乡规划领域关注的热门议题，然而，近年来在城市开发、更新与保护实践过程中，历史街区相关建设、保护活动由于缺乏影响评估与有效缓解措施而产生了诸多新的问题与矛盾，逐渐危及历史街区真实性与完整性保存，对其遗产价值产生了破坏性影响。如何进一步避免与缓解未来建设、保护活动带来的潜在负面影响，使得历史街区的真实性、完整性及其遗产价值得以延续，并促进其可持续发展等方面面临着严峻挑战。然而，既有保护理论与方法在面对以上问题与挑战方面应用较弱，主要体现在"价值影响针对性弱""建设活动动态影响控制弱""保护实施引导系统性不足""保护管理时效性不足"等方面。

本书重点围绕历史街区保护的"针对性""动态性""系统性""时效性"等关键议题，借鉴遗产影响评估的理论与方法，主要采取"基础研究→问题研究→认知研究→方法研究"的逻辑框架，尝试解决历史街区保护面临的现实问题。首先，重点围绕遗产影响评估、历史街区这两条线索对国内外研究进展进行综述，即分别从"发展历程""管理政策""学术探讨"等方面对遗产影响评估相关内容进行了梳理，从发展历程、相关政策、理论与方法、公众参与、影响评估等方面对历史街区相关内容进行了总结；其次，重点围绕"价值影响针对性弱""建设活动影响控制动态性弱""保护实施引导系统性不足""保护管理时效性不足"四个核心问题进行论述，由于缺乏遗产影响评估工具从而导致历史街区保护的科学性不足的现实问题与矛盾，揭示了历史街区保护引入遗产影响评估的必要性；再次，主要围绕"缘起与概念""意义与内涵""工作流程""技术流程"四方面对历史街区影响评估的方法基础即遗产影响评估进行概述，揭示了历史街区保护引入遗产影响评估的重要价值和意义；最后，结合历史街区价值多样性与活态保护特殊性，从历史街区影响评估的一般方法与应用方法两个层面进行了探索，以重庆同兴传统风貌区保护为示范，分别从保护规划框架、现状累积影响评估、保护规划内容制定、保护规划影响评估等方面对历史街区保护规划策略改进展开了实证研究。

通过研究，本书从保护技术与管理方法层面提出了以下关键性成果：（1）初步构建了基于活态保护的历史街区影响评估的方法体系；（2）初步构建了以价值属性为基础的历史街区影响评估指标体系；（3）初步探索了基于历史街区影响评估的整体保护规划框架；（4）初步探索了基于历史街区影响评估的动态保护管理框架。希望本书有助于迫切解决城市开发、城市更新导致历史街区保护面临的核心问题，即通过对城市开发、城市更新导致历史街区的负面影响进行评估，针对评估结果提出缓解或控制措施，使历史街区保护与城市发展在各自需求上进行整体平衡，将促进历史街区与城市整体和谐共存，以实现社会、经济、文化等综合协调发展。同时，以我国历史街区为研究对象开展历史街区影响评估方法的探索，有助于拓展遗产影响评估的内涵与外延，也将丰富和完善历史街区保护理论与方法。

目录

第1章 绪论

1.1 研究背景

1.1.1 国际背景

1.理论背景：“可持续发展”思潮下的遗产保护与发展

国际遗产保护领域正式出现“可持续发展”概念，是在 1997 年 10 月在日本东京召开的第七届亚洲文化遗产保护研讨会❶，会议主题为“可持续发展与文化遗产保护”，主要讨论了在快速转变的社会中文化遗产保护的意义与未来发展问题❷，这也是国际遗产领域首次关于文化遗产可持续发展的议题。随后，1998 年 4 月在苏州召开的“中国——欧洲历史城市市长会议《保护和发展历史城市国际合作苏州宣言》”（1998）的国际会议，提出了为推动不同文化背景、自然环境和发展阶段的历史城镇和地区的可持续发展，需要制定相应的保护政策、规划措施等❸。1999 年 10 月，国际古迹遗址理事会（ICOMOS）在墨西哥通过的《国际文化旅游宪章》国际文件，该文件提出了应采取可持续发展的方式处理古迹遗址和旅游业的相互关系❹。

21 世纪以来，与可持续发展相关的国际遗产保护会议频繁召开，通过了一系列具有重要影响的国际文件，这时期因可持续发展理念能有效缓解遗产保护与发展的矛盾而逐渐为国际遗产保护领域认可与接受，并在世界各国尤其是发展中国家范围推广。2005 年 10 月，国际古迹遗址理事会（ICOMOS）通过的《西安宣言》，提出了通过与当地社区的协力合作和沟通，可以促进古迹遗址周边环境的保护，并将这种社区合作、沟通与保护作为古遗址的可持续发展战略的重要组成部分❺。2011 年 5 月，联合国教科文组织在通过的《关于城市历史景观的建议书》国际文件中，针对快速城市化与社会经济变革的特殊背景，提出了历史城市地区的保护是地方发展与城市规划的重要组成部分，并遵循可持续发展原则，将保护现有资源、积极保护城市遗产及其可持续管理

---

❶ 第七届亚洲文化遗产保护研讨会：来自联合国教科文组织（UNESCO）及国际文化财产保护与修复研究中心（ICCROM）及其 12 个国家的代表参加了这次专业化会议。

❷ 董卫. 可持续发展与文化遗产保护 [J]. 国际学术动态，1998（08）：3-5.

❸ 联合国教科文组织世界遗产中心，国际古迹遗址理事会，国际文物保护与修复研究中心，中国国家文物局. 国际文化遗产保护文件选编 [M]. 北京：文物出版社，2007.

❹ 同上.

❺ 同上.

成为历史城市地区发展的必要条件❶。2016 年 10 月，联合国人居署在厄瓜多尔首都基多召开了第三次联合国住房和城市可持续发展大会（简称"人居三"，H Ⅲ），并通过了《新城市议程》❷，更加强调了文化在城市可持续发展中的作用，提出可持续地利用文化遗产，通过将城市、地区的政策等措施在国家、省市和地方层面进行整合，突出在恢复、振兴城市中的作用❸。足见，当前可持续发展理念作为协调处理文化遗产与城市发展关系的重要工具以及文化遗产在推动城市发展的价值与意义已经提升到一个新的高度。

2. 现实危机：历史遗产保护正受城市快速发展的威胁

21 世纪迎来了全球经济的飞速发展，但与此同时许多历史性城市的文化遗产正受到发展的负面影响，导致许多城市的历史遗产遭受到毁灭性的威胁。经济发展推动了城市人口的膨胀与城市日益扩张，加速了历史遗产及其赖以生存的环境不断被蚕食、破坏。近年来，联合国教科文组织（UNESCO）世界遗产委员会审阅《遗产地保护现状报告》时发现了大量世界遗产地正面临大规模发展所带来的威胁，主要源于不恰当的或未经深思熟虑的基础设施和新房建设、城市更新等以及过度或欠妥的旅游发展对世界遗产地的突出普遍价值及其完整性和真实性产生了负面影响。另外，在全球化和城市化背景下，各国城市历史遗产正在面临城市发展的压力和挑战，频繁的城市建设活动正在对文化遗产造成巨大威胁，如城市道路、桥梁等基础设施建设以及高密度的土地开发等不恰当的建设活动对历史性城市景观风貌、文化遗产的外观与关联环境等造成了严重破坏。

3. 保护困惑：文化遗产保护的科学性不足

在快速发展的开发计划与城市建设等人工活动威胁下，既有遗产保护理论与方法对遗产保护实践指导的时效性、针对性与前瞻性越来越弱，阻碍了文化遗产真实性、整体性的保护及其遗产价值的延续，因此，既有保护理论与方法的科学性指导方面存在诸多不足。一方面，在动态、连续性的发展过程中，未能将遗产合理的变化与动态的城市发展进行科学地整合，以致无法有效化解保护与发展的矛盾或难以缓解二者在利益上的冲突；同时，遗产保护管理程序严重滞后，未能及时制定有效的干预措施，也缺乏对遗产影响变化进行预测并提前管理与控制，从而导致遗产保护管理的科学性不足；另外，传统遗产保护实施方法，通常简化实施管理程序而普遍采取标准化或模式化的保护实施模式，未针对具体对象采取遗产多样性实施的影响评估的保护方法，

❶ 联合国教科文组织（UNESCO）. 关于城市历史景观的建议书 [R]. 巴黎，2011.
❷ 来自世界多个国家的首脑、140 多个国家的政府高层代表团以及各界代表约 3.6 万人出席会议，共同探讨全球快速城镇化面临的挑战和解决方案，会议审议通过了《新城市议程》这一里程碑式的文件。
❸ 联合国人居署 . 新城市议程 [R].2016.

从而造成遗产保护实施效果的雷同或千篇一律。

4. 方法契机:"遗产影响评估"方法的应用推广

近年来,遗产影响评估❶作为环境影响评估在遗产保护领域的延伸或拓展的独立体系而得以普遍应用与推广,也是环境影响评价在广义层面的特殊影响评估类型,是基于可持续发展理念的历史遗产保护管理方法,是针对历史遗产影响变化管理的工具,也是许多国家将其作为历史遗产活态保护的科学管理手段。

20世纪末,自联合国环境与发展峰会将可持续发展理念提高到人类共同遵守的地位后,环境影响评估在世界范围内迅速接受和认可。在环境影响评估实施过程中涉及文化遗产时,需要对文化遗产产生的影响做实施评估,由此"遗产影响"的概念应运而生。直至1994年,世界银行在《环境评估原始资料》文件中明确提出凡是项目涉及遗产时,在进行环境影响评价时要增加遗产影响评估内容,由此产生了"遗产影响评估"的概念。随后,越来越多的国家或地区都在环境影响评估开展过程中重视对文化遗产的影响评估,而且逐渐将遗产影响评估制度化、法规化,英国、澳大利亚、加拿大、南非以及我国香港等国家或地区都陆续出台了关于遗产影响评估的一系列法案或技术导则。

进入21世纪,遗产影响评估应用于各国遗产保护管理实践,并频繁开展,各国和地区通过制定相应的遗产保护政策、技术导则等方式,将遗产影响评估工具与遗产管理、规划管理、环境管理、建筑管理等环节相结合取得了显著成效。澳大利亚在遗产影响声明制度框架下将遗产影响评估纳入到城市规划与环境保护体系中开展,加拿大将其纳入到遗产保护与城市规划体系中,英国则融合城市规划与历史环境管理的相关工作环节,我国香港地区将其与"活化历史建筑伙伴计划"(简称"活化计划")政策结合,在历史建筑活化利用的过程中需要开展"文物影响评估"❷。

进入21世纪以来,遗产影响评估开始被国际遗产保护领域关注,通过制定相关的技术指南或导则用以推广遗产影响评估的技术方法。国际古迹遗址理事会(ICOMOS)于2001年1月发布了遗产影响指南,2009年颁布了遗产影响评估技术导则,在此基础上并于2011年正式颁布了《世界文化遗产影响评估指南》,用于普遍指导世界遗产的影响评估开展❸。近年来,遗产影响评估的国际会议与培训活动频繁开展,如2011年、2014年相继在香港大学召开了"亚太地区遗产影响评估的发展"会议、"遗产影响评估研讨会:方法和实践"会议等。联合国教科文组织亚太地区世界遗产培训与研究中心(WHITRAP)与国际文物保护与修复中心(ICCROM)合作,分别于2012年、

---

❶ 关于"遗产影响评估"(heritage impact assessment),《实施世界遗产公约操作指南》(2019版)以及《世界文化遗产影响评估指南》(中文版)(2011)都将"heritage impact assessment"翻译为"遗产影响评估"。

❷ 冯艳,叶建伟. 国内外遗产影响评估(HIAs)发展述评[J]. 城市发展研究,2017(01):130-134.

❸ ICOMOS. Guidance on Heritage Impact Assessments for Cultural World Heritage Properties[R].2011.

2014年、2016年相继在中国云南丽江、中国四川都江堰、菲律宾维甘古城举办了三期"遗产影响评估"的培训活动，培养了来自世界各地的大量专业人士。

1.1.2 国内背景

1. 我国文物影响评估的兴起与不足

我国文物影响评估工作的开展受可持续发展理念与国际遗产影响评估兴起、发展、方法推广的影响，尤其受《西安宣言》（2005）《会安草案—亚洲最佳保护范例》（2005）以及《绍兴宣言》（2006）等具有重要影响力的国际性文件的影响较大，主要出台了《关于加强基本建设工程中考古工作的指导意见》（2007）、《国家考古遗址公园管理办法（试行）》（2010）等规章文件，促进了一批地方城市如北京、西安、南京、苏州、杭州、洛阳等中国历史文化名城也陆陆续续开展了文物影响评估工作❶。

尽管我国文物影响评估工作已开始进行，但只是局限于文物考古领域的开展，但若按照国际遗产保护相关宪章规定的要求，我国遗产影响评估工作开展的深度和广度还远远不足，也远远落后于遗产影响评估已形成完善制度化的国家和地区，如英国、澳大利亚、加拿大等。我国许多城市都正步入新常态存量发展阶段，随着城市化进程的进一步推进以及新一轮旧城更新运动热潮的高涨，旧城中遗产保护与项目开发建设的矛盾将进一步加深，也将进一步危及旧城中除文物外的其他城市历史遗产的真实性、完整性保存，从而阻碍了城市历史文化脉络的延续。

因此，在以上背景下全面开展遗产影响评估工作迫在眉睫，同时也对我国遗产保护相关法律法规的修订、遗产保护管理制度的改革以及遗产影响评估方法的创新性探索等方面提出了十分紧迫的要求。

2. 我国遗产保护面临的现实问题与挑战

近年来，我国遗产保护面临的问题与挑战同世界上许多缔约国一样，在快速城市化过程中，我国历史遗产保护受到巨大威胁，从而导致遗产保护与城市发展的矛盾也越来越尖锐。然而，我国既有的遗产保护理论与方法在面对快速城市化冲击下由于缺乏影响评估过程而带来保护的科学性不足，主要表现在相关建设活动影响控制动态性较弱、相关保护实施引导系统性不足、相关保护管理时效性不足等现实问题与矛盾上，因而导致历史遗产保护实施的效果并不理想，严重阻碍了历史遗产真实性、整体性的保护及其价值的延续。另外，未来在城市快速发展与城市更新运动浪潮热涨趋势下，遗产保护也难以回避城市发展的诉求与城镇化步伐加速的客观现实需求，遗产保护面对针对性、动态性、系统性、时效性不足等方面的劣势，亟待创新探索遗产保护理论

❶ 肖洪未、李和平. 从"环评"到"遗评"：我国开展遗产影响评价的思考——以历史文化街区为例 [J]. 城市发展研究，2016（10）：105-110+117.

与方法，以加强历史遗产保护的科学性。

　　3. 历史街区在城镇化进程中面临的矛盾最突出

　　我国改革开放四十余年以来城镇化得以快速推进，但伴随新区开发建设与旧城更新运动的并举进行，由于缺乏科学有效的可持续发展管控工具等原因，导致大量历史街区受到现代城市空间扩张的巨大冲击，致使其遗产环境逐渐被蚕食，而形成非连续的异质空间，呈现出碎片化、孤岛化的空间特征，使得历史街区有机共生的历史环境及真实性价值遭到严重破坏。如近几年来，山西大同市在旧城更新中大量的历史街巷遭到破坏性的拆除；山东济南大量近代老街在城市更新过程中面临消亡；重庆鱼洞老街、白象街、十八梯、湖广会馆及东水门历史街区等在新一轮旧城更新浪潮中，大量的传统风貌建筑、历史建筑与历史街巷被彻底铲除。因此，历史街区在快速城镇化进程中若不采取及时有效的影响缓解或控制措施，将影响到历史街区的真实性与完整性保存，也将危及其城市历史文脉的延续。

　　综上所述，在可持续发展思潮背景下，"可持续发展"已从环境保护领域渗透到遗产保护领域，并作为遗产的重要保护理念。足见，可持续发展理念已在国际遗产保护领域中广泛运用，并在未来遗产保护过程中将持续作为重要的遗产保护理念。而且，在这种思潮背景下，遗产影响评估的应用将随着各国遗产保护力度的加强，未来将成为遗产保护中重要的技术保护手段和创新管理工具。

　　在我国城镇化与现代化快速推进过程中，城市历史遗产保护在未来很长一段时间内都将面临严峻的挑战。同时，我国现阶段局限于文物考古领域的遗产影响评估工作开展起步较晚，且开展的广度和深度都亟待拓展。将文物影响评估延伸到包括历史街区在内的历史遗产类型开展遗产影响评估工作，是未来科学探索遗产保护理论与方法的新趋势。历史街区作为我国遗产保护体系中重要的遗产要素，在快速城镇化进程中现代化城市空间扩张以及新一轮旧城更新浪潮冲击下，其真实性与完整性保存也将面临严峻挑战，故开展关于历史街区这类历史遗产的遗产影响评估，是协调处理历史街区保护与发展二元矛盾的客观需求。

　　因此，如何从主动的积极保护、整体的保护方法、具有时效性的保护管理程序等方面创新性探索历史街区保护方法，以避免或缓解历史街区相关的一切建设活动对其遗产价值造成负面影响，协调处理历史街区保护与发展的矛盾，将成为本书重点探讨的内容。

1.2　相关概念辨析与界定

　　相关概念主要包括环境影响评价与遗产影响评估、遗产价值与遗产环境、历史街区与历史文化街区、历史街区的遗产价值与历史街区的遗产环境、历史街区影响与历史街区影响评估，因此，需要对其进行辨析，并对历史街区的遗产价值与遗产环境以及历史街区的遗产影响内涵进行界定。

1.2.1 环境影响评价与遗产影响评估

1. 环境影响评价

环境影响评价（Environmental Impact Assessment），也称为环境影响评估，简称"环评"（EIA），概念源自于1964年在加拿大召开的"国际环境质量评价会议"，是指对拟提议中的建设项目、区域开发计划和国家政策实施后可能对环境产生的影响（或后果）进行的系统性识别、预测和评估的过程。1980年，国际影响评价协会（IAIA）在多年环评实践经验总结基础上提出了环境影响评价的定义，即"对规划和建设项目实施后可能造成的环境影响进行分析、预测和评估，提出预防或者减轻不良环境影响的对策和措施，进行跟踪监测的方法与制度"，并且环境影响评价包括物理环境和社会经济环境的影响评价，其中物理环境除了人类需要的空气、水、土地、景观、气候、能源等，还包括保存的地区、建成遗产、历史和古遗迹等文化环境❶。我国法律《中华人民共和国环境影响评价法》中的"环境影响评价"是指"是对规划和建设项目实施后可能造成的环境影响进行分析、预测和评估，提出预防或者减轻不良环境影响的对策和措施，进行跟踪监测的方法与制度"❷。可见，"环境影响评价"不仅是一种应对环境影响进行识别、预测、评估的技术工具，也是关于环境影响监测、管理的制度。

2. 遗产影响评估

遗产影响评估（Heritage Impact Assessments，简称"HIA"），是近年来由环境影响评价延伸到遗产保护领域内的独立应用，是广义环境影响评估的特殊类型。国际文物保护与修复研究中心（ICCROM）从遗产管理层面初步界定了遗产影响评估的概念，即"遗产影响评估是一种用以对遗产变化实施管理并消除负面影响的手段工具，目的在于保存遗产所承载的重要意义，这也是遗产管理的基本任务"。国际古迹遗址理事会（ICOMOS，2011）发布的《世界文化遗产影响评估指南》从方法论层面对遗产影响评估概念进行了界定，即"将每个世界遗产视为独立的个体，采用系统和综合的方法评估对突出普遍价值（OUV）属性（attributes）所造成的影响，以适用于世界遗产地的

---

❶ John Glasson，Riki Therivel and Andrew Chadwick.Introduction to Environmental Impact Assessment（4th edition）[M]. British Library Cataloguing in Publication Data，2012.

❷ 朱世云. 林春绵. 环境影响评价（第二版）[M]. 北京: 化学工业出版社，2015.

需要"❶。本书在第 3 章中对遗产影响评估的定义进行了界定，即"遗产影响评估是在调查、分析、识别、评估、结果应用等一系列连续的步骤基础上，通过对遗产变化进行管理而达到规避或缓解遗产重要性属性遭受拟提议项目的潜在负面影响的工具"。因此，"遗产影响评估"不仅是一种用以遗产影响进行识别、预测、评估的技术工具，也是对遗产变化进行监测的管理制度。

1.2.2 历史街区与历史文化街区

1. 历史街区

历史街区的概念早已在《威尼斯宪章》（1933）、《内罗毕建议》（1976）、《华盛顿宪章》（1987）等国际宪章文件中逐渐得以明确，并且在国际遗产保护领域达成了共识，通常使用的是"历史地区"（Historic Areas）、"城市历史地区"（Urban Historic Areas）概念与此对应。历史街区的概念并没有统一的定义，国内学界对其定义也存在一定分歧，因此，概念具有"非正式""时效性不明显"的性质，属于国内学术用语。"历史街区"概念具有广义、狭义之分，二者分别属于两个不同的空间层次：广义"历史街区"对应的英文词主要有 Historic Urban Areas、Historic Districts，Historic Site 等，基本指代"历史城区"和"历史地段"概念；而狭义"历史街区"对应的英文词主要为 Historic Block、Historic Street、Historic Neighborhood 等，大致对应西方城市形态中"城市街区"（Urban Block）的概念范畴。因此，学界通常所指的"历史街区"，本质上是狭义层面的"历史文化保护区""历史地段"等概念的代名词❷。

国内各城市对"历史街区"概念也没有形成统一的界定方式，各地根据自身情况通过地方法规性文件进行界定，如上海的"历史文化风貌区"，北京的"历史文化街区"、南京的"历史文化街区"与"历史风貌区"以及"近现代建筑风貌区"，广州的"历史文化保护区""历史文化风貌区"，杭州的"历史文化街区"，天津的"历史风貌建筑区"，重庆的"历史文化传统街区"、武汉的"历史文化风貌街区"等（表 1.1）。以上表格显示，各地城市与历史街区对应的概念在定义方面有一定差异，但在真实性、完整性及文化内涵层面基本上具有以下共性特征：要求保存具有一定数量和规模、真实的历史遗存，保存的历史遗存集中成片且历史风貌较为完整，积淀了某一历史时期真实的历史文化内涵。

---

❶ ICOMOS.Guidance on Heritage Impact Assessments for Culture World Heritage Properties[R].2011. 关于 "Guidance on Heritage Impact Assessments for Culture World Heritage Properties" 的中文翻译，在《实施世界遗产公约操作指南（2015）》中翻译为 "世界文化遗产影响评估操作指南"，中国古迹遗址保护协会将其翻译为 "世界文化遗产影响评估指南"。
❷ 李晨 ."历史文化街区"相关概念的生成、解读与辨析 [J]. 规划师，2011，04：100-103.

各地城市历史街区对应的类型 表 1.1

代表城市	历史街区对应的类型	定义	法规性文件
上海	历史文化风貌区	历史建筑集中成片，建筑样式、空间格局和街区景观完整地体现上海某一历史时期地域文化特点的地区	上海市历史文化风貌区和优秀历史建筑保护条例（2010）
北京	历史文化街区	具有特定历史时期传统风貌或者民族地方特色的街区、建筑群、村镇等	北京历史文化名城保护条例（2005）
南京	历史文化街区、历史文化风貌区	未明确定义	南京历史文化名城保护条例（2010）
	近现代建筑风貌区	近现代建筑集中成片，建筑样式、空间格局较完整地体现本市地域文化特点，并依法列入保护名录的区域	南京市重要近现代建筑和近现代建筑风貌区保护条例（2006）
广州	历史文化保护区	文物古迹比较集中的区域，或比较完整地体现某一历史时期传统风貌或民族地方特色的街区、建筑群、镇、村寨、风景名胜	广州历史文化名城保护条例（1999）
	历史文化风貌区	空间格局、景观形态、建筑样式等较完整地体现地方某一历史时期地域文化特点，具有一定规模，但尚未达到历史文化街区标准或者尚未公布为历史文化街区的区域	广州市历史建筑和历史风貌区保护办法（草案）
杭州	历史文化街区	文物保护单位（文物保护点）、历史建筑、古建筑集中成片，建筑样式、空间格局和外部景观较完整地体现杭州某一历史时期的传统风貌和地域文化特征，具有较高历史文化价值的街道、村镇或建筑群	杭州市历史文化街区和历史建筑保护办法（2005）
天津	历史风貌建筑区	历史风貌建筑集中成片，街区景观较为完整、协调的区域	天津市历史风貌建筑保护条例（2005）
重庆	历史文化传统街区	能够反映历史文化名城内涵的地区，即历史建筑集中成片，建筑样式、空间格局和街区景观较完整地体现重庆某一历史时期地域文化特点的地区	重庆市人民政府关于公布第一批重庆历史文化名镇（历史文化传统街区）的通知（2002）
武汉	历史文化风貌区	历史遗迹较为丰富、文物古迹较多、优秀历史建筑密集且建筑样式、空间格局和街区景观较完整、真实地反映武汉某一历史时期地域文化特点的地区	武汉市历史文化风貌街区和优秀历史建筑保护条例（2012）

资料来源：作者根据相关资料整理

在归纳各地城市关于历史街区共性特征基础上，考虑到历史街区所应具有历史真实性、生活真实性、风貌完整性三个基本特征，本书将"历史街区"概念界定为"保存一定规模且集中成片的历史遗存，体现城市某一历史时期完整的历史风貌与景观，并具有延续的社会结构、居住及其服务功能的传统生活街区"。因此，历史街区包括四个层面的含义，"一定规模且集中成片的历史遗存"是关于物质空间层面的，包括历史建筑、传统街巷格局及其形成的自然与人文环境的空间格局，不一定要求文物；"完整的历史风貌与街区景观"是关于历史风貌、街区景观层面的，应保证经历史沉积的风貌连续性以及街区景观的完整性、协调性，是历史遗存的外部体现，体现传统建筑风貌年代的历史建筑的数量或建筑面积占街区建筑总量的比例达到 50% 以上；"具有延续的社会结构"是关于人文社会层面的，包括稳定、延续的社会组织结构、社会网络结构和传统的生活居住等形式，是文化积淀有机形成的，具有文化延续性与居民结构稳定性，通常原住民保有率约 60% 左右；"具有延续的居住功能及其服务功能"要求街区历史风貌的完整性与社会结构的延续性，并使得传统历史文化得以延续，因此应保持并强化其传统的居住功能及其服务功能，传统的居住及其服务功能进行适当的功能置换是允许的，但应考虑度的把握，不能破坏既有居住主要功能的稳定性，还应考虑新功能在整体上与既有功能的协调性 ❶。

2. 历史文化街区

"历史文化街区"是自 2002 年以后我国历史文化名城保护体系的核心概念，其前身为 1986 年提出的"历史文化保护区"。1997 年 8 月，建设部发文将历史文化保护区作为一个独立层次正式列入我国的历史文化遗产保护体系。分别于 2002 年、2015 年两次修订《中华人民共和国文物保护法》，都将"历史文化街区"概念界定为"保存文物特别丰富并且具有重大历史价值或者革命纪念意义的城镇、街道、村庄，由省、自治区、直辖市人民政府核定公布为历史文化街区、村镇，并报国务院备案"。2008 年颁布的《历史文化名城名镇名村保护条例》将历史文化街区定义为"由省、自治区、直辖市人民政府核定公布的保存文物特别丰富、历史建筑集中成片、能够较完整和真实地体现传统格局和历史风貌，并具有一定规模的区域"。因此，"历史文化街区"属于国内法规用语，其概念具有较正式、时效性较明显、所处环境更大（包括城镇与乡村）的性质，而具有一定保护级别的历史街区（或历史地段），通常也属于历史文化街区，因此，历史文化街区与历史街区在概念上并没有明确的界线。

1.2.3　历史街区的遗产价值与遗产环境

1. 历史街区的遗产价值

《中国文物古迹保护准则》（2015）强调了文物古迹的历史价值与文化价值 ❷。根据本书对历史街区概念的界定，历史街区不仅作为我国历史遗产的一种类型，也是遗产

---

❶　阮仪三，孙萌．我国历史街区保护与规划的若干问题研究 [J]. 城市规划，2001（10）：25-32.
❷　国际古迹遗址理事会中国国家委员会，中华人民共和国国家文物局推荐．中国文物古迹保护准则 [R].2015. 第
　　1 条"历史文化名城名镇、名村反映了人类聚落发展、演变的历史，承载了文化的多样性，具有文物古迹价值"。

社区的特殊类型，是与城市经济社会发展互动的城市生活共同体❶，因此，历史街区的遗产价值不仅包括遗产一般具有的历史价值、艺术价值、科学价值三大基本价值，还包括生活价值、文化价值、社会价值、功能价值等衍生价值。其中，生活价值是因其作为活态遗产而相对于其他遗产类型具有的活态保护价值，是居住在其中的人们聚落生活的重要意义，同时，居民的生活方式、信仰及民俗文化等积淀了历史街区的非物质文化内涵，承载了文化的多样性，故具有文化价值。历史街区见证了城市发展，是城市空间发展与城市功能（自身功能及其与周边地区相适应的其他功能）的有机组成部分，故具有社会价值、功能价值。因此，历史街区具有遗产与人的双重属性，其遗产价值既包括关于遗产属性需要保护的历史、艺术、科学等核心价值，也包括关于人的属性而需要利用的生活、文化、社会、功能等活态价值，还包括具有地域特色的景观、环境价值。其中，核心价值与活态价值体现了历史街区价值的普遍属性，因此可以统称为普遍价值，而景观、环境价值体现了历史街区的地域自然属性，因此也可以称为地方特色价值。

2. 历史街区的遗产环境

不同于个体遗产（特指点状的遗产类型），历史街区是块状的遗产类型，其内部也存在诸多个体遗产（如文物建筑、历史建筑等有形遗产）。历史街区的遗产环境，即历史街区广义上的相关环境，实质上是构成历史街区的内部嵌套的所有个体遗产及其相关环境的集合，强调了历史街区的真实性与完整性。因为内部嵌套个体遗产间互为环境，个体遗产既是遗产类型，也可以作为其他个体遗产的相关环境（setting）。由此，历史街区遗产环境的构成要素既包括内部嵌套的个体遗产及相关环境，也包括历史街区外部的相关环境，实际上，历史街区内部个体遗产与其相关环境并不需要严格的区分，内部嵌套的个体遗产可以是环境，环境也可以是个体遗产，为消除概念歧义，可以将历史街区内部嵌套的所有个体遗产及其相关环境以及历史街区外部相关环境都归纳为历史街区的遗产环境概念范畴。许多国家都将历史环境或环境作为保护管理的对象，因此，以上关于历史街区遗产环境内涵与《西安宣言》关于遗产"环境"内涵并不矛盾，只是在外延上，历史街区的遗产环境范围较大。

1.2.4 历史街区影响与影响评估

1. 历史街区影响

历史街区影响是指保护、整治、更新、开发等人工活动对历史街区遗产价值属性（价值属性）的影响。历史街区遗产价值属性（价值属性）是指历史街区及其内

---

❶ 钟晓华. 遗产社区的社会抗逆力——风险管理视角下的城市遗产保护 [J]. 城市发展研究，2016，23（02）: 23-29.

部嵌套个体遗产及遗产环境的属性，因此，历史街区影响实质上是保护、整治、更新、开发等人工活动对历史、艺术、科学、生活、文化、社会、环境等价值属性的影响。

2. 历史街区影响评估

历史街区影响评估，是指通过一种系统的、连续的方法，在调查、分析、识别、评估、结果应用等一系列连续步骤基础上，通过制定保护措施而达到规避或缓解价值属性遭受拟提议项目活动（包括保护、整治、更新、开发等人工活动）的潜在负面影响。因此，历史街区影响评估，实质是应对历史街区影响的保护技术手段。

1.3 国内外研究现状

1.3.1 遗产影响评估研究现状

为全面了解国内外遗产影响评估的发展概况，这里主要从遗产影响评估的发展历程、管理政策、学术讨论三个方面进行梳理。

1. 遗产影响评估的发展历程

尽管遗产作为广义环境的重要元素，但遗产因其真实性、完整性保护及其价值延续的特殊属性与环境属性有着本质的区别，因此，国际遗产保护领域对遗产属性认识不断加强，逐渐将环境影响评价延伸到遗产保护领域，形成相对独立的遗产影响评估体系，也是基于可持续发展思潮背景下遗产可持续保护与发展形势下形成的。采用年代法梳理遗产影响评估发展历程，本书将遗产影响评估的发展历程划分为"兴起—政策制定—技术探索—技术推广"四个阶段。

（1）遗产影响评估的兴起阶段（20 世纪 80 年代～20 世纪末）

遗产影响评估的兴起可以追溯到 20 世纪 80 年代西方国家对影响评估认识的加强，部分国家将环境影响评估（EIA）、社会影响评估（SIA）、风险评估（RA）与相关领域结合起来，积极推动影响评估在政府决策中的作用以及评估实践的应用。直到 1992 年可持续发展理念被联合国环境与发展峰会提高到人类共同遵守的地位后，环境保护的意识和行动得以增强，环境影响评估（EIA）在全球范围内迅速被接受和认可，在环境影响评估实施过程中涉及文物古迹等不可移动文化遗产时，需要对文化遗产产生的影响开展评估，由此产生了文化遗产影响评估概念。1994 年世界银行明确提出环境影响评估凡是项目涉及遗产时，环境影响评估报告中要增加文化遗产影响评估的相关专题内容，并详细阐述了相关原则、步骤及管理、监控等内容。由此，越来越多的国家都在环境影响评估开展过程中重视对文化遗产的影响评估而且逐渐将遗产影响评估作为各国的重要制度或政策，如澳大利亚、加拿大、英国等国家逐步出台了一系列法案或导则，在环评基础上增加了文物、文化、社会等内容❶❷。1997年香港环境影响评估制度正式实施，此时文化遗产影响评估成为香港环境影响评估的重要内容，作为识别、绘制、管理遗产的重要工具和手段❸❹。另外，其他国家也陆续颁布了遗产影响评估的政策或制度性文件，如澳大利亚1999年出台了《国家环境重要事项：重大影响指导方针》与《环境保护和生物多样性保护法案》（1999）等❺，英国及欧洲其他国家也逐渐将环境影响评估中文化遗产作为重点考虑因素❻。

这时期遗产影响评估在环境影响评价领域内作为文化遗产的影响评估专题形式开展，表面上看起来这种影响评估方法有效，但由于环境影响评价的方法往往将文化遗产的属性分开分析，并且单独评估对其的影响，如分开为保护建筑、考古遗址遗迹、视觉焦点等，并没有从整体的角度对遗产的突出普遍价值（OUV）属性开展评估，因此，评估的对象与遗产的突出普遍价值的属性关联性不强，其评估结果也缺乏一定的科学性。

（2）遗产影响评估的政策制定阶段（2000年~2005年）

进入21世纪以后，国际遗产保护领域开始关注遗产影响评估，并颁布了相关的国际性政策文件，规定了遗产影响评估应用到遗产保护中的相关要求，因此本书将这个阶段归为遗产影响评估政策制定阶段。2001年1月，国际古迹遗址理事会于发布了遗产影响指南，第一次对遗产影响评估（HIA）的定义、内涵、运用原则等进行了阐述，但是并没有提出具体方法和工作步骤。同年，联合国教科文组织在越南会安召开了针对遗产地保护的国际研讨会，明确了必须大力推进和开展文化遗产影响评估工作。2002年，国际文化多样性网络组织（INCD）在南非开普敦召开第三届年会，专题研讨了文化（涵盖文化遗产）影响评估项目，也成为2004年出台的《文化影响评估框架》的一部分内容❼。

2005年对于国际遗产领域关于"可持续""整体"的保护理念的转变具有里程碑意义，这时期主要出台了《维也纳保护具有历史意义的城市景观备忘录》《西安宣言》

❶ 叶建伟，冯艳，袁世兵.遗产影响评价方法发展综述及我国的应用前景 [J].华中建筑，2016，07：25-28.

❷ 腾磊.何为文物影响评估（CHIA）[N].中国文物报，2014-5-2（006）.

❸ Hong Kong Criteria for Cultural Heritage Impact Assessment，Environmental Impact Assessment and Ordinance（Cap.499）Guidance Notes Assessment of Impact on Sites of Cultural Heritage in Environmental Impact Assessment Studies.

❹ Dr.Ayesha Pamela Rogers.Cultural Heritage Impact Assessment：Making the Most of the Methodology. Archaeological Assessments Ltd. Hong Kong.

❺ 腾磊.何为文物影响评估（CHIA）[N].中国文物报，2014-5-2（006）.

❻ Alan Bond，Lesley Langstaff，Ross Baxter，Hans-Georg Wallentinus Josefin Kofoed，Katri Lisitzin & Stina Lundström.Dealing with the cultural heritage aspect of environmental impact assessment in Europe，Impact Assessment and Project Appraisal [J]. 2004，22：1，37-45.

❼ 腾磊.何为文物影响评估（CHIA）[N].中国文物报，2014-5-2（006）.

《会安草案——亚洲最佳保护范例》三大具有重要影响力的国际遗产保护文件。2005年 5 月 12 日至 14 日，世界遗产与当代建筑国际会议在维也纳通过的《维也纳保护具有历史意义的城市景观备忘录》，着眼于历史性城市景观品质永久保护以及改善空间、功能与设计相关价值的目的，倡导功能用途、社会结构、政治环境和经济发展的持续变化可以视为城市传统的一部分，强调了历史城市应着眼于整体、长远发展，但同时为各种人工干预活动对历史性城市景观的破坏影响埋下了系列隐患，对于决策者、管理者从管理制度层面提出了严峻的挑战。在此背景下，特别强调当代建筑与历史性城市景观的互动融合，并提出当代干预议案的同时一并提交《文化或视觉影响评估报告》❶；2005 年 10 月 21 日，国际古迹遗址理事会发布的《西安宣言》正式将遗产影响评估纳入到遗产保护的规定要求，并将评估对象与范围延伸至相关环境，强化了遗产及其相关环境变化的可持续管理和监测，为遗产的可持续发展提供了重要条件和基础❷；2005 年 12 月 30 日，针对亚洲地区高速现代化和城市化进程对亚洲遗产地（包括历史城区和遗产群落等）产生重要威胁的背景下，联合国教科文组织（UNESCO）在越南会安（Hoi An）通过了《会安草案—亚洲最佳保护范例》，提出了文化遗产影响评估可以在确保可持续发展和社会福祉的前提下，使地区遗产得到成功保护，并指出了文化遗产影响评估的开展方法，尤其在收集、了解资源真实性所需的基本信息方面，需要全面了解研究区域并获得保持完整性和真实性所需数据❸。

（3）遗产影响评估的技术探索阶段（2006 年~2011 年）

这个阶段是关于遗产影响评估相关技术导则形成的主要过程。许多缔约国的开发建设活动对世界遗产地的外观、天际线、视觉景观等所承载的突出普遍价值的各种不同属性造成了影响，从而对世界遗产真实性与完整性保护产生了诸多负面影响。为了使能准确评估这些潜在的威胁，需要对那些给遗产的突出普遍价值带来影响的变化做出详细说明❹。因此，为了更准确地评估发展中的各项因素对遗产地可能产生的影响，世界遗产委员会要求各缔约国开展遗产影响评估（HIA）。由于遗产影响评估大多包含在各国的环境影响评估中，但缺少具体的、专业的指导，各国开展的遗产影响评估要求、程序也不一样，而导致遗产影响评估实际取得的效果并不理想。因此，为了指导遗产影响评估开展的合理性与科学性，2009 年，联合国教科文组织（UNESCO）与国际古

---

❶ 联合国教科文组织世界遗产中心，国际古迹遗址理事会，国际文物保护与修复中心，中国国家文物局. 国际文化遗产保护文件选编[M]. 北京：文物出版社，2007：326-330.

❷ ICOMOS，Xi'an Declaration on the Conservation of the Setting of Heritage Structures，Sites and Areas，2005.[EB/OL]. http://iicc.org.cn.

❸ ICOMOS INTERNATIONAL CONSERVATION CENTER.Hoi An Protocols for Best Conservation Practice in Asia[EB/OL].http://www.iicc.org.cn/.

❹ Gamini，WIJESURIYA，李泓. 遗产影响评估方法介绍——首届"遗产影响评估"国际培训课程综述[J]. 能力建设，2013：12-17.[EB/OL].www.whitr-ap.org.

迹遗址理事会（ICOMOS）委托巴黎古遗址协会编写了《世界文化遗产影响评估指南》国际文件，该文件系统阐述了遗产影响评估的内容，构建了遗产影响评估的基本框架。直至 2011 年，国际古迹遗址理事会正式出台了遗产影响评估的技术指南，即《世界文化遗产影响评估指南》，用于指导各国对世界文化遗产的影响或变更的技术评估，提出了遗产影响评估的操作流程与具体方法，并且界定了遗产影响评估的关键任务在于评估世界遗产的突出普遍价值的属性（遗产属性）的影响，以科学管理世界文化遗产的变化。

（4）遗产影响评估的推广阶段（2011 年至今）

近年来，关于遗产影响评估方法的国际会议、培训活动逐渐增多，主要针对遗产影响评估的技术方法在亚太地区乃至中国的推广，故该阶段为遗产影响评估的推广阶段。如 2011 年、2014 年相继在香港大学召开了"亚太地区遗产影响评估的发展"会议、"遗产影响评估研讨会（HIA）：方法和实践"会议等，都围绕《世界文化遗产影响评估指南》（2011）对遗产影响评估的应用方法和实施展开了大量讨论，充实和完善了遗产影响评估方法的基本框架❶。2015 年 6 月 8 日至 7 月 8 日，在德国波恩举行了联合国教科文组织第 39 届世界遗产委员会大会，大会期间针对列入世界遗产濒危名录的遗产地保护状况，提出了世界遗产地的监管机制，并将遗产影响评估机制纳入到遗产地保护阶段评估报告的强制性内容❷。联合国教科文组织亚太地区世界遗产培训与研究中心（WHITRAP）（上海）与国际文物保护与修复研究中心（ICCROM）合作，于 2012 年、2014 年、2016 年相继在云南丽江、四川都江堰、菲律宾维甘古城举办了三期"遗产影响评估"的国际培训活动，并培养了许多来自世界各地的专业人士❸。尤其在 2012 年

---

❶ 叶建伟，冯艳，袁世兵. 遗产影响评价方法发展综述及我国的应用前景 [J]. 华中建筑，2016，07：25-28.

❷ 联合国教科文组织亚太地区世界遗产培训与研究中心（WHITRAP）. 第 39 届世界遗产大会（上）.[EB/OL] http：//www.whitr-ap.org/index.php?classid=1521&id=82&t=show.

❸ 联合国教科文组织亚太地区世界遗产培训与研究中心（WHITRAP）.[EB/OL].http：//www.whitr-ap.org/. 第 1 期国际"遗产影响评估"培训概要：2012 年 10 月 15 日 -10 月 24 日，"遗产影响评估"国际培训班在中国世界遗产地丽江开班。本届培训由联合国教科文组织亚太地区世界遗产培训与研究中心（上海）和国际文物保护与修复研究中心（ICCROM）共同主办，世界遗产丽江古城保护与管理局承办。以小规模授课、理论与实践相结合为特色，内容包括讲座、案例分析、遗产地考察和模拟练习等内容，使学员掌握了开展遗产评估的理论知识、专业技能以及操作方法；第 2 期国际"遗产影响评估培训"概要：2014 年 10 月 13 日，第二届"遗产影响评估"国际培训班在中国四川省都江堰市文庙顺利召开。该培训由联合国教科文组织亚太地区世界遗产培训与研究中心（上海）和国际文物保护与修复研究中心（ICCROM）主办，都江堰市规划管理局、上海同济城市规划设计研究院（都江堰分院）协办，非洲遗产基金、同济大学、上海同济城市规划设计研究院支持。通过讲座、实地考察、培训学员案例汇报、模拟案例等方式使学员掌握"遗产影响评估"的应用方法。围绕都江堰市灌县古城的古县衙地块、原人民医院地块、西街历史街区和水文化广场模拟提出《遗产影响评估》报告；第 3 期国际"遗产影响评估"培训概要：2016 年遗产影响评估（HIA）国际培训班于 10 月 18 日在菲律宾维甘古城文化与贸易中心开班。本次培训由联合国教科文组织亚太地区世界遗产培训与研究中心、ICCROM 和维甘市政府共同举办，通过一系列讲座、实地考察和案例研究，深入了解实施遗产影响评估所需的理论和应用性方法。

10 月在丽江举办的第一届国际遗产影响评估培训之后，中国丽江古城保护管理局从国际遗产保护有关文件、培训班教学成果中选取部分与遗产管理专业技术知识，通过专业知识与案例相结合的方式编制完成了《遗产影响评估员工培训手册》，用于将"遗产影响评估"概念和标准正确运用到世界遗产的保护管理工作中❶。联合国教科文组织亚太地区世界遗产培训与研究中心（WHITRAP）于 2017 年 11 月 20 日至 11 月 28 日在太平洋岛国斐济的苏瓦和莱武卡开展遗产 / 环境影响评估国际培训❷。另外，为进一步加强遗产影响评估国际技术规范在亚洲地区尤其在中国的推广，2017 年 3 月 9 日由中国古迹遗址保护协会翻译了国际古迹遗址理事会 2011 年出版的《Guidance on Heritage Impact Assessments for Cultural World Heritage Properties》，即《世界文化遗产影响评估指南》❸（具体内容详见附录 F），开始将其技术内容推广到中国文化遗产保护体系中。2018 年 12 月，由 ICCROM 在世界文化遗产黑山科托尔古城开设了关于遗产影响评估课程的培训活动❹。

　　2. 遗产影响评估的管理政策

　　（1）遗产影响评估的国际立法政策

　　1999 年到 2015 年期间，国际遗产界陆续颁布了遗产影响评估的国际立法政策，主要包括《巴拉宪章》（1999）、《维也纳保护具有历史意义的城市景观备忘录》（2005）、《西安宣言》（2005）、《会安草案》（2005）、《文化遗产阐释与展示宪章》（2008）、《实施世界遗产公约操作指南》（2013 版、2015 版、2017 版、2019 版）、《中国文物古迹保护准则》（2015）等政策文件，见表 1.2。

遗产影响评估的国际立法政策　　　　　　　　　　　　　　　　　表 1.2

时间（年）	机构	名称	主要内容
1999	国际古迹遗址理事会澳大利亚国家委员会	巴拉宪章	制定保护方针环节就提出了要对保护的多种方案进行衡量，并测试多种方案对遗产重要性的影响

---

❶ 丽江古城保护管理局 . 编制完成《遗产影响评估员工培训手册》.2013.[EB/OL].http：//www.ljgc.gov.cn/gcdt/669.htm
❷ 联合国教科文组织亚太地区世界遗产培训与研究中心（WHITRAP）.2017 年太平洋岛国遗产 / 环境影响评估国际培训班开始接受招募 .[EB/OL]http：//www.whitr-ap.org/index.php?classid=1518&newsid=2777&t=show.
❸ 中国古迹遗址保护协会 .《世界文化遗产影响评估指南》中文版 .[EB/OL]http：//www.icomoschina.org.cn/news.php?class=413
❹ 参加此次遗产影响评估课程培训的学员主要来自欧洲东南部 6 个国家。在评估项目的影响方面，这些国家均面临着不断增长的需求，因为通过评估，可以帮助制定对遗产地产生潜在积极或消极影响的发展项目的决策。课程目标为提升学员（与会代表）的沟通能力，将他们基于遗产价值、清晰且稳健的评估方法所形成的建议分享给其他的利益相关者。

续表

时间（年）	机构	名称	主要内容
2005	世界遗产委员会、联合国教科文组织	世界遗产与当代建筑国际会议《维也纳保护具有历史意义的城市景观备忘录》	第二十九条"历史性城市景观品质管理的目的是永久保护以及改善空间、功能与设计相关的价值。就此而言，应特别强调当代建筑与历史性城市景观的互相融合，应在提出当代干预议案的同时一并提交《文化或视觉影响评估报告》"
2005	国际古迹遗址理事会	西安宣言	第8条：对任何新的施工建设都应当进行遗产影响评估，评估其对古建筑、古遗址和历史区域及其周边环境重要性会产生的影响
2005	联合国教科文组织	会安草案	对文化遗产影响评估概念的进行界定，提出了评估范围、评估程序等
2008	国际古迹遗址理事会	文化遗产阐释与展示宪章	5.2 在遗产影响评估研究中，必须全面考虑到阐释设施和游客数量对遗产地的文化价值、外部特征、完整性和自然环境的潜在影响
2013	联合国教科文组织	实施世界遗产公约操作指南	对所有提议的干预措施进行影响评估，并提出了规划、实施监测、评估和反馈的循环机制
2015，2017，2019	同上	同上	同上
2015	国际古迹遗址理事会中国国家委员会	中国文物古迹保护准则	在"完整性"概念阐释中要求对各个时代留在文物古迹上改动、变化痕迹的价值和对文物古迹本体的影响进行评估和保护

资料来源：作者根据资料整理

1999 年，国际古遗址理事会澳大利国家委员会修订的《巴拉宪章》（1999）在对文化遗产地采取"了解重要性—制定保护方针—管理"的整个保护过程中，制定保护方针环节就提出了要对保护的多种方案进行衡量，要求评估保护方案对重要性的影响。遗产影响评估正式纳入到国际宪章作为法定性要求的是 2005 年 10 月《西安宣言》，该文件提出了对任何新的施工建设、古建筑、古遗址和历史区域的周边环境（setting）影响的变化需要开展遗产影响评估，并对周边环境产生影响的变化提出需要监控和管理的要求❶。

2005 年 12 月，通过的《会安草案—亚洲最佳保护范例》对"文化遗产影响评估"（CHIA）概念进行了界定，并将"作为保护性措施执行文化遗产影响评估"作为所有遗产地保护的先决条件之一。另外，提出了文化遗产影响评估的范围，即"将文化遗产影响评估作为遗产地真实性与完整性保护的重要条件，评估范围扩大到遗产的大环

❶ 联合国教科文组织世界遗产中心，国际古迹遗址理事会，国际文物保护与修复中心，中国国家文物局.国际文化遗产保护文件选编[M].北京：文物出版社，2007.第8条内容为"对任何新的施工建设都应当进行遗产影响评估，评估其对古建筑、古遗址和历史区域及其周边环境重要性会产生的影响。在古建筑、古遗址和历史区域的周边环境内的施工建设应当有助于体现和增强其重要性和独特性"。

境、视线和总体背景"。最后，结合亚洲地区高速现代化与城市化进程以及基础设施大量建设对遗产带来威胁的实际情况，需要制订一套文化影响评估体系，甄别出可能对遗产带来威胁的不安全因素，以及减轻损害的有效途径。并初步提出了文化遗产影响评估的程序，即"通过严格的数据收集、重要性和潜在影响评估以及影响减轻设计，保护文化资产免于遭到毁灭或不可挽回的损害" ❶。

2008年10月，国际古迹遗址理事会（ICOMOS）在加拿大魁北克通过了《文化遗产阐释与展示宪章》，提出遗产影响评估研究需要全面考虑到阐释设施和游客数量对遗产地的文化价值、外部特征、完整性和自然环境的潜在影响以及持续监测和评估阐释与展示项目对遗产地的影响 ❷。

为避免发展中各项要素对遗产地可能产生的危险，联合国教科文组织世界遗产委员会于2013年要求各缔约国开展遗产影响评估，并将"影响评估"（Impact Assessment）列入《实施世界遗产公约操作指南》中，用于保护与管理世界遗产地，规定对所有提议的干预措施进行影响评估，提出了规划、实施监测、评估和反馈的循环机制 ❸，并一直延续在2015年、2017年、2019年《实施世界遗产公约操作指南》的制定中。

国际古迹遗址理事会中国国家委员会于2015年修订的《中国文物古迹保护准则》在"完整性"概念阐释中要求对各个时代留在文物古迹上改动、变化痕迹的价值和对文物古迹本体的影响进行评估和保护，并通过保护管理规定消除周边活动对文物古迹及其环境产生的消极影响 ❹。

（2）主要国家、地区关于遗产影响评估颁布的管理规定

目前在开展遗产影响评估的国家或地区中，大部分是在环境影响评价体系框架下涉及文化遗产时开展，但在国际遗产界对遗产影响评估推广的推动下，部分国家和地区已逐渐从环境影响评价体系脱离出来，结合各国和地区遗产保护制度制定了各具特色的管理政策。这些国家和地区主要集中于英国以及加拿大、澳大利亚、南非等英联邦国家或曾经为英国殖民地的地区。其他也有在诸如世界银行和亚洲开发银行国际金

---

❶ ICOMOS INTERNATIONAL CONSERVATION CENTER. 联合国教科文组织"会安草案—亚洲最佳保护范例". http：//www.iicc.org.cn/Info.aspx?ModelId=1&Id=347.

❷ ICOMOS. 文化遗产阐释与展示宪章 [R].2008.

❸ 联合国教科文组织世界遗产委员会世界遗产中心. 实施《世界遗产公约》操作指南, 2013.第110条"有效的管理体制的内容取决于申报遗产的类别、特点、需求以及文化和自然环境。由于文化视角、可用资源及其他因素的影响，管理体制也会有所差别。管理体制可能包含传统做法、现行的城市或地区规划手段和其他正式和非正式的规划控制机制。对所有提议的干预措施进行影响评估，对世界遗产地是至关重要的"，在第111条中"考虑到上述多样性问题，有效管理体制应包括以下共同因素：a）各利益方均透彻理解遗产价值；b）规划、实施、监测、评估和反馈的循环机制等"。

❹ 国际古迹遗址理事会中国国家委员会. 中国文物古迹保护准则 [R].2015.

融机构的推动下或在世界遗产委员会缔约国的规定要求下实施开展的。此外，遗产影响评估在各国和地区管理文件中的术语并未达成共识，英格兰关于历史环境的"环境影响评估"以及我国香港地区关于文物地点的"文物影响评估"的术语与《实施世界遗产公约操作指南》（2015）中的"Heritage Impact Assessment"（遗产影响评估）也存在一定差异，澳大利亚称之为"Statement of Heritage Impact"（遗产影响声明），新西兰的"Cultural Impact Assessment"（文化影响评估），非洲国家如南非、苏丹、肯尼亚都统一为"Cultural Heritage Impact Assessment"（文化遗产影响评估），亚洲地区如日本的"Cultural Impact Assessment"（文化影响评估）❶（表 1.3）。

遗产影响评估开展概况　　　　　　　　　　　　　　　　　　表 1.3

国家或地区	开展情况
英国	英国虽然没有明确的、单独成文的遗产影响评估相关条例，但在对场所环境（setting）应对发展变化的管理中明确了相应的方法，形成了较为独特的、完整的遗产影响评估体系。1994 年的《规划政策导则：规划和历史环境》（Planning Policy Guidance：Planning and the Historic Environment，PPG15）是英国最早阐述遗产影响评估的官方文件，文中提出要对受开发项目影响的历史环境进行评估。2012 年出台的国家规划政策框架（NPPF）对遗产影响评估应用提出了具体的说明和指导性意见。目前遗产影响评估在地方被广泛的应用。
澳大利亚	澳大利亚遗产管理系统与环境规划系统结合在一起，其中通过确保遗产变更中开发项目的有序进行是管理重点，而遗产影响评估声明（Statement of Heritage Impact）是其中的重要一环，从管理运行到技术导则，形成了完整的遗产影响评估系统。目前各州都有开展，实施的评估方法基本一致。
加拿大	加拿大是比较早开展遗产影响评估的国家。1995 年加拿大不列颠哥伦比亚省公布的环境影响评估法案（29 号法案）（Environmental Assessment Act of British Columbia）首次提出遗产影响评估这一管理方法的具体实施原则和内容。1996 年，不列颠哥伦比亚省 Bamberton 镇发展计划的环境影响评估是基于该法案要求所编制的第一个影响评估。遗产影响评估最初是综合性环境影响评估的组成部分，后逐渐进入遗产保护管理体系，成为针对遗产的管理方法。
中国香港	明确规定凡涉及"文物地点"的所有基本工程项目必须进行文物影响评估（Heritage Impact Assessment）。香港发展局（Development Bureau）2009 年颁布《基本工程项目文物影响评估机制（发展局技术通告（工务）第 6/2009 号）（Heritage Impact Assessment Mechanism for Capital Works Projects，Development Bureau Technical Circular（Works）No.6/2009）》，阐述基本工程项目进行文物影响评估的详情。康乐及文化事务署古物古迹办事处（AMO）为主要管理机构。
南非	按环境保护法（Environmental Conservation Act，ECA，1989）的要求，遗产影响评估（HIA）作为环境影响评估（EIA）研究的一部分。同时遗产影响评估应按照国家遗产资源法（the National Heritage Resources Act，NHRA，1999）执行，南非遗产资源机构（South African Heritage Resources Agency，SAHRA）是行政许可的主管部门。
苏丹	在环境影响评估（EIA）框架下开展了文化遗产影响评估（Cultural Heritage Impact Assessment，CHIA），没有特别立法。
肯尼亚	在环境影响评估（EIA）框架下开展了文化遗产影响评估（Cultural Heritage Impact Assessment，CHIA），但没有特别的法律规定。

---

❶ 冯艳，叶建伟.国内外遗产影响评估（HIAs）发展述评 [J].城市发展研究，2017（01）：130-134.

续表

国家或地区	开展情况
挪威	从1991开始，挪威环境影响评估系统（EIA system）就将文化遗产作为其中一个独立的主题并延续至今，在环评中文化环境和自然环境被认为地位相等。这主要是因为挪威的文化遗产立法很强势，同时文化遗产受环境部（The Ministry of Environment）管理。
美国	没有开展遗产影响评估，在国家层面有遗产的经济影响（Economic Impacts of Historic Preservation）评估，定期汇编各州经济影响评估内容形成总报告。各州在环境影响评估中，涉及遗产会有相应说明。如纽约州在规划系统内的区划（zoning）中，针对每个区划制定环境影响声明（EIS），其中涉及地标和历史街区（Landmark or Historic District Designation, HK）。加利福尼亚州规划系统内的环境质量法（the California Environmental Quality Act, CEQA）对涉及的文化资源（cultural resources）有相关保护要求。
德国	遗产影响评估是环境影响评估的一部分，按照联邦政府和州层面的环境影响评估法，针对遗产的管理规划（Management Plans）应与法律授权的环境影响评估（UVP）相一致，成为特别规划、项目审批程序的独立组成部分。
法国	具有十分完善的遗产保护体系和保护管理以应对开发建设项目的管理要求，编制《保护与价值重现规划》、《ZPPAUP保护规划》，通过规划管理中的建设许可证和拆除许可证，以及国家建筑师制度管理遗产。没有遗产影响评估。
立陶宛	对不可移动文化遗产进行法律保护，但没有特别立法强制相关利益相关者（stakeholders）和企业（business）遵循这些建议，因为在法律上它不是一个政府指令（governmental order），只是指导（guidance）。
新西兰	在被认定为具有遗产价值场所进行开发的，需要开发商做文化影响评估。
新加坡	成立了国家遗产董事会——影响评估和缓解措施部门（National Heritage Board-IA & Mitigation Division）。但没有开展具体的实施评估。
巴基斯坦	环境影响评估体系中没有要求实施遗产影响评估。只有世界/亚洲开发银行（World/Asian Development Bank）在很少应用。
澳门	遗产法（Heritage Law August 2013）中有相关说明。
日本	目前在国际组织推动下尝试性的对文化展开影响评估，其中涉及非物质文化遗产。但目前没有遗产影响评估。

资料来源：冯艳，叶建伟. 国内外遗产影响评估（HIAs）发展述评 [J]. 城市发展研究，2017（01）：130-134.

①澳大利亚遗产影响声明

澳大利亚将遗产保护（遗产管理系统）与规划体系（环境规划管理系统）紧密结合，遗产影响声明既是遗产变更管理中的重要工具，同时也作为环境规划管理体系中的重要环节，因此，遗产影响申明编制成果也是建设项目许可申请审批的必备材料。同国际遗产影响评估类似，遗产影响声明的目的是通过识别并评估遗产重要性及其可能受到的潜在负面影响，通过缓解措施的执行以确保在适应性再利用过程中，遗产变更或项目开发时保持遗产重要性得以延续 ❶❷。

---

❶ NSW Government Office of Environment and Heritage.STATEMENTS OFHERITAGE IMPACT[R].EB/OL]. http：//www.environment.nsw.gov.au/resources/heritagebranch/heritage.hmstatementsofhi.pdf
❷ 叶建伟，周俭，冯艳. 澳大利亚遗产影响声明（SOHS）方法体系——以新南威尔士州为例 [J]. 城市发展研究，2016，02：13-18.

澳大利亚新南威尔士州的遗产管理包括遗产系统和遗产管理系统，遗产系统由州政府和社区负责遗产价值认定和评价、遗产登记，包括遗产价值的前期调查、评估、管理等。遗产影响声明的前期工作应包括遗产变更管理和保护管理档案，而在遗产变更管理过程中需要引入开发评估系统和适应性再利用的引导，引入开发评估系统即对导致遗产变更的建设活动进行评估，评估其对遗产价值的影响；适应性再利用即对建设活动提出遗产价值增益措施的建议。在保护管理档案过程中，需要开展遗产重要性申明（Statements of the Heritage Significance）、保护政策（Conservation Policy）、保护管理规划（Conservation Management Plan）、遗产影响声明（Statement of Heritage Impact）等四部分工作❶。因此，遗产影响声明是遗产管理系统中保护管理档案工作的重要组成部分，业主允许和利用其遗产，但需要通过人性化的变更活动，保护或增强遗产的重要性。并建议所提交的开发计划内容确保支持保护政策或保护管理规划。任何改变遗产的开发建设，都需要准备一份遗产影响声明文件，在申请开发许可时，开发计划必须已经考虑到这些保护政策和管理导则。

②英国遗产影响评估

英国（特指英格兰地区）的历史文化遗产保护由三个层次构成：古迹保护、登录建筑保护和保护区。所有涉及已登录古迹的工程，包括修复、维护、迁址等，都需要进行遗产影响评估，评估审核通过后，方可进行。一旦工程在缺少评估报告或者评估未通过审核的情况下开工，英格兰遗产委员会❷（English Heritage）将视情节严重向规划和建设部申请仲裁或直接交由法院审判。

英格兰遗产影响评估机制中，英格兰遗产委员会扮演着十分重要的引导及监督的角色。遗产影响评估实施细则及标准由英格兰遗产委员会编制；在实施过程中英格兰遗产委员会作为顾问进行咨询服务；而进行评估的专家或机构资质则须有英格兰遗产委员会的认证；评估报告先由英格兰遗产委员会审阅并提出相关建议，然后提交给规划部门进行进一步审核。

在工程建设前，工程单位首先需确认工程区域内是否存在受影响的文物古迹。若

---

❶ Office of Environment and Heritage .Altering Heritage Assets[R]. [EB/OL].http：//www.environment.nsw.gov.au/resources/heritagebranch/heritage/hmaltering.pdf.

❷ 英国的文物保护工作由英国文化、媒体和体育部为主导，由一个第三方部门提供实际服务，即英格兰遗产委员会（English Heritage）（或翻译为英格兰遗产局）。该委员会是依据1983年国家遗产法案建立的，由行业内的专家学者、社会中坚人士以及政府部门联络人组成，其保护历史建筑的功能原先是属于环境部的。1999年4月1日皇家英格兰历史遗迹委员会也并入英格兰遗产委员会。英格兰遗产委员会管理着从巨石阵到铁桥等超过400个英国历史名胜，其中有些建筑更是直接由英格兰遗产委员会持有。英格兰遗产档案馆也是由英格兰遗产委员会维护、运营的。自2015年4月1日起，英格兰遗产委员会将分为两个不同的组织，一个继续沿用原名并作为非盈利组织运营，即英格兰遗产委员会（England Heritage），另一个以英格兰历史委员会（Historical England）命名，作为行政性非政府部门公共机构继续管理国家古迹登录等工作．

区域内存在列入名单的保护单位，工程部门则需委托专业机构或专家按照程序开展遗产影响评估。遗产影响评估范围和对象一般较广、全面，范围涉及工程的地面及地下区域，而评估的对象除了遗产本体，还包括遗产所处的自然环境、社会环境以及文化环境等。另外，遗产影响评估一般需要至少3个不同行业专家进行专项评估后，然后汇总成总报告再提交。

另外，城镇规划法中明确规定要求一旦有个人或组织提出某个建筑或某片区域具有一定的历史文化价值，即可提出开展遗产影响评估的请求。若遗产影响评估报告结果显示保护的必要性，保护单位的所有者就可以向英格兰遗产委员会申请临时保护措施和名单补登程序❶。

针对历史环境的影响，英格兰社区与地方政府等部门在颁布关于历史环境保护的政策文件中也规定了遗产影响评估的相关要求，这也是英格兰管理遗产影响评估的特殊方式❷。遗产影响评估政策最早可以追溯到1994年英格兰环境部和国家遗产部联合签发的关于规划和历史环境的规划指导文件《规划政策导则：规划和历史环境》（PPG15），界定了规划部门对于历史建筑、保护区、历史公园、历史战争地等遗产资源的保护方面的职责❸，即历史环境及其周边的开发项目（包括发展规划和开发控制，道路、交通等基础设施）对历史环境的遗产价值的影响需要进行评估❹。2008年英格兰社区与地方政府部出台了《历史环境可持续管理的保护原则、政策和导则》，提出了遗产影响评估（HIA）可以用来比较预测拟开发建设活动及其替代方案（包括还没有进行的任何行动）对场所价值（value of place）的影响，以确定最优解决方案影响评估❺。2010年英格兰社区与地方当局出台的《规划政策声明5：历史环境规划》中明确提出了遗产保护需要对遗产及其周边的开发进行管理。具体管理时，如开发项目申请许可时，申请者应描述遗产重要性（significance）和环境（setting）对价值的贡献，应充分理解开发计划对价值的潜在影响❻。在考虑影响时，还应咨询相关的历史环境档案，若有必要需使用适当的专业知识对遗产本身进行评估，且开发项目影响评估信息在申请中阐述，作为解释设计概念的一部分。2012年英格兰社区与地方当局出台了国家规划政策框架（NPPF）文件，在延续PPS5思路上通过开展遗产影响评估以加强建设活动的管理，并提出了需要对指定和非指定遗产的重要性

❶ 常嵘遂.英国文物影响评估机制概况及启示[N].中国文物报，2015-03-20（006）.
❷ 冯艳，叶建伟.英格兰遗产影响评估的经验[J].国际城市规划，2017（06）：54-59.
❸ 杨丽霞.英国文化遗产保护管理制度发展简史（上）[J].中国文物科学研究，2011，04：84-87.
❹ Planning Policy Guidance 15：Planning and the historic environment，PPG15[R].1994
❺ English heritage.ConservationPrinciples，Policies and Guidance For the Sustainable Management of the Historic Environment[R].2008：47.
❻ Department for Communities and Local Government（DCLG），Planning Policy Statments5：Planning for the Historic Environment（PPS5）[R].2010.

损害都要进行评估，这时期遗产影响评估得以普遍应用❶。2015 年英格兰遗产委员会出台了《历史环境实践经验规划意见说明 2：历史环境中的决策》，提出当开发项目可能影响遗产重要性时，项目申请前应与规划部门进行讨论，确保能较早发现、掌握项目对遗产重要性可能产生的潜在影响❷。

③加拿大遗产影响评估

加拿大是美洲地区开展遗产影响评估较早的国家，同其他国家一样，最初在环境影响评估中涉及文化遗产时作为专题形式开展，随后遗产影响评估逐渐发展为遗产保护管理相对独立的体系❸。1995 年加拿大不列颠哥伦比亚省公布的环境影响评估法案（29 号法案）（Environmental Assessment Act of British Columbia）首次提出遗产影响评估这一管理方法的具体实施原则和内容。1996 年，不列颠哥伦比亚省班伯顿镇发展计划的环境影响评估是基于该法案要求所编制的第一个影响评估。遗产影响评估最初是综合性环境影响评价的组成部分，后逐渐进入遗产保护管理体系，成为专门针对遗产的管理方法❹。因遗产管理的对象分包括文化遗产资产（Cultural Heritage Properties，CHP）与遗产保护地区（Heritage Conservation Districts，HCD），因此，主要开展文化遗产资产与遗产保护地区的影响评估，前者的影响评估是在申请建设项目规划许可证时开展的，而后者的影响评估是在遗产保护地区内开发项目建设或遗产的变更进行许可申请时需要开展的。以安大略省为例，遗产影响评估实施过程中，同样涉及遗产管理系统和规划管理系统。

在安大略省级政府的遗产管理系统中，遗产法（Ontario Heritage Act，2005）❺和遗产法规（Ontario Regulation 9/06）❻对遗产保护提出了全面的规定和保护要求，同时遗产管理的主管部门为省旅游、文化、运动部文化下的遗产部门（Ministry of Tourism，Culture and Sports），规定在遗产保护过程中，开展遗产单体和遗产保护地区开展遗产指定、遗产变化管理，而进行遗产变化管理过程中涉及文化遗产变更时，都需要向议会申请，并得到书面许可。遗产保护变更时应向市镇部门提出许可申请，若变更较小或内部改建则不需要申请许可，如果变更较大，就需要开展遗产影响评估工作。在规划管理系统中，为避免开发计划和地块变更周边遗产属性受到影响，需要制定相应的缓解措施或替代开发方法，无论范围涉及文化遗产资产还是遗产保护地区。对已建成

❶ Department for Communities and Local Government(DCLG).National Planning Policy Framework(NPPF)[R].2012

❷ English heritage. Historic Environment Good Practice Advice In Planning Note2：Decision-Taking in the Historic Environment（GP2）[R].2015

❸ The Environmental Assessment Act，R.S.B.C[R].1996.

❹ 冯艳，叶建伟. 国内外遗产影响评估（HIAs）发展述评 [J]. 城市发展研究，2017（01）：130-134

❺ Ontario Heritage Act[R].2005.http：//www.mtc.gov.on.ca/en/heritage/heritage_act.shtml.

❻ Criteria for Determining Cultural Heritage Value or Interest[R]. O Reg 9/06.2006，http：//canlii.ca/t/1pqc.

的遗产资源和文化遗产景观的保护应采取识别、保护、使用和管理等过程，而且可以通过辅助规划、遗产保护地区规划和遗产影响评估共同完成，遗产影响评估作为其支撑性工具 ❶。

④我国香港地区遗产影响评估

我国香港地区的遗产影响评估 ❷，最初阶段是界定在环评制度框架内，具体操作时侧重分析遗产的环境工程性要素影响而非遗产价值的影响。2007 年 8 月，香港行政长官在《2007-08 施政报告》中规定了所有新基本工程项目开展文物影响评估的一般要求 ❸，其目的是确保工程项目由最初阶段开始，提出的发展需要与文物保育之间取得平衡。我国香港地区的遗产影响评估通常与文物保育政策中的"活化历史建筑伙伴计划"❹结合，开展影响评估的目的主要是为城市复兴政策服务，评估要求在申请活化计划的过程中，必须要对文物遗产的历史价值和所产生的影响进行评估。因此，我国香港地区已实施的遗产影响评估大部分都是因"活化历史建筑伙伴计划"开展，并成为"活化历史建筑伙伴计划"的重要环节 ❺。

⑤南非文化遗产影响评估

南非并没有单独将遗产影响评估作为单独的遗产管理政策，而仅在环境保护、遗产资源管理等法律法规中略有涉及。南非的环境影响评估起源于 1970 年代，正式在法律法规中制定的是 1989 年颁布的环境保护法，要求开发项目对遗产资源的影响进行评估，并将其作为环境影响评估的一部分 ❻，1998 年修订为国家环境管理法，作为发展过程中对整体环境管理的有效政策工具。最新颁布的《环境影响评估条例》（2014），将遗产作为评估程序中重要环节或评估范围、评估内容，如评估程序中"通过对累积影响的风险评估过程和影响评价开展，侧重于决定地理、物理、生物、社会、经济、遗产、遗址与场所的文化敏感性以及拟开发活动影响的风险以及技术性改变等"。评估的范围与基本评估报告的内容中也涵盖了遗产，即"改变相关的环境属性聚焦于地理、物理、生物、社会、经济、遗产及文化方面"❼。在《国家遗产资源法》（NHRA，1999）中明确了遗产资源管理的机构为遗产资源管理局（South Afican Heritage Resources Authority，SAHRA），在"遗产资源管理"要求中，明确提出了开发项目对遗产具有一

---

❶ Ministry of Municipal Affairs and Housing.The Provincial Policy Statement（PPS），2014.Ontario.ca/PPS.

❷ 官方亦称为"文物影响评估"。

❸ 香港康乐及文化事务署古物古迹办事处 [EB/ OL].http：//sc.lcsd.gov.hk/TuniS/www.lcsd.gov.hk/CE/Museum/Monument/b5/hia_01.php.

❹ "活化历史建筑伙伴计划"，通常简称"活化计划"。

❺ 肖洪未，李和平.我国香港地区遗产影响评价及其启示 [J].城市发展研究，2016，23（08）：82-87.

❻ The Environment Conservation Act[R].1989（Act No.73 of 1989）.

❼ ENVIRONMENTAL IMPACT ASSESSMENT REGULATIONS[R].2014：44

定影响时，需要提交文化遗产影响评估报告❶。

⑥其他国家、地区文化（或遗产）影响评估

美国遗产保护体系中并没有要求单独开展遗产影响评估，但在国家层面开展包括遗产在内的经济影响评估（Econimic Impacts of Historic Preservation），并定期汇编各州经济影响评估内容形成总报告。而各州在环境影响评价中，涉及遗产时要求作相应说明，如纽约州在规划系统内的区划（zoning）中，针对每个区划制定环境影响声明（EIS），其中涉及地标和历史街区（Landmark of Historic DistrictsDesignation，HK）；加利福尼亚州规划系统的环境质量法（The California Environmental Quality Act，CEQA）对设计到的文化资源（cultural resources）有关保护要求❷。

大洋洲地区新西兰最早在遗产地方法（The Historic Places Act 1993）中对文化影响评估（CIA）的方法有所涉及，后来由新西兰政府机构颁布、环境部（the Ministry for the Environment）负责管理实施的资源管理修正法（2013）要求对社区及其相关以及社区更广区域影响的建设项目开展环境影响评估，包括社会影响、经济影响、文化影响❸，并单独出台了文化影响评估（CIA）技术性导则（Frequently asked questions about Cultural Impact Assessments），要求执行开发建设活动的主体（开发商）进行开展，文化影响评估内容应包括与遗址或地区联系的相关文化价值的信息、对这些价值的影响或建设活动结果导致的影响，避免负面影响的建议或缓解措施等❹。

欧洲其他国家除挪威将文化遗产纳入环境影响评估系统开展外，且文化遗产受环境部（The Ministry of Environment）管理，其他国家如德国、法国几乎很少将其纳入到环境影响评估体系中或将遗产影响评估作为独立的专题开展等。

非洲其他国家苏丹、肯尼亚在环境影响评估（EIA）开展时可以进行文化遗产影响评估（Cultural Heritage Impact Assessment，CHIA），但没有特别的法律规定。

亚洲国家或地区，如日本开展文化影响评估，包括对非物质文化遗产的影响评估，但未涉及遗产影响评估。新加坡成立了国家遗产董事会——影响评估和缓解措施部门（National Heritage Board-IA&Mitigation Division），但没有开展具体实施评估实践，我国澳门地区在遗产法（Heritage Law August 2013）中遗产影响评估有相关说明。我国台湾地区1994年颁布了《环境影响评估》政策，环境保护部门中央为环境保护署，地方为环境保护处（局）和县（市）政府，设立了环境影响审查委员会，并未要求单独

❶ Office of The President.National Heritage Resources Act[R].1999.

❷ 冯艳，叶建伟．国内外遗产影响评估（HIAs）发展述评 [J]．城市发展研究，2017（01）：130-134．

❸ The authority of the New Zealand Government. Resource Management Amendment.Act 2013[EB/OL].http：//www. legislation.govt.nz/act/public/2013/0063/latest/DLM4921611.html.

❹ Frequently asked questions about Cultural Impact Assessments[EB/OL]. http：//www.qualityplanning.org.nz/index. php/supporting-components/faq-s-on-cultural-impact-assessments.

开展遗产影响评估❶。

　　⑦我国文物影响评估

　　我国现阶段环境保护与环境影响评估有关法规、规章等文件中并没有涉及遗产影响评估直接相关的条例，也没有单独制定遗产影响评估的法规，仅在文物古迹或考古遗址公园管理规章文件中有相关规定。2007年制定的规章《关于加强基本建设工程中考古工作的指导意见》内容涉及工程建设的"项目建议书、可行性研究、初步设计"三个阶段，都有涉及对文物影响的表述，如在项目建议书阶段，提出初步文物保护意见，报省级文物行政部门确认后向设计单位提交《文物影响评估报告》；该规章也对文物影响评估的定义进行了界定，另外还对《文物影响评估报告》的内容进行了说明❷。2010年制定的规章《国家考古遗址公园管理办法（试行）》内容中明确了文物影响评估的要求，即将国家考古遗址公园建设的文物影响评估报告作为其立项申请提交的必备材料，也第一次明确了文物影响评估在法定体系中的作用和地位❸。

　　《中华人民共和国文物保护法》（2015），尽管没有直接涉及文物影响评估的内容描述，但是要求在文物保护单位的保护范围和建设控制地带开展建设工程活动的过程中，对文物保护单位的安全以及历史风貌的影响需要相关部门审批，此时需要通过专业机构的评估❹，只是没有明确直接提出需要开展遗产影响评估的要求。

　　《中国文物古迹保护准则》（2015）从文化遗产价值认识、保护原则、新型文化遗产保护、合理利用等方面对老版本《中国文物古迹保护准则》（2000）进行了修订、完善，其中第15条、第28条涉及评估文物古迹等的危害或控制文物古迹的影响等内容❺。

　　《大运河遗产保护管理办法》（2012）第八条内容中首次提出了建设项目遗产影响评估制度，要求在大运河遗产保护规划划定的保护范围和建设控制地带内开展工程建设，必须实行建设项目遗产影响评估制度，提出了该制度由国务院文物主管部

❶　冯艳，叶建伟.国内外遗产影响评估（HIAs）发展述评[J].城市发展研究，2017（01）：130-134.

❷　国家文物局.关于加强基本建设工程中考古工作的指导意见的通知.[EB/OL].http://www.110.com/fagui/law_189444.html.第二条关于《文物影响评估报告》的内容：建设项目涉及和影响区域内已有文物普查资料成果，已公布为各级文物保护单位保护范围和建设控制地带的相关资料，对项目选址及设计方案的初步建议，该条对文物影响评估的定义与内容作了明确阐述.

❸　国家文物局.关于印发《国家考古遗址公园管理办法（试行）》的通知.[EB/OL].http://www.gov.cn/gzdt/2010-01/07/content_1505139.htm.第7条内容规定"国家考古遗址公园立项申请需提交以下材料：（一）符合第五条所列条件的相关材料；（二）国家考古遗址公园建设项目计划书；（三）国家考古遗址公园建设文物影响评估报告".

❹　《中华人民共和国文物保护法》（2015）.国务院新闻办公室网站.[EB/OL].www.scio.gov.cn.

❺　国际古迹遗址理事会中国国家委员会.中国文物古迹保护准则[R].2015.第15条内容"要充分评估各类灾害对文物古迹和人员可能造成的危害"，第28条"保护性设施建设、改造须依据文物保护规划和专项设计实施，把对文物古迹及环境影响控制在最小程度".

门制定❶。

3. 遗产影响评估的学术探讨

（1）国外关于遗产影响评估的学术探讨

①环境影响评价中关于文化遗产的研究

正如诸多国家将文化遗产作为环境影响评估的内容之一，许多学者也探讨了文化环境、文化遗产等在环境影响评估中的应用，如 John Glasson，Riki Therivel & Andrew Chadwick（2012）提出了广义的环境影响评估包括物理、社会经济环境的综合影响评估，其中物理环境除了人类需要的空气、水、土地、景观、气候、能源等，还包括保存的地区、建成遗产、历史和古遗迹等文化环境❷。Jacques Teller（2002）通过文化遗产作为一种城市碎片遗产与城市环境进行有机整合来探讨在环境影响评价（EIA）框架下城市文化遗产的保护方法❸。Alan Bond 与 Lesley Langstaff 探讨了（2004）欧盟界定的环境影响评估涉及建筑遗产、公众参与、文化遗产等相关议题❹。Naohiro Nakamura（2013）在探讨日本沙流河阿伊努人文化活动（包括举行仪式、收集资源、学习技能等）的文化遗产影响评估（CIA）时，建立了以文化可持续为目标的环境影响评价方法❺。另外，Gro B. Jerpasen&Kari C. Larsen（2011）以挪威为例开展了风场对文化遗产的视觉影响评估，以弥补传统环境影响评（EIA）方法运用的不足，提出了公众参与应该融入视觉影响评估的过程中❻。

②遗产（或遗产环境）影响评估的研究

近年从遗产或遗产环境角度对遗产影响评估展开了广泛的讨论。遗产影响评估层面，Patiwael，Groote，Vanclay（2020）考察了 HIA 报告对利物浦海商市世界遗产的影响，提出遗产影响评估报告的合法性受到评估人员专业知识的影响，应加强评估报

❶ 国家文物局 . 大运河遗产保护管理办法 [EB/OL]. http：//www.sach.gov.cn/art/2012/9/12/art_1035_93842.html. 第八条内容"在大运河遗产保护规划划定的保护范围和建设控制地带内进行工程建设，应当遵守《中华民共和国文物保护法》的有关规定，并实行建设项目遗产影响评估制度。建设项目遗产影响评价制度，由国务院文物主管部门制定"。

❷ John Glasson，RikiTherivel & Andrew Chadwick.Introduction to Environmental Impact Assessment，4th-edition[M].2012.[EB/OL].http：//samples.sainsb003besebooks.co.uk/9781134723126_sample_822091

❸ Albert Dupagne and Jacques Teller.The application of EIA/SEA procedures to the urban cultural heritage active conservation[J].Proc. of 5th European Commission Conference on Research for Protection，Conservation and Enhancement of Cultural Heritage 01/2002.

❹ Alan Bond，Lesley Langstaff，Ross Baxter，Hans-Georg WallentinusJosefin Kofoed，Katri Lisitzin&Stina Lundström Dealing with the cultural heritage aspect of environmental impact assessment in Europe[J].impact Assessment and Project Appraisal，2004，22（1）：37-45

❺ Naohiro Nakamura.Towards a Culturally Sustainable Environmental Impact Assessment：The Protection of Ainu Cultural Heritage in the Saru River Cultural Impact Assessment[J].Japan.Geographical Research February 2013，51（1）：26–36.

❻ Gro B. Jerpasen&Kari C. Larsen. Visual impact of wind farms on cultural heritage：A Norwegian case study[J]. Environmental Impact Assessment Review，2011，31：206–215.

告的合法性,并且应该关注地方利益相关者的透明性和参与性❶。Seyedashrafi Baharak,
Kloos Michael&Neugebauer Carola（2020）对四个世界遗产（包括伊朗伊斯法罕、德
国科隆大教堂、伊朗德黑兰宫、维也纳城市历史中心）进行了比较分析,认为它们的
视觉完整性已受到城市发展项目的影响,以显示 HIA 在减轻负面影响的过程和作用的
不同程度❷。巴哈拉克·塞耶达什拉菲（2019）介绍了遗产影响评估在保护世界遗产地
科隆大教堂与维也纳城市历史中心的实际作用,通过视觉影响评估的手段缓解城市开
发项目对世界遗产地突出普遍价值的潜在负面影响❸。Lin, Z（2019）回顾有关海洋或
沿海建筑项目对水下文化遗产影响评估的中国现行立法,并探讨立法层面进一步改
进的可能性❹。Patrick PatiwaelPeter, Groote & Frank Vanclay（2019）对《世界文化遗
产影响评估指南》进行了批评,认为不同的话语将影响 HIA 的影响评估方式和严谨
性,进而潜在影响其结果,这样还进一步影响了不同的利益相关者之间的错误交流和
理解,尤其体现在遗产价值的性质、HIA 的目标、影响评估的方式以及利益相关者间
的差别等方面,最后建议 HIA 的实践者们承认不同的话语的存在,建立多学科小组和
同行评审机制❺,Yildirim Yilmaz, Rehab El Gamil 以土耳其的伊斯坦布尔历史街区和埃
及的吉萨金字塔为评估对象,通过与考古学家和政府机构进行访谈的方式开展遗产影
响评估❻。Baharak Seyedashrafi,Mohammad Ravankhah 等尝试将遗产影响评估方法应用
于解决城市发展对伊朗伊斯法罕的世界遗产 Masjed-e Jame 的影响❼。另外, Francesco
Bellini 与 AntonellaPassani（2014）探索了文化资源价值最大化方法即数字文化遗产领
域欧洲委员会资助的欧盟项目的社会经济影响评估方法,研究了文化资源价值最大化
带来生活方式的发展过程与完成轨迹,即分析了"遗产活动—生成产品—产出结果—

❶ Patiwael, Groote, Vanclay. The influence of framing on the legitimacy of impact assessment: examining the
heritage impact assessments conducted for the Liverpool Waters project[J].Impact Assessment and Project Appraisal,
2020, 38（4）: 308-319.

❷ Seyedashrafi Baharak, Kloos Michael, Neugebauer Carola. Heritage Impact Assessment, beyond an Assessment
Tool: A comparative analysis of urban development impact on visual integrity in four UNESCO World Heritage
Properties[J].Journal of Cultural Heritage, 2020.

❸ 巴哈拉克·塞耶达什拉菲, 徐知兰译. 遗产影响评估在世界遗产地保护中的实际作用: 科隆大教堂和维也纳
城市历史中心 [J]. 世界建筑, 2019（11）: 56-61+138.

❹ Lin, Z. Issues in Underwater Cultural Heritage Impact Assessments in China[J]Coastal Management. 2019, 47（6）:
548-569.

❺ Patrick R. Patiwael, Peter Groote & Frank Vanclay.Improving heritage impact assessment: an analytical critique of
the ICOMOS guidelines, International Journal of Heritage Studies, 2019, 25（4）: 333-347

❻ Yildirim Yilmaz, Rehab El Gamil.The Role of Heritage Impact Assessment in Safeguarding World Heritage Sites:
Application Study on Historic Areas of Istanbul and Giza Pyramids[J]Journal of Heritage Management. 2018,3（2）:
127-158.

❼ Baharak Seyedashrafi, Mohammad Ravankhah, Silke Weidner, Michael Schmidt. Applying Heritage Impact
Assessment to urban development: World Heritage property of Masjed-e Jame of Isfahan in Iran[J].Sustainable Cities
and Society, 2017, 31.

影响测度"过程的应用逻辑❶。Jaime Kaminski 与 Jim McLoughlin（2013）利用三维可视化技术对文化遗产的社会经济影响进行评价❷。遗产环境影响评估层面，Rocío Ortiz，Pilar Ortiz（2016）以西班牙塞维利亚历史中心为例应用 GIS 技术手段探讨了洪水与潮汐对文化遗产的危害与风险评价方法❸。Athos Agapioua 与 Dimitrios D. Alexakisa（2015）以塞浦路斯帕福斯区（Paphos）为例运用地理信息系统与遥感技术以及 DMSP-OLS 夜间输入图像技术，分析了近 20 年来土地利用的变化，探讨了城市扩张对世界文化遗产的环境影响过程以及未来变化趋势❹。他们并通过遥感和GIS技术运用于文化遗产管理，评估自然灾害和人为灾害的风险，其中人为因素包括城市蔓延、道路建设、排水系统建设、火灾等❺。Andrew Robert Goodrich（2013）通过七个典型案例的调查探讨了洛杉矶重建过程中，城市社区重建局关于历史建成环境的影响评价方法❻。另外，Jayson Orton & Lita Webley（2013）在南非遗产资源法与环境影响评估框架下，通过矩阵分析法探讨了太阳能设施建设对农场考古遗址和文化景观环境影响的评估❼。Jason Espino（2010）通过空间分析法尝试研究天然气钻探对宾夕法尼亚古遗迹重要性的环境影响❽。

（2）国内关于遗产影响评估的学术探讨

国内近几年遗产影响评估学术探讨主要集中于文物保护领域、建筑学学科以及城乡规划学科领域。在文物保护领域，主要从内涵、方法、管理方面进行研究，代表人物主要包括滕磊、宋文佳、李伟芳、吉祥、何吉成、刘保山等，但是关于"文物影响评估"的内涵与开展方法并没有达成共识性的阐释，文物影响评估的相关研究大部分

❶ Francesco Bellini, Antonella Passani, Francesca Spagnoli, David Crombie, and George Ioannidis. Maxiculture：Assessing the Impact of EU Projects in the Digital Cultural Heritage Domain. M. Ioannides et al.（Eds.）：EuroMed 2014，LNCS 8740：364–373.

❷ Jason Espino. Assessing the impact of natural gas drilling on the archaeological heritage of pennsylvania：A case study from washington county. Indiana University of Pennsylvania[D].M.A.2013.[EB/OL].http：//pqdt.calis.edu.cn/Detail.aspx?pid=36ScLV0cpP8%3d.

❸ Rocío Ortiz, Pilar Ortiz, José María Martín, María AuxiliadoraVázquez.A new approach to the assessment of flooding and dampness hazards incultural heritage, applied to the historic centre of Seville（Spain）[J].Science of the Total Environment, 2016, 551–552：546–555.

❹ Athos Agapiou, DimitriosD.Alexakis, Vasiliki Lysandrou, Apostolos Sarris, Branka Cuca, Kyriacos Themistocleous, Diofantos G. Hadjimitsis. Impact of urban sprawl to cultural heritage monuments：The case study of Paphos area in Cyprus[J].Journal of Cultural Heritage, 2015, 16：671–680.

❺ A. Agapiou, V.Lysandrou, D.D. Alexakisa, K. Themistocleous, B. Cuca, A. Argyriou, A. Sarris, D.G. Hadjimitsis. Cultural heritage management and monitoring using remote sensing data and GIS：The case study of Paphosarea, Cyprus. Computers[J].Environment and Urban Systems, 2015, 54：230–239.

❻ Andrew Robert Goodrich. Heritage conservation in post-redevelopment Los angeles：evaluating the impact of the community redevelopment agency of the city of Los angeles（ARA/LA）on the historic built environment. University of Southern California [D].M.H.P.2013.[EB/OL]. http：//pqdt.calis.edu.cn/

❼ Jayson Orton & Lita Webley. heritage impact assessment for multiple proposed solar energy facilites on the remainder of farm klipgats pan 117, copperton, northen cape[R].2013.1-33.

❽ Jaime Kaminski, Jim McLoughlin, Babak Sodagar. Assessing the Socio-economic Impact of 3D Visualisation in Cultural Heritage. M. Ioannides（Ed.）：EuroMed 2010，LNCS 6436，pp. 240–249，2010.

也是基于我国出台的文物考古领域的法定要求而开展的，因此局限于文物影响评估的研究较多；在建筑学学科领域，以常海清教授为代表主要集中于历史文化名城范围内的轨道规划建设文物影响评估研究；城乡规划领域，以叶建伟、周俭、冯艳等为代表主要对遗产影响评估概念、基本流程、发展脉络等进行总结与梳理，并介绍了国外遗产影响评估经验（如澳大利亚、加拿大等），另外，作者初步探讨了将遗产影响评价引入到我国历史文化街区保护中的构想；景观学领域，杜爽、韩锋对城市历史景观影响评价进行了思考，界定了遗产影响评估的相关内容；其他行业如藏学、政界提出了文化影响评估概念的引入、建立文化影响评价机制等设想。

①文物保护领域文物（或文化遗产）影响评估的研究

来自我国香港地区的艾伦·卡梅隆（2006）在我国绍兴举办的第 2 届文化遗产保护与可持续发展国际会议上，提出文化遗产影响评估要与遗产管理规划相结合，文化遗产影响评估应在规划制定阶段就开始介入 ❶。滕磊（2014）对文物影响评估的定义、评估范围、主要内容、手段与方法等展开了研究，总结了国际文物影响评估（Cultural Heritage Impact Assessment，缩写为"CHIA"）从 1992 年到 2010 年的发展历程 ❷，并提出了评估范围应包括文物本体及其周边环境 ❸。总结了文物影响评估的共同主要内容包括评估关键点（对遗产突出普遍价值认识）、评估重要环节（阐释真实性与文物价值的内在联系）、核心内容（评估直接和间接影响）、重要组成部分（对负面影响提出减缓设计的措施）等四个方面内容 ❹。提出了按照"资料收集、现场调查、室内研究、专业判断和咨询"四个环节开展文物影响评估 ❺。滕磊（2019）以古遗址展示为视角系统构建了文物影响评估体系 ❻。

宋文佳、别治明等（2014）从原因、内容、范围、时间、机构方法等六个层面重点对文化的遗产环境探讨了文物影响评估的方法 ❼；李伟芳（2015）从环境立法价值理念出发探索了文化遗产保护制度，主要提出了将"文化遗产影响评估"制度纳入我国现行《环境影响评价法》的修改之中 ❽；吉祥、任彬彬（2015）以天津五大道历史街区内天和医院改扩建工程对邻近文物建筑徐世章旧居展开了影响评估研究，通过"文物本体与工程项目的分析"、"工程方案、施工影响、运行影响"等建立了影响评估技术

❶ 张双敏. 探讨文化遗产保护与可持续发展成功结合的有效途径 [N]. 中国文物报，2006-06-09（008）.

❷ 腾磊. 何为文物影响评估（CHIA）[N]. 中国文物报，2014-5-02（006）.

❸ 腾磊. 文物影响评估（CHIA）的范围 [N]. 中国文物报，2014- 5-14（006）.

❹ 腾磊. 文物影响评估（CHIA）的主要内容 [N]. 中国文物报，2014-5-30（006）.

❺ 腾磊. 文物影响评估的方法和手段 [N]. 中国文物报，2014-7-11（006）.

❻ 滕磊. 文物影响评估体系研究——以古遗址展示利用为视角 [M]. 北京：科学出版社，2019.

❼ 宋文佳，别治明，王庆丽. "文物影响评估初探" [J]. 中原文物，2014，05：122-155.

❽ 李伟芳. 基于环境立法价值理念下的文化遗产保护研究 [J]. 武汉大学学报（哲学社会科学版），2015，06：111-118.

路线，并对工程方案、运行等阶段的评估因子与环境影响来源采取矩阵法进行展开了评估分析❶；何吉成、徐洪磊等（2014）对现行文物保护法规与技术规范相关影响评估内容进行的梳理❷；吴东风（2016）梳理了国际文物（文化遗产）影响评估的理论，并对国内考古遗址公园建设项目文物影响评估、基本建设项目文物影响评估等实践案例的文物影响评估报告进行了汇总❸；李瑞（2016）提出了档案信息系统建设对于世界文化遗产影响评估指南的作用和意义❹。刘保山（2020）提出了遗产影响评估作为遗产的管理工具，具有多重管理目的，包括减缓潜在威胁、增强遗产价值、促进可持续发展等，遗产影响评估至少包括战略性影响评估（法律、宏观政策层面的评估）、区域性影响评估（城乡规划、"五年规划"层面的评估）、遗产地影响评估（包括文物保护规划、管理规划、遗址公园规划等，管理体系、机构、保护管理状况等，以及保护设施、建设工程、文物保护工程等具体项目三类）三个层面❺。

②建筑学学科领域文物影响评估的研究

常海清教授带领团队开展的西安轨道交通规划文物影响评估研究，开启了我国建筑学学科领域文物影响评估研究的先河，尤其在其博士论文《西安城市轨道交通规划文物影响评估研究》（2013）中，以西安为例针对轨道交通规划项目在线网规划、近期建设、工程可行性研究等不同阶段展开了文物影响评估的技术路线研究，从因子筛选、范围界定、方法创新等方面提出了文物影响评估的三个关键技术议题，构建了交通规划文物影响评估的技术框架和评估导则，创建了"色谱正片叠底评估法"❻。邓文青（2013）对地铁站文物景观影响评估方法做了初步尝试，进一步拓展并深化了常海清提出的评估框架与评估方法❼。黄浩然（2020）开展了基于完整性的小雁塔文化遗产视觉影响评估❽。常海清（2016）以历史文化名城地铁建设项目文物影响评估为对象，从"概念界定""评估原则""评估目标""评估技术框架""评估技术路线"等方面进行了梳理❾，并认为文物影响评估是历史文化名城建设方与文物管理部门的合作手段，也是实现历

❶ 吉祥，任彬彬．五大道历史街区工程项目文物影响评估因子分析研究——以天津医院（天和医院）改扩建工程为例 [J]．城市建筑，2015：1-2．
❷ 何吉成，徐洪磊，袁平，吴睿．城市轨道交通规划环评中的文物振动影响评价 [J]．城市交通，2014，（12）06：77-81+94．
❸ 吴东风．文物影响评估 [M]．北京：科学出版社，2016．
❹ 李瑞．档案信息系统在世界文化遗产影响评估指南中的应用 [J]．山西档案，2016（06）：51-54．
❺ 刘保山．走向新遗产——价值为本的文化遗产保护理念与实践 [M]．北京：中国建材工业出版社，2020：203-205．
❻ 常海清．西安城市轨道交通规划文物影响评估研究 [D].2013：1-249．
❼ 邓文青．大明宫遗址周边地铁站设计导则研究 [D]．西安：西安建筑科技大学，2013．
❽ 黄浩然．基于完整性的小雁塔文化遗产视觉影响评估初探 [D]．西安：西安建筑科技大学，2020．
❾ 常海青．历史文化名城地铁建设项目文物影响评估的概念界定及评估技术路线研究 [J]．南方建筑，2016（04）：35-39．

史文化名城地铁建设方与考古、管理部门“双赢”的最佳方式[1]。另外，易晓列、郑力鹏（2020）开展了拟建高层建筑风环境对周边建筑遗产影响评估，以指导城市高层建筑建设与周边建筑遗产保护的协同[2]。

③城乡规划学科领域遗产影响评估的研究

城乡规划学科领域，最早涉及影响评估（或评价）概念的是刘宛（2005）探讨了城市综合影响评价的评估方法[3]，陈旸、金广君（2009）阐述了城市设计的影响评估的概念、内涵与作用，提出了城市设计项目的影响因素除了功能形态、环境、经济、社会、人等因素外，还包括地域文化、政策体制、历史遗产、人文活动、生活习俗等文化因素[4]。

叶建伟、冯艳（2015，2016）较早关注了遗产影响评估对于遗产保护的重要意义，介绍了遗产影响评估的基本概念、内容、工作流程，梳理了国际遗产影响评估的发展脉络[5]，提出了遗产影响评估中的“遗产”主要针对物质文化遗产；总结了“初步评估”“详细评估”“审批环节”“实施环节”“管理环节”是遗产影响评估的基本工作流程[6]。杨茗、冯艳（2015）以我国香港地区为例，阐述了香港文物影响评估的主要内容及开展方法[7]。叶建伟、周俭等（2016）从组织与运行体系、编制体系对澳大利亚遗产影响声明（SOHS）方法体系进行了梳理[8]。冯艳、叶建伟（2017）从“缘起与发展”、“特点”等方面对英国、澳大利亚、加拿大、南非、我国香港等国家或地区开展的遗产影响评估以及我国文物影响评估进行了概述[9]，并以英格兰历史环境管理相关导则文件为核心，介绍了英格兰遗产影响评估的一般步骤及其主要内容，厘清了遗产影响评估体系框架[10]。详细介绍了加拿大遗产影响评估经验，即通过遗产管理系统识别受影响遗产及其价值所在，并研究评估影响，提出决策建议及缓解措施，最终通过规划管理系

---

❶ 常海青 . 历史文化名城地铁规划建设项目文物影响评估的博弈分析 [J]. 建筑与文化，2016（12）：106-108.

❷ 易晓列，郑力鹏 . 拟建高层建筑风环境对周边建筑遗产影响评估——以广州同盛机器厂旧址为例 [J]. 南方建筑，2020（03）：101-107.

❸ 刘宛 . 城市设计综合影响评价的评估方法 [J]. 建筑师，2005（02）：9-19.

❹ 陈旸，金广君 . 论城市设计的影响评估：概念、内涵与作用 [J]. 哈尔滨工业大学学报（社会科学版），2009（06）：31-38.

❺ 叶建伟，冯艳，袁世兵 . 遗产影响评估方法发展综述及我国的应用前景 [J]. 华中建筑，2016，07：25-28.

❻ 叶建伟 . 遗产影响评估的概述及发展历程 [A]. 中国城市规划学会、贵阳市人民政府 . 新常态：传承与变革——2015 中国城市规划年会论文集（08 城市文化）[C]. 中国城市规划学会、贵阳市人民政府：2015.

❼ 杨茗，冯艳 . 香港文物影响评估——以荔枝角医院为例 [A]. 中国城市规划学会、贵阳市人民政府 . 新常态：传承与变革——2015 中国城市规划年会论文集（08 城市文化）[C]. 中国城市规划学会、贵阳市人民政：2015.

❽ 叶建伟，周俭，冯艳 . 澳大利亚遗产影响声明（SOHS）方法体系——以新南威尔士州为例 [J]. 城市发展研究，2016，02：13-18.

❾ 冯艳，叶建伟 . 国内外遗产影响评估（HIAs）发展述评 [J]. 城市发展研究，2017（01）：130-134.

❿ 冯艳，叶建伟 . 英格兰遗产影响评估的经验 [J]. 国际城市规划，2017（06）：54-59.

统采纳评估结果并予以落实❶。

钟晓华（2016）从遗产社区角度阐述了遗产影响评估工具是应对遗产社区社会抗逆力建设的国际重要行动，运用遗产影响评估工具可以开展全过程与利益相关者的沟通，有助于提升遗产社区的风险认知能力和应对能力❷。邵勇、胡力骏等（2016）剖析了中国人居型世界遗产普遍存在缺乏资源变化的监测与干预机制，缺乏应用遗产影响评估工具干预遗产的巨大变化而造成遗产资源的破坏，最后提出了建立可供监测的评估体系、保护标准以及遗产影响评价技术等建议❸。作者在多年来遗产保护实践与前人研究基础上对我国香港地区遗产影响评价的发展历程、机制、方法与主要内容进行了总结❹，以香港文武庙为例探索了基于视觉的香港遗产影响评估的方法与应用❺，并以历史文化街区为对象，从"缘由、内容、对象、时间、机构、程序"等方面对我国内地开展遗产影响评价提出了初步建议❻。

④景观学领域遗产影响评估的讨论

杜爽、韩锋等（2016）论述了德国城市历史景观遗产保护实践对中国城市历史景观遗产保护的启示，其中包括了"以价值为基础进行城市历史景观影响评价"，并提出了新建设项目实施须要开展遗产影响评价，提出了遗产影响评价应涵盖环境、社会、经济等多领域，为避免自然破坏和建设性破坏，需要评估论证城市建设、旅游、自然灾害、在地社区、商业发展等影响因素对城市历史景观的威胁❼。

⑤其他行业关于文化影响评估的讨论

中国藏学研究中心周炜（2004）认为文化影响评估中的"文化"，应包括物质遗产文化与宗教文化、语言、观念、生活方式等非物质文化❽；田青刚（2011）提出了建立文化影响评价制度的建议，并从决策、规划、项目建设等方面开展文化影响的预测与评估，还应从内容设计、法律保障等层面建立文化影响评价体系❾。

❶ 冯艳，叶建伟. 加拿大遗产影响评估（HIAs）方法——以安大略省为例 [J]. 现代城市研究，2018（03）：58-65.

❷ 钟晓华. 遗产社区的社会抗逆力——风险管理视角下的城市遗产保护 [J]. 城市发展研究，2016，23（02）：23-29.

❸ 邵甬，胡力骏，赵洁，陈欢. 人居型世界遗产保护规划探索——以平遥古城为例 [J]. 城市规划学刊，2016（05）：94-102.

❹ 肖洪未，李和平. 我国香港地区遗产影响评价及其启示 [J]. 城市发展研究，2016（08）：82-87.

❺ 肖洪未，李和平. 基于视觉的香港遗产影响评估方法与应用：以香港文武庙为例 [J]. 建筑学报，2017（08）：95-99.

❻ 肖洪未，李和平. 从"环评"到"遗评"：我国开展遗产影响评价的思考——以历史文化街区为例 [J]. 城市发展研究，2016（10）：117-123.

❼ 杜爽，韩锋，罗婧. 德国城市历史景观遗产保护实践：波茨坦柏林宫殿及公园的启示 [J]. 中国园林，2016（06）：61-66.

❽ 周炜. "青藏铁路对当地传统文化影响与评价"座谈会综述 [J]. 中国藏学，2004（04）：113-116.

❾ 田青刚. 基于文化生态视角的影响评价制度探讨 [J]. 生态经济，2011（07）：185-187+191.

在近两届全国"两会"提案中，全国政协委员沈健、徐利明先后提出了重大建设项目要开展文化影响评估的提议。2016 年全国"两会"中，沈健认为开展文化影响评估在最低限度重大项目建设与城市文脉延续的彼此影响具有重要意义，并对评估主体、评估规范、评估范围与内容、工作重点、评估阶段、评估模式、评估方法等提出了建议 ❶；2017 年全国"两会"中，徐利明提出历史文化名城重大项目引入文化影响评估机制，可以将传统文脉受到的冲击或改变降到最低限度，文化影响评估中的"文化"因素应包括文物考古等有形文化遗产和区域性风俗习惯、民众心理和社会价值等在内的无形文化遗产，文化影响评估可以有效平衡城市建设与文化传承的利益，避免重大建设项目在文化形态上的风险等 ❷。

4. 小结

遗产影响评估已成为近几年国际国内文化遗产保护研究的热门议题，也是国际遗产保护领域开展遗产地保护的重要工具，尤其应用于事先预测并缓解开发建设项目对世界遗产的负面影响发挥了显著的效果。《西安宣言》《会安草案》等国际文件通过政策制定用以促进主要缔约国开展遗产影响评估实践，并在英国、加拿大、澳大利亚、南非、我国香港地区等国家或地区进行了推广，结合各国、地区遗产保护具体情况，通过独立或结合环境影响评估政策制定了相应的遗产影响评估政策，部分国家或地区已经将遗产价值的影响作为评估的核心环节，对于开发建设对遗产价值影响的缓解取得了显著成效，但仍有部分国家或地区（如新西兰、南非、挪威、法国、德国等）仍停留于环境的狭义层面开展环境影响评估，与《世界文化遗产影响评估指南》（2011）规定以遗产突出普遍价值属性为评估核心的关键任务的目标差距较大。关于遗产影响评估的学术探讨层面，国内外已开始围绕《世界文化遗产影响评估指南》探讨世界遗产地的保护研究，覆盖到文物（或文化遗产）、城乡规划、建筑学、景观等领域。

遗产影响评估，也是近年来国内学界、政界及相关行业、部门重点关注的前沿领域，并取得了丰硕的研究成果。我国文物保护领域已开始对文物影响评估概念、内容、方法等进行了初步探讨，承认文物影响评估对于处理开发建设与遗产保护二者关系的重要价值与意义；建筑学科领域较早开始探索文物影响评估的实践，但开展的评估实践范围较窄，主要关注历史文化名城范围内的轨道交通规划文物影响评估，关于其他建设活动（如城市更新等）与其他遗产类型（历史文化名城名镇名村、历史街区等）的影响评估几乎未开展。城乡规划与景观学科领域近两年对遗产影响评估的学术讨论比

---

❶ 江迪.重视对重大建设项目的文化影响评估 [N]. 人民政协报，2016-03-12（021）.

❷ 黄阳阳，樊玉立.徐利明委员：历史文化名城项目须引入文化影响评估机制.新华报业网 [EB/OL] http://js.xhby.net/system/2017/03/03/030629669.shtml.

较频繁，但现阶段仍停留于遗产影响评估概念、内容、流程以及主要国家遗产影响评估政策的梳理。因此，我国遗产影响评估的开展还处于起步阶段，未来还需要借鉴国际经验，在遗产影响评估技术框架指导下，结合我国现行遗产保护制度，针对我国城市发展与遗产保护的尖锐矛盾，逐渐推广遗产影响评估实践工作。本书也希望以典型活态遗产历史街区的影响评估研究为示范，通过以点带面，推广到其他历史遗产的影响评估研究，这也是本书写作的初衷。

1.3.2 历史街区保护研究现状

1. 历史街区保护的发展历程

通过梳理国内外历史街区保护历程与相关国际立法文件，基于其保护理念与方法发展方面，可以把历史街区保护发展历程概括为"关注本体保护""关注整体保护""关注可持续保护与发展"的三个发展阶段。

"关注本体保护"：该阶段是 20 世纪初起关注单个历史遗存的物质空间层面的保护，这个时期保护关注的范围和面较窄，限于其本体的保护，但保护本体的范围随着保护价值认识的变化而逐渐扩大，保护对象逐渐由单体历史遗存扩大至历史地区层面。《威尼斯宪章》（1964）初步形成了对历史文物完整性和历史性的认识，而后通过的《关于历史地区的保护及其当代作用的建议》（1976）进一步明确了扩大对历史地区的保护。

"关注整体保护"：这个阶段保护范围由历史地区扩大至历史城镇、城区及其周边地区，强调周边环境与历史遗存（含历史街区、历史城镇）的整体性保护。《保护历史城镇与城区宪章》（华盛顿宪章，1987）强调了对历史城镇和城区的保护，总结了许多国家的经验和做法，明确了历史地区保护内容，针对历史街区初步形成了较为完整的保护研究体系。《西安宣言》（2005）提出了历史遗产保护范围扩大至对古建筑、古遗址和历史区域的周边环境。由此可见，在国际范围内历史街区保护研究的学术地位得以确立和加强，历史街区保护学科发展也得到推进。

"关注可持续保护与发展"：近年来，随着大量的城市更新实践与历史街区保护矛盾的加深以及历史街区各种社会问题的频繁出现，这时期更加关注历史街区保护要与周边区域的发展保持协调，从而实现街区的可持续保护与发展。《会安草案——亚洲最佳保护范例》（2005）针对亚洲地区历史街区面临真实性威胁的问题，历史街区内部或其周围建设规模不恰当的建筑时应采取影响评估（文化遗产影响评估）或执行规划法等措施 ❶。历史性城市景观方法（HUL）（2011）在亚太地区历史性城市、历史城镇、

---

❶ 联合国教科文组织世界遗产中心，国际古迹遗址理事会，国际文物保护与修复研究中心，中国国家文物局. 国际文化遗产保护文件选编 [M]. 北京：文物出版社，2007.

历史街区进行了示范应用 ❶，取得了显著成效，尤其作为亚太地区历史性城镇景观项目的试点地区，历史性城镇景观的方法应用于都江堰西街历史街区的恢复和重建项目中，旨在结合社区发展诉求与遗产保护要求，探讨了兼顾"原真性、完整性"保护与促进地方可持续发展的方法 ❷。可足见，"历史性城市景观"打破了既有保护理念，承认遗产保护与地方发展的协调关系。因此，从《会安草案——亚洲最佳保护范例》（2005）到《历史性城市景观》（2011），不管是关于城市发展对历史街区的影响评估，还是应用历史性城市景观方法（HUL）满足历史街区的社区发展诉求，其最终目的也都是为了促进历史街区的可持续保护与发展。

2. 历史街区保护的相关政策

（1）历史街区的立法制度

国外关于历史街区的立法较早，早期强调历史街区范围内的建筑、空间等物质层面的立法要求，后期则将历史街区与周围环境以及城市的社会、经济、政治等领域的发展结合，强调了历史街区发展的可持续性与动态适应性。

最早在 1962 年法国颁布的《马尔罗法》（历史街区保护法令）中，就将有价值的历史街区确定为"历史保护区"，对保护区建筑物提出不得任意拆除、维修的建议，改建的也必须由"国家建筑师"进行指导 ❸。1964 年，"国际文化财产保护与修复中心"发布的《威尼斯宪章》提出了保护历史遗存的环境（历史环境）的重要性。英国为了保护"有特殊建筑艺术价值和历史特征"的地区，于 1967 年颁布了《城市文明法案》，要求制定保护规划，对历史街区提出相应的保护措施，该法案主要考虑的是历史街区的"群体价值"，这也进一步明确了历史街区在法律体系中的重要作用 ❹。1975 年，在日本修改的《文化财保护法》内容中建立了"传统的建筑物群保存地区"制度，对传统的建筑物群保存地区进行了界定。1976 年，《内罗毕建议》拓展了遗产保护的内涵，包括鉴定、防护、保存、修缮和再生等，明确保护历史街区的重要意义。1987 年，《华盛顿宪章》提出了保护历史地段需要将外部环境纳入整体保护，以及强调保护延续居住或生活方式。可见，这个阶段国际立法文件主要规定了历史街区保护的内涵，并对其范围内的相关建设活动进行管理、约束，并且在保护对象与范围上，逐渐由单体历史遗迹扩大到周围区域。

2005 年至 2011 年期间，国际立法文件加强了历史街区与周边环境发展的协调

---

❶ 示范应用地区包括澳大利亚的巴拉瑞特、巴基斯坦的拉瓦品第、斐济的列雾卡、印度的瓦拉纳西的，我国的上海虹口港试点区八片里弄群、江苏的苏州与同里、四川省的都江堰西街历史街区震后重建等地区。

❷ WHTRAP. The Historic Urban Landscape，PILOT CITIES，亚太地区的试点城镇、中国试点城镇 .2014[EB/OL]. http://www.historicurbanlandscape.com/.

❸ 王景慧 . 保护历史街区的政策和方法 [J]. 上海城市管理职业技术学院学报，2001，06：9-11.

❹ Civic Amenities Act [R].1967.

要求，以实现历史街区的可持续保护与发展。《维也纳备忘录》（2005）提出了历史性城市应基于现存历史形态、建筑存量及文脉，综合考虑当代建筑、城市可持续性发展和景观完整性之间的关系，同样也适用于历史街区❶。《西安宣言》（2005）特别强调历史环境对于遗产建筑、遗址和地区的重要性❷。《历史性城镇景观建议书》（2011）提供了一种都能适用于历史性城市、历史城镇以及历史街区与城市可持续发展的保护方法❸。

我国从立法制度层面关于历史街区立法也作了相关规定。早在 1986 年，国务院就规定了历史文化保护区的划分办法，即将文物古迹比较集中或能较完整地体现出某一历史时期的传统风貌和民族地方特色的街区、建筑群、小镇、村落等划定为地方各级历史文化保护区，并加以保护。然后于 2003 年 11 月，针对大量历史街区被破坏的状况，建设部公布了《城市紫线管理办法》，用以对历史街区通过划定紫线的方式进行保护❹。2008 年颁布的法规文件《历史文化名城名镇名村保护条例》进一步明确了历史文化街区（历史街区的法定性概念）的保护规定❺。

（2）历史街区的管理政策

①国外历史街区的管理政策

近年来，国外对历史街区的管理政策作了诸多探索，主要集中于历史街区的行政管理、经济管理、保护咨询等相关制度方面。

行政管理制度，颁布的保护管理制度主要用于保证保护管理的高效运行，但基本上都执行单一的行政管理模式，如美国的自然和文化遗产地都由"国家公园处"管理，法国的遗产事务是由文化部管理，澳大利亚和加拿大是由"遗产和环境部"管理。在整个管理结构体系方面，一般分为"中央及地方两级管理体系"（英国、日本）和"国家直接集中管理体系"（法国）两种模式。

经济管理制度，主要包括资金、文化两方面。资金方面，其资金获取渠道比较多元，但主要依托国家的直接财政拨款，同时给予执行者、屋主在投资、财政税等方面给予优惠政策，在许多欠发达地区，还可获益用于城市遗产保护寻求国际合作及资金援助；文化方面，主要通过"文化经济政策"进行立法，一般包括投资优惠政策和财政税收减免政策。对于按照保护规划利用历史建筑合法进行经营活动的投资商和租赁者以政策激励。另外，经济方面的管理制度，还可置换使用权而建立历史建筑有偿使用制度，如美国通过制定经济政策（如财产税减免、地役权转让、开发权转移等政策）以激励

❶ 张松 . 城市文化遗产保护国际宪章与国内法规选编 [M]. 上海：同济大学出版社，2007.
❷ ICOMOS.Xi'an Declaration on the Conservation of the Setting of Heritage Structures，Sites and Areas[R]. 2005.
❸ UNESCO.RECOMMENDATION ON THE HISTORIC URBANLANDSCAPE[R]. 2011.
❹ 中华人民共和国建设部令 .《城市紫线管理办法》[R].2003.
❺ 中华人民共和国国务院令 .《历史文化名城名镇名村保护条例》[R].2008.

公众和财产所有者参与历史环境保护❶❷，我国台湾地区制定的容积率转移政策在一定程度上也促进了历史街区的积极保护❸。以上管理制度的建立，目的是避免开发项目对历史街区的破坏影响。

国外在管理政策方面也积极引入了"保护监督和咨询制度"，如"保护官员"和"国家建筑师"制度，以发挥"专业咨询机构"和"民间社团"的积极作用。如在英国，由英国国家遗产委员会等国家组织机构，与英国建筑学会等法定监督咨询机构负责有关法规、政策的实施以及保护问题；意大利遗产部设置了"国家教育科学与艺术委员会、文化与自然遗产委员会、地方委员主席团会议等咨询机构"，法国建立了"文化遗产保护委员会"，日本建立了常设咨询机构为"审议会"❹。

②国内历史街区的管理政策

我国现阶段还没有专门针对历史街区建立相应的管理政策，当前主要依据《历史文化名城名镇名村保护条例》（2017年修正）中历史文化街区的保护要求进行管理。历史街区保护体系涉及文物保护、城乡规划等领域，依据法律法规规章和技术标准，对历史街区范围内历史建筑、文物建筑等遗产类型实行分类分级管理。历史街区保护规划与实施管理是由城乡规划主管部门文物主管部门共同管理。由于地方政府对历史遗产保护的资金投入有限而保护实施主要取决于市场机制，由此形成了部门管理协作、管理与实施等方面不协调的局面，严重影响了历史街区保护管理的效率与保护实施效果，从而对历史街区真实性、完整性保存以及遗产价值的延续构成了一定的威胁。另外，部分地区（上海、北京、南京、广州、杭州、武汉、重庆等）对传统街区❺管理规定作了诸多探索，如《上海市历史文化风貌区和优秀历史建筑保护条例》对历史风貌区的保护管理，建立了历史文化名城保护规划、历史文化风貌区保护规划、单体保护建筑规划与建设管理及风貌区建设项目管理等各层级规划管理体系及其相应内容，尤其总结并探索了中观详细规划层面的历史风貌区保护规划的上海模式❻。重庆制定了《重庆市历史文化名城名镇名村保护条例》，将历史文化街区与传统风貌区统一纳入到历史文化名城保护体系中，鼓励保护传承、合理利用，推动旅游和文化产业发展❼。

---

❶ 沈海虹.美国文化遗产保护领域中的税费激励政策[J].建筑学报，2006（06）：17-20.
❷ 李和平.美国历史遗产保护的法律保障机制[J].西部人居环境学刊，2013，04：13-18.
❸ 覃俊翰.借鉴台湾经验的历史街区保护视角下的容积移转制度研究[D].广州：华南理工大学，2012.
❹ 胡斌，杜洋，许宁波.国外城市历史遗产保护制度体系综述[J].福建建筑，2013，01：6-8+5.
❺ 由于各地叫法不统一，故这里用传统街区进行代替。
❻ 伍江，王林.上海城市历史文化遗产保护制度概述[J].时代建筑，2006，02：24-27.
❼ 重庆市历史文化名城名镇名村保护条例[R].2018，http://www.ccpc.cq.cn/home/index/more/id/212762.html.

3. 历史街区保护的理论与方法

国外自 20 世纪 60 年代起，辩证地对待历史街区保护与发展的理念已经出现，以新老结合的思想对待历史街区整体环境与社区结构。70 年代开始，历史街区保护的理念逐渐与城市更新有机结合，由只重视物质保护转向注重经济、社会、环境规划相结合，政府、私人部门、社区等利益群体共同参与的城市综合性更新，逐渐向小规模、渐进式城市更新的理念过渡❶。

我国最早在城市更新中提出了"有机更新"理论，成为旧城街区空间的可持续更新与发展的主导理论，并在更新与改造实践中探索了适宜于保持既有社会结构的渐进式更新理念，成为当前旧城中可持续保护与更新的主要理念❷。早在 1991 年，吴良镛院士在菊儿胡同住宅改造项目中就运用了有机更新理论进行分析，探讨了"小规模整治与改造"的意义及其可行性❸。张杰（1999）提出了以社区为基础的小规模改造理念❹。宋晓龙等（2000）将"微循环式"保护和更新理论应用于北京南北长街街区的保护规划实践❺。陆翔（2001）提出"渐进性更新理论"，提出老街区应按原貌进行小规模更新重建，实行老建筑的自我更新，形成有机"微循环"❻。梁乔（2005）提出建立人和物、局部和整体、传统和现代同时考虑的一种历史街区保护模式❼。边兰春、井忠杰（2005）在北京什刹海烟袋斜街地区保护规划实践中，提出了以院落为单位建立保护规划档案与分类整治的导则等❽。吴俊妲、张杰（2018）基于经营模式研究提出了历史街区分期分步的差异性小规模渐进式更新策略❾。近年来，随着历史性城镇景观概念、理论的推广以及亚太地区示范城镇的实施，历史性城镇景观方法与可持续保护、发展理念结合，逐渐应用于历史街区保护、更新实践中。吕斌、王春（2012）在北京南锣鼓巷历史街区保护实践中采取了"自上而下"与"自下而上"的小规模渐进式更新和"微循环"改造有效结合的社区可持续再生模式❿。杨涛（2015）基于"动态"视角看待历史的"过程性"和"层次性"，然后按照历史城镇景观关于识别、保护、发展、

❶ 张维亚. 国外城市历史街区保护与开发研究综述 [J]. 金陵科技学院学报（社会科学版），2007，02：55-58.
❷ 吴良镛. 北京旧城与菊儿胡同 [M] 北京：中国建筑工业出版社，1994.
❸ 吴良镛. 从"有机更新"走向新的"有机秩序"——北京旧城居住整治途径（二）[J]. 建筑学报,1991,02：7-13.
❹ 张杰. 论以社区为基础的城市小规模改造 [J]. 城市规划汇刊，1999（03）.
❺ 宋晓龙，黄艳. "微循环式"保护与更新——北京南北长街历史街区保护规划的理论和方法 [J]. 城市规划，2000，11：59-64.
❻ 陆翔. 北京传统住宅街区渐进更新的途径 [J]. 北京规划建设，2001，03：20-21.
❼ 梁乔. 历史街区保护的双系统模式的建构 [J]. 建筑学报，2005，12：36-38.
❽ 边兰春，井忠杰. 历史街区保护规划的探索和思考——以什刹海烟袋斜街地区保护规划为例 [J]. 城市规划，2005，09：44-48+59.
❾ 吴俊妲，张杰. 基于经营模式的差异性更新策略研究——以广州高第街历史街区为例 [J]. 城市规划，2018，42（09）：79-87.
❿ 吕斌，王春. 历史街区可持续再生城市设计绩效的社会评估——北京南锣鼓巷地区开放式城市设计实践 [J]. 城市规划，2013，03：31-38.

管理的四个环节建立应对历史性地区的变化的可持续性的系统保护策略❶。另外，也有学者（黄焕，2010❷；邵宁，2015❸）从文化生态视角以"空间、文化、社会"为核心探讨历史街区可持续更新模式。肖岚（2010）❹、陈亮（2014）❺、马少军、刘丰等（2013）❻、杨克明、林锋（2014）❼从有机更新视角对历史街区可持续保护实践进行了探讨等。汪进、李筠筠等（2018）以广州恩宁路历史文化街区为试点，在确定街区底线基础上探讨了从保护到活化利用的全流程规划实施策略❽。

4. 历史街区保护的公众参与

历史街区作为典型的活态遗产，离不开对原住民或公众参与的关注，同时原住民或公众参与是历史街区保护的重要方式，也是推动历史街区可持续保护与发展的重要力量，因此，公众参与在历史街区保护实施效果方面具有关键性作用。

国外公众参与形成了较为成熟的理论，公众参与到旧城更新、城市街区改造等实践中也较早，自 20 世纪 60 年代起，美国、法国和德国等国家在"城市更新计划"中强调城市街区改造实践中引入公众参与理论的意义。鲍尔·戴维多夫、谢莉·安斯汀、安德鲁罗、因内斯教授分别提出了倡导性规划理论❾，以及"市民参与阶梯"理论、"安德鲁罗"模式理论、"联络性规划"理论，认为公众应积极参与到旧城更新、旧建筑改造活动中来❿⓫。但同时有些学者（塞韦尔＆科波克，1977；麦克阿瑟 1993；福德汉姆，1993；唐尼森，1993；阿姆斯壮，1993；克鲁格，1993）认为公众参与也有两面性，

---

❶ 杨涛 . 历史性城镇景观视角下的街区保护方法探索——以拉萨八廓街保护实践为例 [J]. 城市规划通讯，2015，04：15-16.

❷ 邵宁 . 以文化生态为核心的历史街区有机更新——以高邮盂城驿街区为例 [J]. 华中建筑，2016，04：118-121.

❸ 黄焕，Bert Smolders，Jos Verweij. 文化生态理念下的历史街区保护与更新研究——以武汉市青岛路历史街区为例 [J]. 规划师，2010，05：61-67.

❹ 肖岚 . 城市化进程中历史街区有机更新的探索——以温州市朔门历史街区为例 [J]. 城市发展研究，2009，06：119-124.

❺ 程亮 . 城市化进程中的历史街区有机更新——以西宁东关清真大寺周边街区改造为例 [J]. 规划师，2014，S4：78-82.

❻ 马少军，刘丰，郑慧娜，齐星，蔡晓南，王晓萍，崔秋荣，翁巧莉，王金献，周苏波，徐新阳，沈萱旖 . 杭州清河坊历史街区的保护与有机更新 [J]. 建筑学报，2013，01：104-105.

❼ 杨克明，林锋 . 有机更新理论在历史文化街区更新改造中的应用——以温州庆年坊历史文化街区为例 [J]. 规划师，2014，S3：217-220+226.

❽ 汪进，李筠筠，王霖 . 广州历史文化街区保护及活化利用的全流程规划 [J]. 规划师，2018，34（S2）：16-20.

❾ Paul Davidoff. Advocacy and Pluralism in Planning[J]. Journal of the American Planning Association，1965（4）.

❿ Sherry Aronstein. A Ladder of Citizen Participation[J]. Journal of the American Planning Association，1969（4）.8 个层次即"市民控制—代理权—伙伴—安抚—咨询—通知—治疗—操纵"、3 种类型即"有实权的参与"、"象征性参与"、"无参与"；"市民控制—代理权—伙伴"属于有实权参与，"安抚—咨询—通知"属于象征性参与，"治疗—操纵"属于无参与 .

⓫ 方国栋 .Public Participation in Hong Kong-case Studies in Community Urban Design[D]. 香港：香港中文大学，2001.

虽然能解决部分社会冲突，但是也会产生新的社会矛盾和问题❶。

进入 21 世纪以后，部分学者开始关注于公众在城市街区改造过程的价值与意义，如大卫贝尔和马克杰恩提出了街区在改造过程中更需要解决街区的振兴以及让公众参与到改造过程中的价值、意义等关键问题❷。史蒂文、希思·蒂姆等（2006）阐述了北美和欧洲的历史街区振兴是关于动态更新的过程，不改变既有生活环境❸。从现有研究进展来看，公众参与仍然是历史街区保护研究中的重要环节，但公众参与的真正实现与历史街区的经济属性密切相关，使得经济问题导致了街区多元主体的利益难以协调等诸多社会问题。

与国外相比，我国关于公众参与的研究与实践起步较晚，直到 20 世纪末，城市规划学、建筑学等建筑工程学科才开始在城市更新和改造过程中对公众参与的关注。如王景慧、阮仪三（1999）虽然没有直接阐述城市历史街区改造的公众参与问题，但对公众参与到历史街区更新、改造实践中的可能性和必要性进行了思考❹。何丹、赵民（1999）、陈锦福（2000）分别从政治经济基础与制度、政策与制度层面提出了城市规划中公众参与的建议、决策模式与制度框架等❺❻。

近年来，由于我国城市化进程的快速推进，在城市更新、历史街区改造过程中频繁涌现社会问题的背景影响下，公众参与到历史街区保护、更新程中应该更加理性，兼顾多方主体利益。冯家琪，李京生（2013）在北京的钟鼓楼广场恢复整治实践中，认为应注意不同群体在参与过程中的权责分配以及对历史街区的影响❼。王兆芳、赵勇等（2014）认为公众感知调查和分析是制定历史街区保护策略的重要基础❽。钟晓华、寇怀云（2015）在都江堰西街灾后重建的公众参与实践中，认为社区参与需要通过遗产教育、社区增能的方法或过程倡导理性、组织化的参与❾。蒲文娟（2018）探索了基于微观视域即以人为主体，围绕人、文化、空间的互动模式展开历史街区保护策略研

❶ LI Wai Sze，Freda. Public participation and urban renewal in Hong Kong: comparative case studies of two urban renewal projects[D]. 香港：香港大学，1999.
❷ David Bell，MarkJayne.City of quarters: urban villages in the contemporary city[M].York，Ashgate，2004.
❸ 蒂耶斯德尔·史蒂文，希思·蒂姆，厄奇·塔内尔，张玫英，董卫译. 城市历史街区的复兴 [M]. 北京：中国建筑工业出版社，2006.
❹ 阮仪三，王景慧. 历史文化名城保护理论与规划 [M]. 上海：同济大学出版社，1999.
❺ 何丹，赵民. 论城市规划中公众参与的政治经济基础及制度安排 [J]. 城市规划汇刊，1999，05：31-34+80.
❻ 陈锦富. 论公众参与的城市规划制度 [J]. 城市规划，2000，07：54-57.
❼ 冯家琪，李京生. 城市历史街区复兴过程中的公众参与——从北京钟鼓楼广场恢复整治项目所引发的公众参与事件谈起 [J]. 规划师，2013，S2：197-199.
❽ 王兆芳，赵勇，李沛帆，谷峥. 基于公众参与的历史文化街区保护研究——以正定历史文化名城为例 [J]. 城市发展研究，2014，02：27-30.
❾ 钟晓华，寇怀云. 社区参与对历史街区保护的影响——以都江堰市西街历史文化街区灾后重建为例 [J]. 城市规划，2015，07：87-94.

究 ❶。顾方哲（2018）以波士顿贝肯山历史街区为例，介绍了公众参与在社区营造、建筑遗产保护的作用和意义 ❷。向岚麟、董晶晶等（2019）探讨了基于游客、居民、商户不同参与主体视角的历史街区的地方感差异 ❸。

5. 历史街区保护评估

"评估"是对预期目标或保护绩效进行检讨、反思，为未来历史街区保护决策或行动计划制定提供依据，因此，"评估"也是历史街区保护的有效手段。本书提出的"历史街区保护评估"是关于一切人工活动（包括保护、整治、更新、开发等）对历史街区保护所产生影响的评估，按照评估时间或评估的时效性可分为事前、事中、事后的影响评估，本书主要从事前与事后影响评估两方面进行梳理，为本书开展"历史街区影响评估方法"的探索提供前置条件。

（1）历史街区事前影响评估

历史街区事前影响评估，即是关于保护、整治、更新、开发等人工活动对历史街区可能造成影响的事前评估，也是本书研究对象"历史街区影响评估"，国内外对于历史街区这个空间层次遗产类型的事前影响评估的关注较少。加拿大遗产保护地区涉及对遗产进行变更（任何形式的变化，包括修复、更新、维修和干扰）较大时，需要向市镇部门提出许可申请，通常以遗产影响声明报告的形式提交申请 ❹。而英格兰遗产保护导则《历史街区评估的原则与实践》（Understanding Place：Historic Area Assessments：Principles and Practice）中要求，涉及现存开发项目对历史街区遗产重要性具有潜在影响时，需要开展影响评估，并提出缓解措施以及未来发展建议 ❺。在历史街区具体评估过程中，开发项目对历史街区内部遗产要素或属性通过景观与视觉影响分析（LVIA，通常划分战略性视野、全景视野、窄轴线视野、宽轴线视野、地标等进行空间分析），并提出缓解措施。因此，英格兰的历史街区事前影响评估，并没有单独要求形成遗产影响报告，而是历史街区评估（HAA）报告的部分内容，如天使街项目历史街区评估报告（2013）❻、老橡树历史街区评估报告（2015）❼。

国内目前历史街区保护管理体系中保护规划的专家咨询或评审也是事前影响评估的一种方式，属于定性评估中的德尔菲评估法，但由于缺乏定量的评估方法而导致其

❶ 蒲文娟. 历史街区保护的微观视域 [D]. 重庆：重庆大学，2017.
❷ 顾方哲. 公众参与、社区组织与建筑遗产保护：波士顿贝肯山历史街区的社区营造 [J]. 山东大学学报（哲学社会科学版），2018（03）：60-69.
❸ 向岚麟，董晶晶，王凯伦，赵丽璐. 基于主体视角的历史街区地方感差异研究——以北京南锣鼓巷为例 [J]. 城市发展研究，2019，26（07）：114-124.
❹ Criteria for Determining Cultural Heritage Value or Interest，O Reg 9/06.2006，http：//canlii.ca/t/1pqc.
❺ English Heritage.Understanding Place：historic Area Assessment：Principles and Practice[R]. 2012.
❻ Northamptonshire County Council.Project Angel Historic Area Assessment[R].2013.
❼ English Heritage. OLD OAK.OUTLINE HISTORIC AREA ASSESSMENT[R].2015.

科学性不足。在历史街区事前影响评估实践方面，部分学者作了一定探索，如黄耀志、罗曦（2010）以苏州寒山寺历史文化街区为例展开了景观视觉影响评价研究，提出拟建设项目的影响评价是景观视觉环境评价的一种特殊类型，是对拟建项目审批的直接依据，评价方法上主要分为基于专业设计和基于感官的评价方法以及咨询评分加权法、现状调查评价法等❶。

作者（2016，2017）以历史文化街区为对象，结合我国遗产保护实践从"缘由、内容、对象、时间、机构、程序"方面对遗产影响评价进行了初步思考❷，并从动态管理、影响评估、参与组织、政策保障方面初步探讨了历史街区可持续发展机制❸。也有研究从保护规划评估的角度开展历史街区的事前影响评估，但主要目的是用来确定保护规划制定的优点与不足，或为未来保护规划修编、保护目标、政策等修正提供依据，如任栋（2012）主要依据国内保护规划编制技术规范的要求以及实施的可行性进行评估，运用层次分析法建立了历史文化村镇保护规划编制评估的指标体系❹。潘鹏程（2019）以南京秦淮地区历史街区为例，运用遗产影响评估理论与方法开展了历史街区保护规划文本的评估研究❺。

（2）历史街区事后影响评估

历史街区事后影响评估，是对历史街区保护实施后的效应、绩效或影响进行的评估。刘雅静（2009）以重庆磁器口历史街区为例开展了保护过程与绩效的评价❻。廖源（2011）以杭州市中山南路历史街区为例，展开了保护及其使用后评价。王颖（2014）以云南历史街区为例，对历史街区保护更新实施建立了以物质遗存、非物质遗存、管理机制状态为核心的实态评价内容❼。张小弥、赵博阳（2013）以丽江和平遥古城为例，探索了保护与开发对地方社会的影响❽。董莉莉、张宁（2010）以重庆磁器口历史街区为例，从功能、物质空间、保护整治措施等对社会的影响方面梳理保护整治前后的变化，提

❶ 黄耀志，罗曦. 浅议历史文化街区的景观视觉影响评价——以苏州寒山寺为例 [J]. 现代城市研究，2010，06：44-49.
❷ 肖洪未，李和平. 从"环评"到"遗评"：我国开展遗产影响评价的思考—历史文化街区为例 [J]. 城市发展研究，2016（10），117-123.
❸ 肖洪未，李和平. 基于遗产影响评估的历史街区可持续发展研究 [A]. 中国城市规划学会、东莞市人民政府. 持续发展理性规划——2017中国城市规划年会论文集（09城市文化遗产保护）[C]. 中国城市规划学会、东莞市人民政府：中国城市规划学会，2017.
❹ 任栋. 历史文化村镇保护规划评估研究 [D]. 广州：华南理工大学，2012.
❺ 潘鹏程. 基于HIAs的历史街区保护规划评估研究 [D]. 南京：东南大学，2019.
❻ 刘雅静. 磁器口历史街区保护过程与绩效评价 [D]. 重庆：重庆大学，2009.
❼ 王颖. 历史街区保护更新实施状况的研究与评价 [D]. 南京：东南大学，2015.
❽ 张小弥，赵博阳. 中国历史城镇和历史街区的保护与开发对地方社会的影响 [A].Information Engineering Research Institute，USA.Proceedings of 2013 International Conference on Economics and Social Science（ICESS 2013）Volume 14[C].Information Engineering Research Institute，USA，2013：8.

出了整治后对收益、社会结构、生活方式的社会影响 ❶。可见，历史街区保护整治的事后影响评估，不仅关注物质影响，还关注诸如街区的功能、社会结构、生活方式等非物质的影响。

6. 小结

本节从"发展历程""相关政策""理论与方法""公众参与""保护评估"方面系统梳理了国内外历史街区保护研究进展，历史街区在保护对象、保护范围、保护政策、保护理论与方法等领域都得以全面的发展和推进。保护对象上由关注保护单体历史遗存，到关注"历史地段""历史街区""历史城区"；保护范围上，由关注空间上的"点"，延伸到"线"，并拓展到历史街区周围环境的"面域"层面；保护政策上，从国际宪章、立法政策、地方规定不同层级上的法律法规，从管理、经济、技术等多领域的保护政策对历史街区保护全方位的支撑；保护理论与方法层面，基于国际立法规定要求以及历史街区保护中的实际问题，从有机更新理论到微循环理论，到小规模渐进式保护、更新理念，再到历史性城市景观理念指导的可持续保护与发展等方法的全方位探索，显示出"可持续保护与发展"是历史街区未来保护议题的重要趋势；公众参与层面，从理论研究到政策保障，从学术研讨到实践探索，反映了历史街区保护引入公众参与的必然性与可行性，展现出历史街区受社会、经济等属性影响而需要通过整体、动态保护实现其可持续保护与发展的态势。

综上所述，未来历史街区的保护并不再局限于"孤立""静态""单一"的片面保护模式，而亟待与周围环境发展变化有机结合，逐渐向"整体""动态""全面"的可持续保护与发展方向转型。

1.3.3 综合评述

1. 遗产影响评估

国外从不同阶段、不同对象、不同方式、不同尺度、不同重点等遗产影响评估工作的开展取得了显著成效，其内容各有侧重。不同阶段，遗产影响评估是由环境影响评估发展阶段延伸而来的，各国开展实践与制定政策的时间也不尽相同；不同对象，如英国（英格兰遗产）关注历史环境的保护、加拿大侧重于文化遗产与遗产保护区的保护等；不同方式，如澳大利亚由环境保护部门管理开展遗产影响声明，加拿大由旅游、文化、运动部文化下的遗产部门管理开展遗产影响声明，并将遗产影响评估与保护规划结合，我国香港地区在古物古迹办事处部门管理框架下单独开展文物影响评估等，英格兰在社区与地方当局与规划部门联合管理框架下开展历史环境的保护管理，我国

---

❶ 董莉莉，张宁. 历史文化街区保护整治的社会影响——以重庆市磁器口为例 [J]. 新建筑，2010，06：136-139.

在文物部门管理下开展文物影响评估；不同尺度，如宏观层面从流域尺度评估角度探索气候变化对古遗迹资源、遗产地的影响，探索城市扩张对遗产地的影响过程，以及未来变化趋势的预测，中观层面如加拿大对遗产保护区的影响，涉及开发地块变更的影响评估等，微观层面即对文物古迹、文化遗产的遗产影响评估；不同重点，部分国家或地区已经将遗产价值及其影响作为评估的核心环节，但大部分国家或地区仍停留于环境的狭义层面开展，并不将其作为评估的重点内容。

在方法运用层面，已开始运用地理信息系统、遥感技术、三维可视化技术、情景仿真技术等作为定量评价的技术工具，同时结合视觉或景观影响评估的遗产影响评估方式也备受关注，鼓励公众参与遗产影响评估也较普遍。尽管国外遗产影响评估研究与应用实践开展较为频繁，但大部分是基于环境影响评价框架下对遗产周围物理环境的影响进行评估，采用的评估技术也是大多借鉴环境影响评估的方法。另外，定性研究方法较为普遍，尽管采用了 GIS、遥感、三维可视化等技术工具，但也是基于宏观尺度进行空间的定性影响分析。对于中观与微观尺度定量的影响评估方法还几乎未涉及。因此，定性与定量结合的遗产影响评估方法亟待探索。关于遗产影响评估的学术讨论，已经从基于环境影响评价框架下对遗产物质空间属性的影响评估体系到逐渐过渡到以价值为核心的遗产影响评估体系。

2. 历史街区保护

国内外关于历史街区保护重点各有侧重，国外建立了较成熟的保护政策，保护实践侧重于与经济复兴、公众参与的结合，强调与城市的协调发展。国内在历史街区保护发展历程方面，已经开始关注历史街区可持续保护与发展的议题；保护政策尤其是相关经济政策方面研究还比较缺乏，"小规模渐进式"逐渐成为历史街区主导保护模式；关于历史街区内部保护与外部持续建设活动之间关系的研究较弱，即历史街区保护侧重于静态式（某时期）的保护，针对周边环境持续变化（城市开发建设项目陆续开展）不断给历史街区带来负面影响的问题，缺乏基于系统角度因建设活动导致历史街区遗产价值影响的相关制度与管理机制的研究。历史街区事前、事后影响评估总体上还未真正形成以历史街区遗产价值及其影响为核心的评估体系，对遗产价值的关注并未贯穿历史街区保护与评估工作的始终。

1.4 技术路线

本书在以上研究背景、概念辨析与界定、国内外研究现状研究等基础上，从历史街区保护面临的现状问题与矛盾剖析切入，通过遗产影响评估方法的导入，构建历史街区影响评估的理论框架与方法，然后从"规划应用""管理应用""保障应用""参与应用"等层面提出历史街区保护的创新方法。最后，结合同兴老街保护规划实践案例，对"保护规划方法改进"进行检验。

首先，在国内历史街区保护实践基础上，总结了我国历史街区保护由于缺乏遗产影响评估工具而普遍存在的现实问题与矛盾，包括相关规划编制价值影响针对性较弱、相关建设活动动态影响控制较弱、相关保护实施引导系统性不足、相关保护管理时效性不足等，揭示了历史街区引入遗产影响评估方法的必要性与紧迫性。

其次，对历史街区影响评估的基础即遗产影响评估方法相关内容进行概述，包括遗产影响评估的缘起与概念、意义与内涵；以《世界文化遗产影响评估指南》内容为核心，综合吸纳国内外遗产影响评估方法，从工作流程、一般过程两方面对遗产影响评估的一般方法进行研究，最后阐述了历史街区保护引入遗产影响评估的价值和作用。

再次，从"历史街区影响评估的方法""历史街区影响评估的保护应用"两个环节开展研究，这是本书的核心章节。首先建立历史街区影响评估的理论框架，然后从工作流程、指标体系、一般过程三方面对评估方法进行了探讨；在此基础上，从保护规划方法的改进、保护管理程序的优化、政策保障制度的改善、公众参与机制的完善等方面探索了历史街区影响评估的保护应用。

最后，以同兴老街保护规划为研究对象，从技术层面将历史街区影响评估开展的一般过程与具体方法进行了演绎，分别从现状累积影响评估、保护规划内容制定、保护规划影响评估三个核心环节对历史街区保护规划方法改进展开了实证研究（图1.1）。

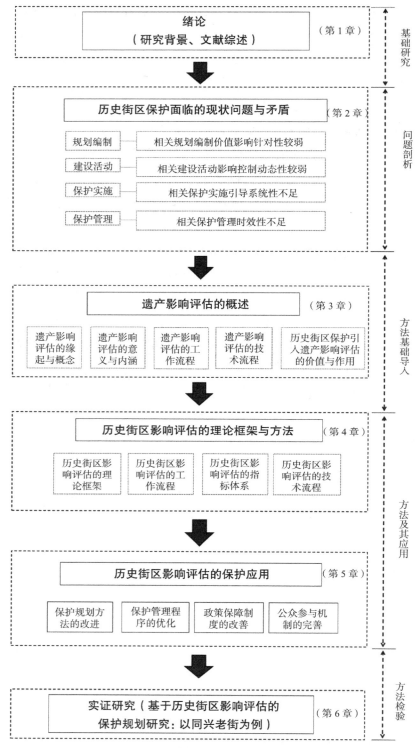

图 1.1　研究框架

资料来源：作者自绘

第2章 历史街区保护面临的现状问题与矛盾

《会安草案——亚洲最佳保护范例》(2005)在针对亚洲地区历史街区内部或其周围建设规模不恰当的建筑对街区真实性带来主要威胁时,提出"影响评估、执行规划法"的保护措施极其必要❶。可见,"影响评估"手段及保护法规的执行对于缓解或避免相关建设活动导致历史街区真实性威胁具有重要意义。

历史街区,因具有历史、社会、经济、文化、功能等属性而作为典型的活态历史遗产,正面临快速城镇化与现代化带来的巨大压力,在外部城市快速发展以及街区内部自身发展诉求的驱动下,对其遗产价值延续、真实性与完整性保护正受到严峻考验。同时,在保护干预与引导方面,我国历史街区既有保护体系由于缺乏影响评估手段与科学的规划引导、管控措施而导致保护效果并不理想,一定程度上加速了历史街区的破坏,从而导致历史街区的真实性、历史风貌的完整性以及街区生活的延续性等受到严重影响❷。实质上,历史街区保护过程中由于缺乏人工建设活动的事前影响评估干预环节而产生了一系列现状问题与矛盾,主要表现在"相关规划编制价值影响针对性较弱"、"相关建设活动影响控制动态性较弱"、"相关保护实施引导系统性不足"、"相关保护管理时效性不足"等方面,从而对历史街区遗产价值属性产生了破坏性影响,进一步阻碍了历史街区遗产价值的延续。

本章在对国内历史街区调查基础上(以重庆的历史街区为调查重点),针对历史街区在城市发展过程中频繁遭受保护、整治、更新、开发等人工活动的潜在持续影响的普遍现象,阐述历史街区当前面临的主要现实问题与矛盾,揭示了历史街区保护引入遗产影响评估方法的必要性与紧迫性。

2.1 相关规划编制价值影响针对性较弱

2.1.1 非保护规划的编制忽略了遗产价值的影响

近年来,我国许多城市历史街区开展了保护性详细规划、保护整治规划、保护实施规划、保护与发展规划(或利用规划、更新规划)等以项目开发为价值导向的非法定规划,代替了传统的保护规划以指导历史街区的开发项目实施,对历史街区遗产价

---

❶ 联合国教科文组织《会安草案——亚洲最佳保护范例》[R]. 2005.
❷ 张松. 城市历史环境的可持续保护 [J]. 国际城市规划, 2017, 02: 1-5.

值延续造成了严重的影响，如2007年重庆濯水古镇街区保护性详细规划，是在以旅游项目开发主导的基础上编制的，即缺乏对濯水古镇街区遗产价值影响的评估为前提开展规划编制，并且在旅游开发主导下对古镇街区范围内大量历史建筑、传统风貌建筑进行大量更新，严重破坏了历史建筑、街巷空间格局等物质历史遗存的真实性保存，阻碍了街区历史价值、艺术价值、科学价值等核心价值的延续，同时以促使原住民的搬迁为代价规划了大量现代商业设施，对街区既有功能结构进行大量调整，破坏了古镇街区的生活价值与社会价值（图2.1）。另外，将街区有机共生的重要历史环境芭茅岛规划为旅游酒店与会所中心，破坏了古镇街区物质历史遗存保存的完整性，也对街区景观、环境价值产生了负面影响（图2.2）。同时，编制单位将保护性详细规划与保护规划混为一谈，在规划方案中将大量新建、更新区域划为核心保护范围，并作为2013年申报中国历史文化名镇的主要依据。

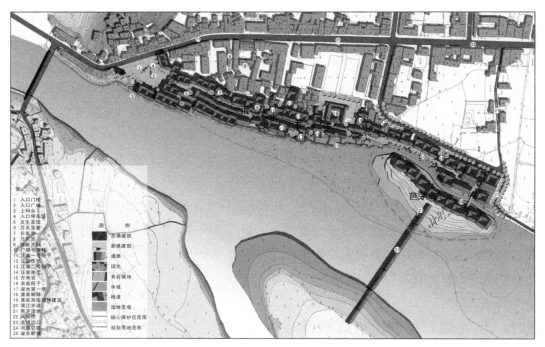

图2.1　重庆濯水古镇街区保护性详细规划总平面

资料来源：重庆黔江区规划局.黔江区濯水古镇保护性详细规划，2014.

2.1.2　保护规划编制难以协调多样性遗产价值

国内目前历史街区保护规划成果的编制，通常是在国家相关法律法规及技术规范文件指导下开展的，对于保护规划编制与成果表达的规范性把控具有一定的指导意义。历史街区保护规划主要包括两种类型，一是基于控制性详细规划层面（简称

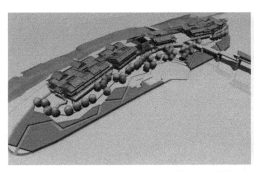

图 2.2　濯水古镇街区芭茅岛规划意向

资料来源：重庆黔江区规划局.黔江区濯水古镇保护性详细规划，2014.

控制保护类）的保护规划，二是基于修建性详细规划层面（简称修建性实施类）以项目为主导的保护规划，但不管是哪类保护规划类型，其保护规划编制的出发点与目标就是对历史街区进行保护，而不是对历史街区进行破坏。但这两类保护规划均存在许多局限性，前者因管控过严而不易适应市场经济条件的变化，后者过度重视市场经济条件而易牺牲街区本体价值，都在一定程度上难以平衡保护街区遗产价值与开发利益的需求 ❶。

1. 控制保护类保护规划容易忽略适应市场需求变化的开发价值

控制保护类的保护规划编制，侧重于中观层面对历史街区进行保护而缺乏对未来具体引进项目的针对性管控，使得保护规划编制过程缺乏对社会、经济等影响因素进行综合分析，导致保护规划编制缺乏具体项目实施的针对性与匹配市场条件的操作性，即忽略适应市场需求变化的开发价值，阻碍了街区的可持续发展。这样的案例一般发生在任务导向的规划编制工作中，即地方规划管理部门为完成上级部门的考核，实现保护规划全覆盖，在短时间内对未编制保护规划的古镇、街区进行批量式委托编制。由于时间仓促，编制单位便很快地完成了保护规划编制，导致编制单位缺乏长时期对街区开展深入的历史资源调查和价值评估。这样的保护规划编制往往流于形式，既忽略了街区遗产本体价值的影响，同时也未考虑将来具体项目实施的可操作性，这样的结果是当具体开发项目引进时需要对已批保护规划进行修编，如对原有保护区划定、保护措施等内容进行大量的修改等。作者 2017 年参与的重庆丰盛古镇保护规划修编项目，就是缘于 2005 年批复的保护规划成果对即将引进的具体项目所在区划范围管控过严，而失去了具体项目实施的操作性，导致既有的保护规划需要修编（图 2.3）。因此，控制类保护规划难以适应市场发展变化的客观需求，需要引入一种应对发展变化的遗

---

❶　周俭，奚慧，陈飞.上海历史文化风貌区规划与建筑管理方法的探索 [J].上海城市管理职业技术学院学报，2006（2）：39-42.

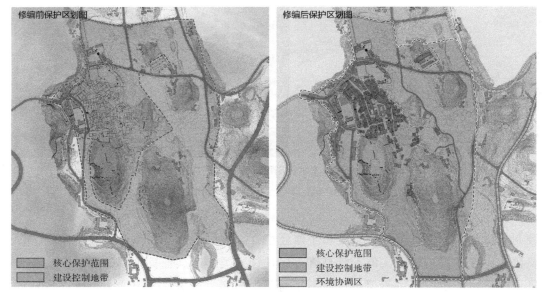

图 2.3　重庆丰盛古镇街区保护区划调整

资料来源：重庆大学规划设计研究院有限公司 . 重庆巴南区丰盛古镇保护规划修编成果 .2017.

产管理工具，既要满足保护规划的法定要求，又要增强保护规划在市场发展变化过程中的弹性即适应性。

2. 修建性实施类保护规划较难实现核心价值延续的要求

修建性实施类的保护规划，与控制类保护规划编制相反，过度响应市场开发需求而注重经济价值的提升，更侧重于具体项目实施之后带来的外部效益即开发价值，因此在编制历史街区保护规划时更加注重功能结构、空间布置、建筑功能更新、新建筑的设计方案和环境整治或环境改造方案等项目建设与利用性的考虑，难以避免可能对历史街区遗产核心价值的保护产生负面影响❶。因此，修建性实施类历史街区保护规划，也会对历史街区核心价值产生消极影响，是保护计划或规划影响的一种特殊类型。这里以宁波郁家巷历史街区保护规划为例，论述保护规划方案对其遗产核心价值产生的破坏影响的过程。郁家巷历史街区位于宁波老城的中心海曙区，左邻月湖历史文化街区，宁波城隍庙和天封塔都在 5 分钟步行可达范围，外围为天一广场和南塘湖历史文化街区，区位优势极其明显。《宁波郁家巷历史街区保护规划与设计》规划成果，借鉴了美国波士顿昆西市场和上海新天地模式，充分利用了街区的区位优势以挖掘其巨大商业价值，采取了十一条规划设计理念，其中基于保护价值导向的理念包括七条，分别为"保留一切可保留的院落""尊重并恢复原有的院落

---

❶　周俭，奚慧，陈飞 . 上海历史文化风貌区规划与建筑管理方法的探索 [J]. 上海城市管理职业技术学院学报，2006（2）：39-42.

郁家巷历史街区现状空间肌理

郁家巷历史街区保护规划空间肌理

图 2.4 郁家巷历史街区规划后空间肌理的变化对比

资料来源：宁波市规划局 . 宁波市郁家巷历史街区保护规划与设计成果 .

体系""尊重并恢复原有街巷结构""尊重并恢复原有城市天际线""尽量保留完整的建筑外墙体""保留所有具有宁波地方特色的建筑细部""保留所有的屋顶体系"，理论层面讲，这样的保护理念指导保护方案设计将有益于遗产价值的延续，但是基于开发利用价值导向的理念中，"尊重原有肌理，迁入一些重要院落""结合重要建筑，设计开放的城市空间"的理念几乎改变了历史街区既有空间尺度与空间肌理（图2.4），严重破坏了街区历史建筑、传统风貌建筑、空间格局等物质历史遗存的真实性保存，阻碍了街区核心价值的延续。更为糟糕的是，"重新设计并改造室内空间使其具有全新的丰富功能"的开发利用理念导致既有居住功能的迷失，代替的是零售、餐饮、办公会所主导的商业功能，将居住型历史街区规划定位为充满活力的商业中心，在仅保留既有文物建筑基础上，将大量传统风貌建筑进行拆除，街区生活价值面临消亡（图2.5、图2.6）。

2.1.3 保护规划编制缺乏遗产价值影响的检讨

传统的历史街区保护规划编制程序，一般是按照"现状问题的梳理→价值的挖掘→特征的提取→保护对象与要素的界定→保护措施的提出→保护方案的制定→保护规划成果输出"等环节单向开展的，是以自身现状问题为导向，价值挖掘、特征提取为基础的保护规划编制程序，然后，通过专家咨询的方式对保护规划成果进行

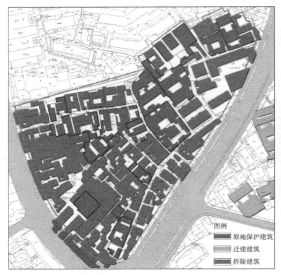

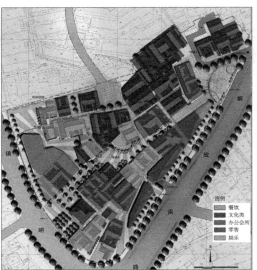

图 2.5 郁家巷历史街区现状建筑拆除分布

资料来源：宁波市规划局．宁波市郁家巷历史街区保护规
划与设计成果．

图 2.6 郁家巷历史街区规划功能分布

资料来源：宁波市规划局．宁波市郁家巷历史街区保
护规划与设计成果．

多轮评审，并反馈到保护规划成果的修改完善，尽管这样的保护规划编制程序对历史街区保护实施具有一定指导作用，但是，传统编制程序主要围绕保护目标的合理性、保护规划成果的规范性、保护实施的可操作性等方面展开，由于缺乏关于历史街区遗产价值的影响评估环节，即未能将历史街区遗产价值的影响变化关注贯穿保护规划编制的整个过程，规划编制前缺乏对街区遗产价值所处状态的认识，规划成果形成后缺乏对遗产价值影响变化的预测与检测，使得保护规划编制缺乏价值影响的针对性。郁家巷历史街区保护规划，是典型以项目开发为导向的保护规划类型，编制前局限于对街区文物建筑、传统风貌建筑、街巷空间等物质属性进行片面分析，但未通过其价值属性进行系统而完整地梳理，如缺乏对街区现状社会结构、功能结构的分析，缺乏对街区文化特质进行深层次挖掘，缺乏街区周边有机共生的自然环境的整体分析等。另外，宁波郁家巷历史街区保护规划成果形成后，也未对遗产价值影响进行检讨，如规划成果是否对街巷空间格局、空间肌理造成负面影响，规划的商业主导功能是否对街区历史场所的真实性、社会结构等造成影响，规划植入了大量的现代商业空间院落是否对街区原住民的生活性场所的真实性产生负面影响等等。宁波郁家巷历史街区保护规划，正因缺乏遗产价值属性影响的全面考察与检讨，才使得街区保护规划编制严重偏离遗产价值针对性，最终导致保护规划成果无法对街区实施进行科学指导。

2.2　相关建设活动影响控制动态性较弱

城市历史环境的保护并不是要把历史环境现状固化下来，而是为了保持自然环境和历史环境品质的动态维护与管理，因此，城市历史环境保护是属于动态保护行为❶。类似地，历史街区保护过程，实际上是街区内部动态保护与外部动态发展作用平衡的过程，也是相关动态保护、发展的建设活动这类影响源对历史街区持续作用的动态过程，是关于历史街区遗产价值影响持续变化的过程，因此，历史街区相关建设活动有可能对其遗产价值属性产生负面影响。然而，历史街区在动态发展过程中，由于缺乏对相关建设活动的影响评估与动态平衡发展的控制措施，而纵容建设项目在历史街区历史环境区域过度发展、利用，即建设活动影响源过度施加于历史街区历史环境这类影响受体，过度追求土地开发带来的巨大经济价值，而忽略历史街区的普遍价值与地方特色价值的保护❷，如违反地方法规，或与保护规划相冲突等，最终导致历史街区遗产价值保护与利用的失衡，从而阻碍了历史街区遗产价值延续与真实性、完整性保存。

历史街区，作为城市历史环境的重要类型，代表着地域的人文特色，其组成部分不仅包括空间格局、建筑、街巷、场所，还包括街区业态、活动以及独特氛围，保护街区地域特色、文化生态和场所精神，直接涉及居民的生活状态等实际问题❸。由此，历史街区的"遗产价值"是物质空间形态与精神意义的统一、历史保存与未来延续的统一、普遍价值与地方特色价值的统一等。因此，历史街区相关的持续建设活动需要从多元价值的协调性、保护规划的相容性等方面进行动态管控，尤其需要对街区动态发展的建设活动（包括外部的与内部的）持续对历史街区遗产价值保护进行分析与事前影响预测、评估，不能只关注建设项目带来巨大经济价值的影响结果，而忽略建设项目对本体价值带来破坏的影响结果，否则由于对历史街区遗产价值利用的失衡而导致其遗产价值的不可持续性。然而，在早期及近几年的旧城改造过程中，我国历史街区被以"拆旧建新"或"以假乱真"的方式对其开展破坏性建设活动，许多老街区被完全拆除，以假古董的方式替代街区，这种现象从 20 世纪 80 年代持续至今。我国早在 20 世纪 80 年代就兴起了政府主导的旧城改造运动，各城市也相继开展了一些改造的试点工作。但同时由于大量外来人口的涌入，造成历史街区内部的住房严重短缺，生活条件与环境品质越来越差，出现了依靠政府"等待改造，一步登天"的局面。到了 90 年代,各城市开始实施了大规模的危旧房改造,许多危房变成了危旧房,

---

❶　张松 . 城市历史环境的可持续保护 [J]. 国际城市规划，2017，02：1-5.
❷　普遍价值，包括历史价值、艺术价值、科学价值、生活价值、文化价值、社会价值与功能价值等，地方特色价值包括环境价值、景观价值与经济价值等。
❸　张松 . 城市历史环境的可持续保护 [J]. 国际城市规划，2017，02：1-5.

图 2.7　重庆白象街建成后的沙盘模型

资料来源：作者自摄

从而改变了原初的改造性质，因此，要求其他建设工程都被要求与危旧房改造相结合。如大型商业设施、高级公寓、高档写字楼等商业地产项目，为了充分利用政府各项优惠政策，在历史内部改造过程中也以危旧房改造名义开展，致使开发商获得巨大经济利益，同时也对历史街区进行了破坏。这样导致"改造规模大""改造速度快""成片推倒重建"的特征，使得大量历史街区成为这次改造运动中的牺牲品❶，如1949 年北京有大小胡同 7000 余条，到 20 世纪 80 年代只剩下约 3900 条，随着北京旧城改造速度的加快，北京的胡同以每年六百条的速度消失 ❷。

近几年在我国快速发展的地区，地方政府以"政绩工程""形象工程"为发展目标进行所谓的"危旧房改造"现象最为突出，通过卖地推进旧城改造运动的现象已司空见惯，由于缺乏大规模拆迁行为对历史街区遗产价值的事前影响分析、预测、评估而造成了严重的影响。如重庆白象街历史街区，融创开发公司借白象街作为 800 年前西南的抗蒙指挥中心、明清时期的巴蜀衙门、开埠后的金融街的历史地位与城市品牌，对白象街进行规划改造或更新，所有的历史建筑被拆除，用新材料仿民国风重建（图 2.7）。

在江苏宿迁东大街历史街区《1897——东大街规划与建筑设计方案》（宿迁 1897 项目）方案中，对街区范围内历史建筑群进行拆除，以继承弘扬历史文脉为由大肆进行商业开发，采取所谓的"恢复"的方式进行改造，然而最终实施过程中，采取了商业街区开发、建设，即以文化体验式商业为主，辅以文化展示和体验式居住区，建设城市文化休闲中心，主要设置特色餐饮、创意作坊、茶馆、特色会所、咖啡厅、体验式住区，实质为开发建设商谋取利润的伎俩（图 2.8），在该项目的商业开发、拆与建的过程中，政府通过土地流转、自断文脉、饮鸩止渴的方式收回了土地的所有权❸。另外，南京老城南历史街区以"镶牙式"改造而被全部拆除，建设了大量的仿古建筑❹。宁波著名的郁家巷历史街区拆除后建设成为月湖盛园仿古商业街（图 2.9）。宁波处于核心

---

❶　单霁翔．历史文化街区保护 [M]. 天津：天津大学出版社，2015.

❷　王军．《城记》[M]. 北京：生活·读书·新知三联书店，2003.

❸　历史街区"拆真建假"风潮：以文化名义自断文脉 .[N]. 光明日报 .2014-02-25.[EB/OL]. http://www.chinanews.com/sh/2014/02-25/5878769.shtml.

❹　王路．历史街区保护误区之："镶牙式改造"——南京老城南历史文化保护困境 [J]. 中华建设，2011，05：22-23.

图 2.8　宿迁东大街被拆实景

资料来源：http://collection.sina.com.cn/yjjj/20140129/1121141886.shtml

图 2.9　宁波月湖盛园商业街区　　　图 2.10　被商业化的宁波鼓楼公园路历史街区

资料来源：作者自摄　　　　　　　　　资料来源：作者自摄

地段的鼓楼公园路历史街区也是在野蛮式更新机制驱动下的拆除新建的典型案例（图 2.10）。由此可见，拆真建假的行为已经从一个单体文物建筑，扩大到历史街区、城市历史聚落等历史地区，其潜在的动力是利用公司投资、商业运营、经济补偿手段迁走原有住户，继而打造仿古商业历史街区。

　　以上现象表明，由于缺乏"拆旧建新""以假乱真"的建设性破坏对历史街区的影响评估与动态控制措施，由此阻碍了历史街区遗产价值的延续，也致历史街区发展的不可持续性。

2.3　相关保护实施引导系统性不足

　　传统历史街区保护实施过程，是以遗产保护法律法规为依据开展保护规划编制，并制定历史街区保护政策、保护计划，并开展一系列保护实施活动的过程。然而，在此过程中，由于缺乏对保护规划编制以及系列保护实施项目影响的评估与系统引导，往往采取片面、孤立、静态的保护方法，而导致保护实施效果并不理想，对历史街区遗产价值产生了持续性的负面影响，主要表现在"重前期保护政策制定轻后期实施影响评估""重内部保护轻外部建设影响控制""重静态决策轻动态影响监测""重风貌保护轻文化影响增益"等四个方面。

2.3.1　重前期政策制定轻后期实施影响评估

随着《文物保护法》《历史文化名城名镇名村保护条例》《城市紫线管理办法》等遗产保护法律法规章性文件相继出台，各地城市政府也陆陆续续制定了历史街区保护规划、历史街区管理办法等纲领性文件，作为历史街区各级保护区内保护、建设活动管理的法律依据。一些地方政府为了实施"政绩工程""形象工程"而制定了五年计划，并陆续续开展了历史街区的保护实施行动。在实际保护实施过程中采取了"修缮、整治、改造、更新"等不同措施的保护整治方式。然而，大部分历史街区经过一次性大规模"彻底"的修缮、整治之后，容易陷入"休克式"整治更新，即对历史街区后期阶段建设对物质环境的影响维护、历史风貌影响治理、功能业态的持续运营等缺乏持续性动力，从而使得历史街区再一次陷入环境恶化、风貌凌乱、功能无序等困境，如各种广告牌的违章搭建、市场机制导致的商业无序竞争等。因此，历史街区的传统保护管理方式，属于大规模彻底性的保护管理行为，缺乏小规模渐进、后期持续治理的灵活管理措施，导致历史街区遗产价值保存的不可持续性。历史街区保护管理，应属于持续性治理与维护的社会行动，是保护与维护、管理与治理相互协作的综合集成，并非一蹴而就❶。

2.3.2　重内部保护轻外部建设影响控制

我国许多历史街区保护，一般局限于历史街区本身，作为历史街区相互依存的外部遗产环境缺乏统筹管理的意识和相应政策，因而为历史街区被现代城市空间包裹成"碎片"埋下了隐患。历史街区一般存在于城区的中心地段，因此，其自身价值及其带动周边土地升值的作用不容漠视。周边城市空间是与历史街区有机共生且可感知的遗产环境。在历史街区现行保护管理体系中，周边遗产环境（如自然山水环境、景观地标、关联性场所等物质文化环境）的控制管理因被忽略而被现代资本空间蚕食，对历史街区遗产价值延续及真实性与完整性保护造成了严重影响。如 2015 年启动的重庆

❶　何依，邓巍. 从管理走向治理——论城市历史街区保护与更新的政府职能 [J]. 城市规划学刊，2014（6）：109-116.

磁器口沙磁文化产业园建设对磁器口历史街区遗产环境具有较大的破坏和影响。尽管紧邻磁器口历史街区一侧文旅商业综合体地块将融入世界建筑和商业的时尚元素，打造出全新的体验式商业，计划引进巴渝老街、国富·沙磁文化广场、国际创投港、磁器口民俗博物馆等文旅产业项目，但共同开发的沙磁巷住宅地产，以高强度高密度的超大空间尺度遮挡了沙滨路与街区内宝轮寺景观地标间的景观视廊，也破坏了与街区周边山体环境（包括凤凰山、马鞍山）的空间格局（图 2.11）。另外，规划的沙磁文化产业园也对街区与山水环境、宝轮寺庙等遗产环境景观构成的既有天际线产生了严重的破坏影响（图 2.12）。尽管沙磁文化广场引入了国际高端文旅项目，有助于缓解磁器口历史街区的旅游接待压力，但整体开发是以牺牲磁器口历史街区外部遗产环境为代价的空间生产行为。因此，如何将历史街区遗产本体与外部遗产环境进行整体控制管理，是历史街区管理体系中亟待统筹考虑的重要议题。

图 2.11　重庆沙磁文化产业园与磁器口历史街区构成的整体空间格局

资料来源：百度图片

图 2.12　重庆沙磁文化产业园与磁器口历史街区构成的新天际线

资料来源：作者结合搜狗图片改绘

2.3.3　重静态决策轻动态影响监测

历史街区的保护一般是在某时期编制的保护规划与制定的保护政策框架指导下开展的，属于静态的保护策略指导未来动态保护建设行为，但是在历史街区动态发展过程中，随着历史街区旅游品牌影响力的提升，其年旅游接待规模逐渐攀升，当接待规模超过历史街区旅游最大承载力时，将对历史街区发展带来诸多负面影响，如交通拥挤、环境破坏、风貌影响等。如重庆磁器口历史街区保护规划于 2000 年编制完成，该成果使用一直延续至今以指导街区内所有保护、整治、修缮活动，包括对核心范围内已建成的与传统风格不协调的现代建筑进行清除，或按照传统建筑风格对其降层或对外观进行改造，以及对其建设控制地带内的不协调建筑进行风貌改造等（图 2.13）。但随着街区范围内建设活动的日益频繁，对应的管理负担也逐渐加重，导致街区的管理

图 2.13 重庆磁器口历史街区保护规划总平面图

资料来源：重庆磁器口历史街区保护规划与设计成果

[Z]. 重庆大学规划设计研究院有限公司，2000.

图 2.14 重庆磁器口历史街区周末实景

资料来源：作者自摄.

机构也发生了变化，从最初由当地街道办事处派出的"一套班子、两块牌子"管理机构到 2009 年成立了与街道办事处行政级别平行的独立管委会。作者于 2016 年 8 月对磁器口历史街区管委会相关负责人进行了座谈，了解到目前磁器口历史街区的发展已经处于瓶颈状态，从 2003 年接待游客 150 万人次到 2015 年接待游客量超过 1000 万人次，核心区商家 539 户，居住及就业人口总计约 5000 人，在这样高密度分布人群的狭小空间范围内，再加上周末及节假日旅游人口的进入，使得街区的旅游规模已经远远超出街区旅游接待的最大负荷量，由此带来基础设施陈旧落后、游客停车拥堵等系列问题（图 2.14）。另外，街区在旅游接待量巨增的同时，其配套功能业态影响较大，形成"功能业态单一、市场竞争无序"的恶性循环状态，一个典型的例子就是因磁器口麻花作为特色产业，于是一条街上出现了 20 多家卖麻花的商家（图 2.15）。另外，土特产和餐饮也都处于饱和状态，由于核心区房屋产权多为私有，租金年年看涨，其他希望申请如非遗、手工作品、老字号、书画等商家很难入驻进来。

历史街区经过保护、修缮后促进旅游品牌影响力提升的同时，也带动了周边土地的升值，从而吸引了大量社会资本的注入，既有保护规划也难以适应市场规律驱动的发展需求。如重庆磁器口历史街区保护规划划定的建设控制地带范围内，开发企业（金融街控股）拟以核心区功能疏解为由打造全新的巴渝老街，用地性质需要规划为商业用地。然而，原控制性详细规划建设控制范围为满足保护规划的保护要求规划为居住用地、教育用地（图 2.16），若按照开发需求，需要对原住民进行整体搬迁，并对保护规划、控制性详细规划进行修编、更改。在实际操作过程中，未能预料的是开发企业已经在短时间内投资 19 亿元完成了原住民的整体拆迁。以上现象表明历史街区建设控制地带范围内"闪电式"拆迁行为与既有保护规划之间的矛盾较难得以缓解、控制，

图 2.15　重庆磁器口陈麻花实景

资料来源：作者自摄

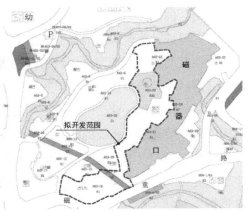

图 2.16　重庆磁器口历史街区建设控制地带
拟开发范围

资料来源：重庆市规划与自然资源局沙坪坝分局

但若从管理层面上定期对保护规划进行评估，主动提出保护管控要求，在此基础上政府若以渐进式的方式合理引进开发企业，是完全可以避免"闪电式"拆迁行为对历史街区生活真实价值的负面影响。

因此，对于历史街区的保护与发展需要重视动态监测，并对既有保护规划需要定期评估，以适应历史街区保护与发展的综合需求。历史街区是原住民生活和从事各类活动的有机载体，由此，其保护必然是一种新陈代谢的动态过程。历史街区，在市场机制影响下瞬息万变，街区功能业态也是在市场竞争机制调解下不断自我更新、演替。同时，这种新陈代谢、自我更新与演替的过程，对历史街区保护实施影响进行系统引导提出了更高的要求。

2.3.4　重风貌保护轻文化内涵影响增益

历史街区是一种供人类居住的活态历史遗产，因此，其价值属性不仅包括可视的物质空间属性，如文物古迹、历史建筑、传统风貌建筑、街巷空间等物质环境要素，还包括体现街区历史文化内涵的非物质文化属性，体系在传统节日、民俗活动、原住民的信仰与价值观等要素。历史街区传统的管理体系中，往往因一蹴而即能见成效对其环境要素的表层风貌保护极其重视管理，而忽略对其非物质环境要素的人文保育引导，为历史街区文化内涵的消亡埋下了危机。如山东济南芙蓉街—曲水亭街历史街区、重庆磁器口历史街区等，都侧重于物质层面的风貌保护，并将街区的经济价值发挥作为主要改造目的，而忽视了街区的文化展示与人文培育。

山东济南芙蓉街—曲水亭街历史文化街区是保存较完整的具有老济南风貌的历史街区，在 2006 年市政府对芙蓉街改造过程中，让街区变成了以餐饮为主要业态的小吃一条街，街区的保护与更新主要停留于物质层面，而街区所蕴含的深层次文化内涵未被挖掘出来。另外，街区改造前期的工作重点是恢复其商业，并通过其他餐饮业态的引进而忽视原住民的居住生活需求，没有改善居民的生活条件，没有进一步延续、拓展其居住功能，对既有社会结构造成了严重影响。由此，最终由于缺乏对人的居住环境的改善而导致功能结构失衡，社会网络遭到严重破坏❶。尽管 2011 年有关部门提出要将芙蓉街打造为文化旅游特色一条街的构想，但最终改造的结果也并没有解决以上问题。

重庆磁器口历史街区，是当前国内因街区过度商业化而破坏了街区居民原生态的生活文化的典型。磁器口历史街区，前后经历多次整治、改造，通过对街区进行阶段性调查，总结出整治、改造对街区的功能结构、社会文化等方面的影响。在街区改造后初期（2003 年～ 2006 年），磁器口历史街区管理部门引入了 60 余家特色餐饮服务企业，形成了老重庆民俗风情餐饮街，引进 100 余家全国各地的旅游商品经营者，销售字画古玩、传统工艺品等。另外，还创办了巴渝民居馆以及各种文化旅游场馆等，还形成了黄桷坪书画一条街，改建了抗战教育博物馆等，通过开展各种节庆、民俗文化活动宣传扩大了文化影响力。自 2003 年～ 2006 年接待超过 858 万的游客，取得了显著成效。但同时出现了许多社会性问题，如居民不能合理享保护整治带来的红利，造成不同居民群体差异增大，对社会公正性、社区的和谐稳定与可持续发展构成一定威胁，以及纯居住户群体生存状态的困顿与社会人口结构的进一步失衡，导致街区居住功能的进一步萎缩，占据其中的是千篇一律的外来商家，尤其以小吃为主要特色❷。街区的旅游商家规模也在持续增长，核心保护区 2002 年至 2005 年商户 125 家，到 2006 年至 2009 年商户 227 家。2012 年底统计，核心保护区共计约 283 家商户，其中餐饮类为 64 家、大众化商品销售类 71 家、工艺品类 37 家、文化特色品类 49 家。截至 2015 年底，核心保护区内共有 539 户商户，相对于 2012 年商户总数几乎增加了一倍。鉴于历史街区重风貌保护轻文化内涵挖掘的现状，有必要构建物质文化环境与非物质文化环境统一的实施管理制度，从而保持历史街区历史文化信息的完整性。因此，如何对历史街区文化内涵的挖掘与人文保育提出增益措施，仍然属于历史街区管理的重要内容。

综上所述，历史街区前期保护规划编制、中期政策及保护计划制定以及一系列保护实施项目具体落实过程，也是对历史街区遗产价值产生持续影响与潜在威胁的过程，需要通过系统引导进一步避免或缓解。传统的"重前期保护管理轻后期影响治理""重内部保护轻外部建设影响控制""重静态决策轻动态影响监测""物重风貌保护轻文化内涵增益"等局限导致历史街区保护实施的系统性不足，已危及历史街区遗产价值可持续保存。

❶ 江山，徐明玉，郝话敏 . 济南芙蓉街保护现状堪忧 [N]. 中国文化报 .2012-10-11.
❷ 董莉莉，张宁 . 历史文化街区保护整治的社会影响——以重庆市磁器口为例 [J]. 新建筑，2010，06：136-139.

2.4　相关保护管理时效性不足

传统历史街区保护管理方式，一般是在保护规划编制基础上根据具体规划设计方案进行保护实施，并通过遗产保护法规、规章制度的颁布对历史街区各级保护范围建设活动进行管理，因此，属于"先规划后行动""先制度后管理"的管理过程。而保护规划的编制以及法规、规章制度的颁布通常需要较长的时间，而在短时间内容易造成"无规划无行动""无制度无管理"的"四无"真空状态，这为房地产开发或城市基础设施建设留下了可乘之机。

有学者对中国第一批历史文化街区申报材料进行了技术分析，总结了这批历史文化街区大部分存在保护规划编制滞后，编制的科学性、合理性均有待提高，保护管理程序不规范等突出问题 ❶。保护规划的滞后主要表现为：大量街区（超过40%）尚未编制街区保护规划 ❷；街区保护规划编制时效性较差，1/3以上的历史文化街区保护规划是在2005年《历史文化名城保护规划规范》颁布实施之前编制的，《历史文化名城名镇名村保护规划编制要求（试行）》（2012）颁布实施之后编制的保护规划不到40%。保护管理程序不规范主要变现为：约40%的街区保护规划未得到省（自治区、直辖市）的批复，尽管部分街区得以批复，但借助其他规划间接认定，而非保护规划的批复。另外，部分未编制保护规划的街区，以名城保护代替街区保护，也缺乏相应的保护政策，甚至让开发机构负责街区保护管理机构，严重违反了法律法规的控制要求 ❸。以上管理程序对历史街区保护埋下了严重的隐患，也危及历史街区科学管理措施的制定。这里以重庆湖广会馆及东水门历史街区为例，详细阐述在缺乏影响评估的管理程序背景下导致历史街区从"遗产环境的破坏"到"遗产本体的解体"，最终致使街区遗产价值完全消亡的累积影响过程。

重庆湖广会馆及东水门历史文化街区，于2002年4月由重庆市政府公布为第一批市级历史文化街区，公布后的几年期间一直未编制保护规划，但其他非法定规划编制了不少，如《渝中半岛城市形象设计》（2003）对该街区保护范围进行了划定，并在街区的西部观景条件极佳位置规划了1处大型城市广场作为城市阳台，这期间核心区的原住民开始被迫拆迁，而且"十一五"规划的大型基础设施东门水门长江大桥从

---

❶　胡敏，郑文良，陶诗琦，许龙，王军. 我国历史文化街区总体评估与若干对策建议——基于第一批中国历史文化街区申报材料的技术分析 [J]. 城市规划，2016（10）：65-73+97.

❷　未编制街区保护规划的街区中，存在以其他规划代替街区保护规划的现象。这些规划文件的类型多样，深度和侧重点不一，如修建性详细规划、文化旅游规划、街区整治规划等，部分规划的内容与保护要求存在明显出入。

❸　胡敏，郑文良，陶诗琦，许龙，王军. 我国历史文化街区总体评估与若干对策建议——基于第一批中国历史文化街区申报材料的技术分析 [J]. 城市规划，2016（10）：65-73+97.

图 2.17 2015 年已建成的东水门长江大桥穿越湖广会馆及东水门历史街区的照片

资料来源：作者自摄

图 2.18 重庆湖广会馆文物保护规划划定的保护范围图

资料来源：中国文化遗产研究院 .2011

街区的核心区穿越❶（图 2.17），严重破坏了历史街区历史环境的完整性。2006 年编制了《重庆市历史文化街区规划纲要——湖广会馆历史文化街区》，将该街区功能定位为"以居住和商业、历史遗迹展览、文化活动为主"。

尽管 2007 年编制的《重庆市城乡总体规划（2007-2020）》对湖广会馆及东水门历史文化街区的六条历史街巷提出了严格的保护要求，但在 2010 年至 2014 年 3 月东水门长江大桥建设过程中，街区的历史格局也遭到严重破坏，如历史建筑刘义凡旧居、历史街巷东正街及部分传统风貌建筑被拆除。2011 年批复的《湖广会馆全国重点文物保护单位的保护规划》保护成果❷，划定的建设控制地带范围基本上是湖广会馆及东水门历史文化街区的保护范围，涵盖了六条主要历史街巷的保护，并对历史格局及传统民居风貌、高度等提出了严格的保护要求（图 2.18）。2013 年土地整治储备中心与街区范围的原住民签订了拆迁安置协议书，导致大量居民被迫异地安置。2014 年初，区政府拟将除湖广会馆及文物保护单位的其余区域及解放东路西侧地块原 26 中区域整体出让给开发企业。为了加强街区的规划管理工作，2014 年 6 月规划主管部门启动了街区的保护规划编制工作，在保护规划编制过程中，政府通过砌围墙的形式对人的活动进行了管制，同时部分传统风貌建筑、历史建筑也陆续被拆除，2014 年 12 月底保护规划成果得以审批（图 2.19）。2015 年 2 月，除湖广会馆及部分文物保护单位得以保留外，其余传统风貌建筑、历史街巷等瞬间被荡为平地（图 2.20）。2015 年开发建设单位（中航地产）陆续委托了若干设计机构开展了湖广会馆及东水门历史街区的修建性详细规划编制工作，但由

---

❶ 重庆市规划设计院 . 渝中半岛城市形象设计 [Z].2003.
❷ 中国文化遗产研究院 . 湖广会馆全国重点文物保护单位的保护规划 [Z].2011.

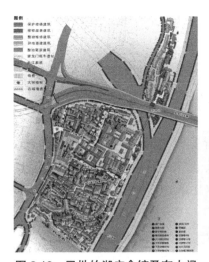

图 2.19　已批的湖广会馆及东水门
历史街区保护规划总平面图

资料来源：重庆湖广会馆及东水门历史
街区保护规划成果 [Z]. 重庆大学规划设
计研究院有限公司 .2014.

图 2.20　湖广会馆及东水门历史街区被破坏后的实景

资料来源：作者自摄

于多次提交的修建性详细规划成果不满足保护规划的规定要求而未能评审通过。

　　湖广会馆及东水门历史文化街区在 2002 公布后的 12 年才开始启动保护规划编制工作，足见政府及规划主管部门对历史街区保护行动的严重滞后。尽管最终保护规划成果得以获批，但保护规划编制过程几乎与街区的拆除过程同步。足见，在保护规划编制过程中规划主管部门由于缺乏法定的管理制度而未能取得街区的主动保护管理权，而代替的是地方政府对街区进行肆无忌惮的破坏，从而将街区一步一步推向面目全非的地步。因此，规划行政主管部门缺乏建设项目的影响评估以及主动干预机制，影响了保护行动计划的及时制定，从而对历史街区保护效果造成了严重影响。

　　历史街区在保护管理方面常常局限于被动的保护，而缺乏具有时效性的保护管理程序，因此，只有主动与及时制定有效的保护管理政策与制度，整合部门职能，从行政管理角度主动与及时干预一切影响历史街区的保护建设活动，才能预测、缓解历史街区的潜在负面影响，方能持续、永久地保存历史街区的价值，才能提高历史街区保护管理的时效性与前瞻性。

　　综上所述，由于历史街区相关建设、保护活动缺乏遗产影响评估工具的应用，导致缺乏保护、建设活动动态影响的控制措施、保护实施引导的系统性方法、保护管理的时效性干预机制等多方面主要问题与矛盾，严重影响到历史街区遗产价值可持续保存，也阻碍了历史街区可持续发展。

第3章 遗产影响评估的概述

虽然在前文绪论中已对"遗产影响评估"定义进行了界定，并对其发展历程、各国相关制度等进行了概述，但从国际共识层面对其概念、由来、意义与内涵、工作流程、技术流程等内容并没有作较深入的阐述，对于历史街区影响评估方法的探索难以形成较清晰的思路。

本章阐述了遗产影响评估的缘起与基本概念，并对其意义与内涵进行深入剖析，然后以《世界文化遗产影响评估指南》内容为基础，综合各国、地区相关经验，从工作流程、技术流程方面总结了遗产影响评估的一般方法，最后，提出了历史街区保护引入遗产影响评估的价值与作用，从而为下文历史街区影响评估研究提供思路。

3.1 遗产影响评估的缘起与概念

3.1.1 遗产影响评估的缘起

正如前文所述，遗产影响评估最初是产生于环境影响评价涉及文化遗产时作专题评估，即将文物古迹作为社会环境影响评估的一项内容[1]，但此时文物古迹的影响评估并未得到足够重视，文物古迹只是作为社会环境影响评估的一个要素，而且文物古迹相对于其他环境要素因子的权重分配较低。在英国环境影响评估制度中，文物古迹的保护工作在很大程度上取决于权重分配原则，至于案例涉及考古价值区域及文物时，这种分配原则仅仅适用于那些留有大量非常有价值、未经记录、未知考古特征、非常重要的历史遗址[2]。这时期也有其他国家、地区将文化遗产作为环境影响评价的重要要素，如美国《国家环境政策法》（1969）[3]《香港环境影响评价条例关于文化遗产的导则》（1976）[4]。到了1980年代，西方国家对影响评估的认识进一步增强，将环境影响评价、

---

[1] 社会环境影响评估包括建设项目引起的对一个地区的社会组成、结构、人际关系、社区关系、经济发展、文化教育、娱乐活动、服务设施、文物古迹及美学等方面的影响，这些影响是建设项目引起的土地利用变化、人口的增加以及就业趋势的转变等的间接后果，常常由于环境影响的实质性问题引起。

[2] [英]乔·韦斯顿，黄瑾、董欣译. 城乡规划环境影响评价实践 [M]. 北京：中国建筑工业出版社，2006，125.

[3] VJJ Yannacone.National Environmental Policy Act of 1969[J].Environmental Policy Collection，1970，176（4031）：453.

[4] Hong Kong Criteria for Cultural Heritage Impact Assessment，Environmental Impact Assessment and Ordinance（Cap. 499）Guidance Notes Assessment of Impact on Sites of Cultural Heritage in Environmental Impact Assessment Studies（1976）.

社会影响评估、风险评估及相关领域结合起来，积极推动了影响评估工具在政府决策及评估实践中的应用。

　　直到 1992 年召开了联合国环境与发展峰会，针对发展对环境带来的破坏影响，环境影响评价才被国际社会呼吁并通过立法加强，此后在世界范围内迅速接受和推广。环境影响评价的内涵也不断发展，从关注自然环境的影响评价到关注社会环境的影响评价，开展过程中涉及文化遗产时，文化遗产影响评估才被正式推出，并逐渐推广到其他国家环境影响评价或遗产保护制度中，由此，文化遗产影响评估应运而生❶。许多国家颁布了相应的法规文件，如加拿大《自然与文化遗产资源参考指南》（1996）❷、澳大利亚《环境保护和生物多样性保护法案》（1999）❸、英国《英国遗产政策声明，开发授权和保护遗产》（2001）❹。直至 2004 年，文化遗产影响评估才纳入到《文化遗产影响评估框架》（2004）❺❻ 的国际性文件制定中，2005 年由国际古迹遗址理事会通过的《西安宣言》文件，标志着遗产影响评估（Heritage Impact Assesment，HIA）开始从环境影响评价体系中独立出来，并规定了对建设活动开展遗产影响评估的要求❼。

　　综上，遗产影响评估是从环境影响评价体系逐渐独立出来的，而环境影响评价又是所有影响评价（包括社会影响评价、生态影响评价、交通影响评价、健康影响评价等）理论与方法的基础。同时，可持续发展是环境影响评价和遗产影响评估的理论基础，也是环境影响评价和遗产影响评估形成的出发点与目标；环境影响评价作为遗产影响评估的"母体"，引领遗产保护理念发生重大变革；以国际共识达成的世界遗产保护理念即突出普遍价值、真实性与完整性为核心的遗产保护理论，是遗产影响评估关于"遗产"保护的前提和基础。因此，遗产影响评估，是以可持续保护与发展为目标，以遗产保护理论为基础，在环境影响评价的推动下最终作为独立体系，虽然部分国家未真正独立开展遗产影响评估，但是近年来国际遗产保护领域已将其作为独立的影响评估体系来推广。因此，作者认为遗产影响评估是在可持续发展、环境影响评价与遗产保护理论融合基础上产生的（图 3.1）。

❶ Jones，C.E. and Slinn，P.，"Cultural heritage in EIA – reflections on practice in NorthWest Europe" [J].Journal of Environmental Assessment Policy and Management，2008，10（3）：215-238.

❷ Canadian Environmental Assessment Agency. Reference Guide on Physical and Cultural Heritage Resources[R].1996.

❸ Australian Government，Environment Protection and Biodiversity Conservation Act 1999. Matters of National Environmental Significance：Significant Impact Guidelines 1.1[R].1999 .

❹ English Heritage Policy Statement，Enabling Development and the Conservation of Heritage Assets[R]. 2001.

❺ International Network for Cultural Diversity - Framework for Cultural Impact Assessment [R].2004.

❻ 腾磊．何为文物影响评估（CHIA）.中国文物报 [N]，2014-5-2（006）.

❼ 联合国教科文组织世界遗产中心，国际古迹遗址理事会，国际文物保护与修复研究中心，中国国家文物局．国际文化遗产保护文件选编 [M].北京：文物出版社，2007.关于《西安宣言》第 8 条遗产影响评估的描述："对任何新的施工建设都应当进行遗产影响评估，评估其对古建筑、古遗址和历史区域及其周边环境重要性会产生的影响"。

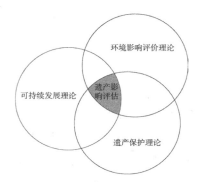

图 3.1　遗产影响评估的理论基础示意

资料来源：作者自绘

3.1.2　遗产影响评估的概念

1. 影响评估的概念

影响评估（或影响评价）并非新的工作方法，早在其他领域有所应用（特别是环境部门），现逐渐引入到遗产领域，是指对实施发展计划决策之前，遗产影响作出评估，从而判断提交审议的相关活动是否隐含潜在风险，是否将对遗产地的突出普遍价值造成不可逆转的损害或破坏❶。影响评估大体上可分为三类：战略环境评估（SEA）、环境影响评估（EIA）以及调整后适用于文化领域的遗产影响评估（HIA）❷。国际影响评价协会（IAIA）将"影响评价"（Impact Assessment，IA）（或影响评估）界定为"对当前或拟议的行动对未来产生影响结果识别的过程"。"影响"介于行动将要发生与不发生之间。后来与"环境"一词结合，形成"环境影响评估"的基本词汇，内涵较广，包括物理化学的、生物的、视觉的、文化与社会经济的等。"影响评估"具有自身的性质与目的，形成了一种独特的方法。作为一种技术工具用于分析计划干预的（政策、规划、工程等）的结果，为利益相关者与决策者提供有益的信息；作为一种法律和计划干预的决议执行的过程。目的包括"为决策者提供分析拟议的行动对生物、社会、经济结果的信息""提公共决议的参与""辨别程序与关于政策、计划与工程周期跟踪的方法（监测与缓解负面影响）""有助于可持续发展"等四个方面❸。

2. 遗产影响评估的定义

遗产影响评估，是基于可持续发展理念的遗产管理工具与方法，可以基于评估对象、

❶　Ana Pereira Roders，Ron van Oers.Giudance on heritage impact assessments：Learning from its application on World Heritage site management[J].Journal of Cultural Heritage Management and Sustainable Development 2012，02（02）：104-114

❷　Gamini，WIJESURIYA，李泓.遗产影响评估方法介绍——首届"遗产影响评估"国际培训课程综述 [J].能力建设，2013：12-17.

❸　IAIA.what is impact Assessment?[R].2009.[EB/OL].www.iaia.org.

评估程序、评估目的、关键任务等不同层面而具有不同的定义方式。

国际影响评价协会将文化遗产领域内的影响评估视为"文化遗产影响评估",定义为"对所提议的开发项目导致社会文化遗产（包括古遗址、结构、考古遗址，建筑物，历史，宗教，精神，文化，生态或艺术价值或意义）的物理载体可能带来的影响进行评估的过程"，非物质文化遗产的影响在文化影响评估中进行评估❶。可见，评估的对象是拟议的开发项目对承载社会文化遗产实体属性的影响。

国际文化多样性网络（International Network for Cultural Diversity）（2004）将文化遗产影响评估（Cultural Heritage Impact Assessment）定义为"一个识别、预测、评估、表达当前或者预期的发展政策及行为对文化生活、组织和社区文化资源等带来潜在影响的过程，然后通过调查资料，制定缓解、增益措施，将评估结果纳入到规划或政策决策制订的过程中"❷。该定义方式是基于遗产影响评估的程序与对象定义的，即"识别影响—预测影响—评估影响—缓解措施—制定政策"，评估对象包括非物质与物质文化的内容，较国际影响评价协会定义的文化遗产广泛。

针对亚洲地区文化遗产面临城市急剧扩张而被大量破坏的现实问题，联合国教科文组织（UNESCO）（2005）提出"文化遗产影响评估"是指用于遗产资源的提议发展计划及其他行动的潜在影响加以评估的系统性方法。并通过严格的数据收集、重要性和潜在影响评估，通过缓解措施执行以减轻影响，从而保护文化遗产免遭毁灭或不可挽回的损害❸。该定义方式表达了遗产影响评估的一般程序（数据收集、重要性、影响评估、缓解措施）和对象（文化资产、遗产），并强调了评估的目的是保护遗产免遭毁灭或不可挽回的损害，最终确保遗产成功保护。

国际文物保护与修复研究中心（ICCROM）将遗产影响评估界定为"一种用以对遗产变化实施管理并消除负面影响的工具，目的在于保存遗产所承载的重要意义，这也是遗产管理的基本任务"。该定义方式表达了遗产影响评估的目的与意义。

国际古迹遗址理事会（ICOMOS）发布的具有普适性指导意义的《世界文化遗产影响评估指南》（2011），提出了遗产影响评估就是采用系统和综合的方法评估对突出普遍价值属性所造成的影响，以适用于世界遗产保护的需要❹。该定义方式表达了遗产影响评估的方法（系统、连续的方法）、对象（世界文化遗产）以及评估的关键任务（评估承载遗产突出普遍价值属性遭受的负面影响）。

综上，遗产影响评估是遗产变化管理的重要工具，也是遗产保护的重要方法。基

---

❶ Frank Vanclay，Ana Maria Esteves.Social impact Assessment：Guidance for assessing and managing the social impact of projects[R].2015：78.[EB/OL]. http://www.iaia.org/uploads/pdf/SIA_Guidance_Document_IAIA.pdf.

❷ International Network for Cultural Diversity[R].2004.

❸ 联合国教科文组织（UNESCO）. 会安草案——亚洲最佳保护范例 [R].2005.

❹ ICOMOS. Guidance on Heritage Impact Assessments for Culture World Heritage Properties[R].2011.

于探索历史街区影响评估方法的目的，这里从方法层面界定了遗产影响评估的概念，即：遗产影响评估是在调查、分析、识别、评估、结果应用等连续的步骤基础上，通过对遗产变化进行管理而达到规避或缓解遗产价值属性遭受拟提议项目的潜在负面影响的工具。因此，遗产影响评估是通过系统的保护方法对遗产变化进行科学管理的重要工具，管理的关键在于规避或缓解遗产价值的属性（尤其是突出普遍价值的属性）可能遭受的负面影响。

3.2　遗产影响评估的意义与内涵

3.2.1　遗产影响评估的意义

遗产影响评估作为遗产保护进行科学管理的长效机制，通过规避不可预测的风险而实现遗产自我保护的目的，有助于提高遗产保护与管理的科学性和时效性，从而使遗产价值得以延续。同时，价值判断上，遗产影响评估也是平衡短期经济利益与遗产可持续保护诉求的重要管理手段，即当发展对保护的影响较小且可接受或有一定的影响但通过制定缓解措施可以将影响降到最低，从而有效缓解遗产的保护与经济发展的矛盾以实现二者的共赢。因此，遗产影响评估既是科学评价的技术工具，也是平衡多主体利益的管理工具，对于通过遗产进行科学保护与社会经济发展的协调以促进遗产的可持续保护与发展，具有重大的社会意义。

遗产影响评估与环境影响评价有着类似的现实意义，通过提前预测一切规划、建设活动对遗产价值的不良影响，及时制定缓解措施，这对遗产的真实性、完整性保护及其价值的延续具有重要意义，尤其在文化遗产分布集中且城市建设活动频繁的旧城区，为避免城市历史遗产遭受城市更新、开发计划与基础设施等建设活动潜在的负面影响，引入遗产影响评估具有重大的实践意义。

3.2.2　遗产影响评估的内涵

遗产影响评估在"政策""管理""目标""方法""任务""对象与范围"等六个方面具有特殊的内涵。

1.遗产影响评估是关于遗产保护的政策

遗产影响评估是一项保护文化遗产的政策，这在国际宪章文件或部分国家、地区保护法规中都作了明文规定。《西安宣言》（2005）第8条就提出遗产及其周边环境的变化时需要开展遗产影响评估❶。"文化遗产影响评估"被《会安草案—亚洲最佳保护

---

❶　ICOMOS.Xi'an Declaration on the Conservation of the Setting of Heritage Structures，Sites and Areas[R].2005.

范例》(2005) 纳入环境立法的一部分❶。在 2013 版至 2019 版的《实施世界遗产公约操作指南》《中国文物古迹保护准则》(2015) 内容中都已明确规定当建设活动导致了遗产的破坏影响时必须开展"影响评估"或"遗产影响评估"。另外,许多国家或地区都颁布了相应法规,如澳大利亚新南威尔士州颁布的《遗产影响申明》❷、英格兰社区与地方当局出台的《规划政策声明 5:历史环境规划》(2010)❸ 以及《国家规划政策框架(NPPF)》(2012) 文件❹,加拿大安大略省颁布的《遗产法》(2005)❺,南非的《国家遗产资源法》(NHRA,1999)❻《环境影响评估条例》(2014)❼,我国香港地区颁布的《古物及古迹条例》、《环境影响评价条例》等❽。因此,遗产影响评估同环境影响评价一样,是作为一项对遗产变化进行管理的政策,任何对遗产进行变更或涉及遗产影响的开发项目都必须要求开展遗产影响评估。

2. 遗产影响评估是关于遗产变化的管理工具

国家、地方政策的颁布需要在相关管理部门进行落实,因此,遗产影响评估常常作为对遗产变化或影响进行直接管理的工具,而这种管理工具可以直接对影响遗产的相关开发建设项目进行规划管理,并决定了开发建设项目是否被认可或放弃。尽管遗产影响评估在不同国家、地区属于不同的部门(如澳大利亚环境部门,加拿大安大略省旅游、文化和运动部,英格兰社区与地方政府部,香港古物古迹办事处)直接或间接管理,或管理的程度不一样,但遗产影响评估仍然是一种有效的遗产变化管理工具。《世界文化遗产影响评估指南》(2011) 提出了"如果管理计划足够强大并且在其发展过程中一直起详细咨询管理的作用,那么就可以在规划框架内解决潜在的问题""应通过一种明确的管理体系中的方法预判潜在威胁,融入管理体系中的保护政策还可以被用作评估潜在不利影响的一种方法"❾。

在遗产影响评估实际管理过程中,许多国家、地区对遗产变化管理颁布了相应的遗产管理技术文件,如英格兰遗产委员会(English Heritage)出台的《历史环境实践经验规划意见说明 2:历史环境中的决策》(2015) 中提出当开发项目可能影响遗产重要性时,申请前与规划部门进行讨论,确保能较早发现可能出现的问题,并掌握开发

---

❶ ICOMOS INTERNATIONAL CONSERVATION CENTER. 联合国教科文组织"会安草案——亚洲最佳保护范例"[R].[EB/OL].http://www.iicc.org.cn/Info.aspx?ModelId=1&Id=347.

❷ Heritage Office and Department of Urban Affairs &Planning.Statements of Heritage Impact[R].1996.

❸ London:Department for Communities and Local Government .CLG.Planning Policy Statement 5:Planning for the Historic Environment[R].2010.

❹ English Heritage. National Planning Policy Framework(NPPF)[R].2012.

❺ Ministry of Tourism,Culture and Sport.Ontario Heritage Amendment Act[R].2005.

❻ Office of The President.National Heritage Resource Act[R].1999.

❼ Environmental impact assessment regulations[R].2014.

❽ 肖洪未,李和平.我国香港地区遗产影响评价及其启示 [J]. 城市发展研究,2016,08:82-87.

❾ 国际古迹遗址理事会,中国古迹遗址保护协会译.世界文化遗产影响评估指南(中文版)[R].2011.

对重要性的潜在影响。澳大利亚将遗产影响声明作为审批流程的重要部分，地方遗产委员会要求每一项开发项目计划在申请建筑工程建设或开发申请时，都需要提供一份遗产影响声明文件。我国香港地区当历史建筑开展活化计划时，需要向古物古迹办事处提交文物影响评估报告，作为历史建筑活化计划审批的直接依据。综上，遗产影响评估作为管理开发项目的管理工具，是基于规划管理的平台在建设活动申请行政许可环节执行，管理的形式也是在审查许可申请时用以辅助决策。

3. 遗产影响评估是以遗产的可持续保护与发展为目标

《会安草案——亚洲最佳保护范例》（2005）提出了"文化遗产影响评估"的目的是"最终在确保可持续发展和社会福祉的前提下，令地区遗产得到成功保护"❶。各国在发展过程中针对遗产保护与社会、经济、环境、政治等领域的各种矛盾采取了相应的管控措施，为了规避对遗产带来的保护风险，平衡保护与发展的利益，对开发项目开展遗产影响评估，其目标就是延续遗产的价值与促进社会、经济、环境等领域发展相协调，以开展更具包容性的人类活动。因此，可持续保护与发展是遗产影响评估的宏观目标，也是遗产的长远发展目标。

另外，遗产影响评估是基于可持续发展思潮背景下从环境影响评价体系独立出来的体系，通过对拟提议建设项目对承载突出普遍价值属性的负面影响降至真实性与完整性标准范围，以延续遗产突出普遍价值。遗产影响评估作为一种提前预控潜在负面影响的方式，也是实现可持续保护与发展目标的前提和基础。因此，遗产影响评估的核心目标就是保持遗产价值的可持续性，保存遗产的真实性与完整性。

4. 遗产影响评估是关于事前影响评估的主动式保护方法

评估按照时间可分为事前评估、中间过程评估、事后评估及跟踪评估，环境影响评价也可以按时间也可分为环境质量现状评价、环境影响预测评价、环境影响后评价。从相关文件关于遗产影响评估界定的概念可知，遗产影响评估是关于事前评估、影响预测评估的类型，是对发展过程中任何拟提议的规划、建设行为可能对遗产及其周边遗产环境造成的影响提前进行预测，通过规划管理平台，运用行政主动干预的手段将负面影响降至最低或可接受的范围，提前规避发展导致的保护风险。综上，遗产影响评估属于"事前评估"或"提前与主动保护"的"事前影响评估式保护"，时间上属于"事前"，行为上属于"主动式"干预。相对于遗产的事中影响评估、事后影响评估（或后评估），遗产影响评估更具有保护的时效性、主动性、前瞻性。

5. 遗产影响评估是以承载遗产重要性的属性（价值属性）影响评估为关键任务

《世界文化遗产影响评估指南》（2011）在对世界遗产背景下的遗产影响评估实施

❶ ICOMOS INTERNATIONAL CONSERVATION CENTER. 联合国教科文组织 "会安草案——亚洲最佳保护范例" [R].2005，[EB/OL].http://www.iicc.org.cn/Info.aspx?ModelId=1&Id=347.

内容阐述时，对遗产影响评估的关键任务或工作重点进行明确，即"世界遗产需要被视为体现突出普遍价值的单个实体，其突出普遍价值则是通过一系列属性（attributes）反映，并通过对属性的保护来延续世界遗产的突出普遍价值。因此，遗产影响评估过程需要考虑到一切拟提议开发项目或者变化对这些属性的影响，包括个体和整体"。由此，遗产影响评估是以承载遗产重要性（所有遗产价值的总和）的属性影响评估为关键任务，特别重视评估遗产核心价值属性的影响，在世界遗产背景下，遗产影响评估则需要对反映世界遗产属性的真实性和完整性的影响进行评估。

6. 遗产影响评估是以遗产的整体为评估对象、范围

《世界文化遗产影响评估指南》（2011）确定了遗产影响评估以"真实性""完整性"作为评估的关键任务，可以明确评估的对象与范围需要考虑到"整体性"原则。从《威尼斯宪章》到《西安宣言》《关于城市历史景观的建议书》等文件对完整性内涵不断扩展，从物质空间层面为确保纪念物的安全通过划定缓冲区保护其周边环境的物质内涵，拓展到经济、社会等非物质内涵，再继续延展到"有形与无形""历史与现代""自然与文化""静态与动态"等综合内涵，体现需要基于整体观视角对遗产内涵进行系统审视。因此，遗产作为一种客观载体，承载着其突出普遍价值，其价值属性不仅包括遗产本体，还包括遗产相关的环境和非物质文化要素等在内的所有关联信息。遗产载体，不仅包括物质文化载体，还包括遗产价值相关的社会功能、文化等非物质文化载体，以及遗产价值关联的环境。因此，遗产影响评估是以物质及其关联的非物质为评估对象以及本体及其关联的环境区域为评估范围，强调了遗产影响评估对象与范围的整体性。

3.3 遗产影响评估的工作流程

国际环境影响评价工作流程是以开发项目管理为核心的工作流程，并非仅仅为了检验开发项目的环境影响评价报告是否可以通过评审，而是为了对开发建设活动进行动态决策管理，这个决策管理贯穿于环境影响评价的整个过程，自项目确定初期到正式实施并一直延续到项目完成❶，由此形成了五个工作阶段和十个具体环节，工作阶段包括初审阶段、评价阶段、评审阶段、决策阶段、监控阶段，具体环节包括初步审核、考察环评选址、范围、情况、项目方案必选、环境影响分析、措施和控制、重点影响评价、完成环境影响评价报告、报告评审、项目决策、后续调查等环节❷。

初审阶段是所有工作的前提和基础，确定是否需要开展环境影响评价；评价阶段是环境影响评价工作的核心环节，又可分为评价准备、评价进行、评价结果三个过程；

❶ [英]乔·韦斯顿，黄瑾、董欣译.城乡规划环境影响评价实践 [M].北京：中国建筑工业出版社，2006.

❷ 蔡艳荣，等编.环境影响评价 [M].北京：中国环境科学出版社，2004.

评审阶段是评价阶段工作的延续，是对评价的合理性与科学性进行评审；"决策阶段"是从项目开发管理的角度，授权还是拒绝，或有条件开展项目；"监控阶段"是对项目实施产生预期效果的监督，以及实施项目期间产生的影响进行实时监测，以确保预期建议和措施的落实，进一步优化环境的管理。

关于遗产影响评估的工作流程，国际遗产政策文件进行了相关描述，如对遗产及其周边环境影响变化的管理提出了有益的干预措施和管理方法。《西安宣言》（2005）提出对古迹遗址周边环境进行管理时，既要通过规划手段和实践来保护和管理周边环境，而且由于周边环境的变化是累积影响形成的，是一个渐进的过程，因此还强调了监控和管理对周边环境产生影响的变化❶。《实施〈世界遗产公约〉操作指南》（2019版）明确提出在保护与管理世界遗产地时，对所有提议的干预措施应开展影响评估，并提出了规划、实施监测、评估和反馈的循环机制❷。2012年在中国丽江举办的首届"遗产影响评估"国际培训活动提出了遗产影响评估工作流程包括对拟议进行的开发活动在价值、文化生活、制度和社区资源方面可能产生积极或消极影响的因素进行识别，遗产影响评估报告通过以后，还应开展减缓措施的后续实施、监测和评估❸。

综上，以《西安宣言》（2005）、《实施〈世界遗产公约〉操作指南》（2019版）等国际文献为依据，借鉴国际环境影响评价及世界文化遗产的影响评估工作流程，综合吸纳各国或地区遗产影响评估开展的主要流程，以遗产相关的开发项目或遗产改变的管理为核心，将遗产影响评估的工作流程主要概括为初审阶段、评估阶段、审批阶段、实施阶段、监控阶段等五个环节，贯穿于遗产相关开发项目或其他改变"立项、评估、实施、监督、完成"的整个流程（图3.2）。

3.3.1 初审阶段

并不是所有开发项目或遗产改变都需要通过矩阵影响分析、层次分析法、网络分析法等开展遗产影响评估，而是需要根据对遗产是否具有一定影响的开发项目或遗产改变的类型进行具体判断，以此确定开展遗产影响评估的必要性，即判断或审查开发项目或遗产改变是否具备开展遗产影响评估的条件，这个阶段仅需要对开发项目或其

---

❶ 联合国教科文组织世界遗产中心，国际古迹遗址理事会，国际文物保护与修复中心，中国国家文物局．国际文化遗产保护文件选编[M]．北京：文物出版社，2007．

❷ 第110条"有效的管理体制的内容取决于申报遗产的类别、特点、需求以及文化和自然环境。由于文化视角、可用资源及其他因素的影响，管理体制也会有所差别。管理体制可能包含传统做法、现行的城市或地区规划手段和其他正式和非正式的规划控制机制。对所有提议的干预措施进行影响评估，对世界遗产地是至关重要的"，在第111条中"考虑到上述多样性问题，有效管理体制应包括以下共同因素：a）各利益方均透彻理解遗产价值；b）规划、实施、监测、评估和反馈的循环机制等"。

❸ Gamini，WIJESURIYA，李泓．遗产影响评估方法介绍——首届"遗产影响评估"国际培训课程综述[J]．能力建设，2013：12-17．[EB/OL].www.whitr-ap.org．

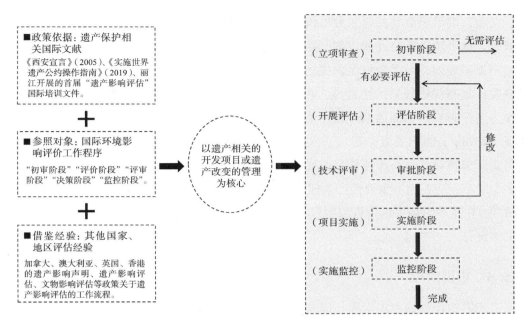

图 3.2　遗产影响评估的工作流程

资料来源：作者自绘

他改变进行简单评估或初步评估。对于规模较小或空间距离较远等导致影响较小的部分简单开发项目或开发方案，则是可以豁免的。因此，初步审核阶段，需要通过判断项目是否需要豁免来确定开展遗产影响评估的条件。行政许可程序上，则需要承建商将建设项目的初步方案向相关部门和相关利益主体进行咨询，提交建设项目或开发计划影响评估报告给遗产的主管部门，并通过组织专家进行技术审查，若审查结果为没有影响或影响非常小可接受的，则不需要开展遗产影响评估。在国外开发项目的初审过程中，都要求提交遗产影响评估的报告，如澳大利亚遗产影响声明，则规定了无论是何等规模的开发建设项目都应提交遗产影响声明文件（SOHI），只不过需要根据遗产重要性等级、项目工程的规模大小、复杂程度判断需要开展详细的遗产影响声明或简单的遗产影响声明。我国及国际环境影响评价的初步审核阶段也是需要审查项目是否具备开展环境影响评价的条件，以及是否需要进行环评、项目影响评价的等级以及特殊性等 ❶。

3.3.2　评估阶段

在行政主管部门对承建商提交的影响评估报告进行技术审查后，确定开发项目或遗产改变是否需要开展遗产影响评估，若需要开展遗产影响评估，则需要相关部门授

---

❶　蔡艳荣，等编．环境影响评价 [M]．北京：中国环境科学出版社，2004.

权、立项，由承建商委托第三方机构开展遗产影响评估，最终形成完整的遗产影响评估报告，这个阶段需要开展详细的影响评估。关于遗产影响评估报告的编制，若遗产已编制保护规划，则需要将保护规划作为遗产影响评估的直接依据，即判断建设项目或开发计划与保护规划的协调性、相容性；反之，则需要以遗产保护的相关条例或政策作为遗产影响评估的依据。在评估阶段，英格兰遗产影响评估与遗产的数量及其对环境（setting）影响的复杂程度有关，涉及影响到单个环境和较低重要性的遗产时，只需要简单核对，每一步评估只需要简短阐述。而对于较高重要性的遗产，或区域具有多个遗产，或对遗产重要性产生较大影响的评估项目，则需要详细分析与预测影响、评估 **❶**。在遗产影响评估报告编制过程中，还需要将公众参与过程纳入，并征求不同利益主体意见。

3.3.3　审批阶段

遗产影响评估的审批阶段，即遗产相关的开发项目或遗产改变申请的行政许可或开发计划的评审阶段。若为建设项目的遗产影响评估，则将定稿的《遗产影响评估报告》同建设项目申请材料提交给部门审核，审核通过后，则根据评估报告的结论与缓解措施建议对建设项目方案提出修改建议，修改完成后再由行政主管部门对建设项目进行最后审查，确认后则对建设项目颁发行政许可；若审核未通过，则需要根据评估报告的结论和缓解措施对建设项目方案进行修改，修改完成后再提交审核，直到审核通过为止。若为遗产相关的其他改变（如对遗产内部结构的整治规划或遗产构件元素更新计划）的遗产影响评估，则需要将最终的《遗产影响评估报告》与遗产改变计划提交给行政主管部门组织专家进行评审，若评审通过，则需要对遗产改变计划进行修改待行政主管部门最后审查，若未通过，则需要进行下一轮的遗产影响评估，直到遗产改变计划通过为止。

遗产的开发项目或遗产改变与《遗产影响评估报告》通过行政主管部门审核后，还需要充分征求各相关利益主体的意见，即对遗产相关的开发项目或遗产改变进行公示。公示结束后，行政主管部门收集反馈意见，判断该开发项目或遗产改变对遗产带来的影响是否可接受。若接受，则颁发行政许可或将开发计划提交上级主管部门审批；若不接受，则行政不许可或开发计划不能通过，开发项目或遗产改变可决定是否需要申诉或者主动放弃，若申诉则需要对建设项目或开发计划修改，重新开展遗产影响评估，若放弃意味着建设项目或开发计划、遗产影响评估也将结束。

为避免遗产影响评估报告同开发项目或遗产改变在技术评审环节的反复，需要在

---

❶ CLG. Planning Policy Statement 5: Planning for the Historic Environment. London: Department for Communities and Local Government[R].2010.

审核或评审前对遗产影响评估的结论控制在可接受范围，即方案未提交审核时，遗产影响评估结果需要为"没有影响"、"影响较小通过缓解措施执行可接受"等这样的结论，而不能将影响较大的建设项目或开发计划同评价报告提交部门审核或评审。若建设项目或开发计划遗产影响评估的结论不能接受，则在部门审核或评审时需要放弃该项目或拒绝申请。

3.3.4　实施阶段

　　遗产相关的开发项目或遗产改变获批后，需要对项目开展实施，即进入到实施阶段，这个阶段又分为实施前期阶段和实施后期阶段。在实施前期阶段，承建商需要开展工程具体情况的调查并上报工作情况，进一步核实与设计相关的实际现场条件以及周围历史环境情况。对具体开展方法应进行说明，做好安全防护措施，如对周围现存的历史环境提出保护措施，以及其他变更建议，将现状条件与最初的设计细节或设计意图递交给行政主管部门论证，是否会对现存历史遗存构成影响。对由于工程建设而导致对周围历史遗存邻近的结构影响而进行监测，并将施工建议递交给行政主管部门同意。在实施后期阶段，实施期间的所有保护调查、保护计划、现场检查记录，竣工后的记录图纸与照片，以及未来工程变更的任何记录，应汇编成文件递交给行政主管部门归档。负责这个区域的保护以及历史发展的未来使用者或专家都能获得这份文件❶。

3.3.5　监控阶段

　　监控阶段是遗产相关开发项目或遗产改变实施过程的管理维护环节，需要对遗产影响评估（技术报告）的缓解措施的执行情况进行实时跟踪、监控的管理，以便观察、检验缓解措施执行的实际效果。因此，合理有效的监控措施有助于提高未来遗产影响评估中缓解措施制定的技术水准，还可以明确在什么样的情况下哪些缓解措施实际有效。对项目实施进行监控，即对实施场地内进行定期观察、记录，必要时采取控制措施。通常监控主要任务包括五个方面，一是当任何缓解措施的实施未能达到可以接受的标准时，提前判断并作出相应的信息反馈，便于在项目实施的早期采取补救措施；二是确定项目实施中的行为是否符合遗产价值真实性、完整性保存的要求；三是检验遗产影响评估中对遗产影响的预测结论；四是观察、记录项目的实施与缓解措施有效性之间；五是如果出现突发的问题或对遗产价值不可接受的影响，应及时采取相应的补救措施。

　　监控阶段，对于开发项目涉及相关利益主体的（如社区组织、主管部门、专家、承建商、社会公众等），还需要公众参与有效介入，让当地社区和其他利益相关主体共

❶　香港康乐及文化事务署古物古迹办事处. Heritage Impact Assessment for Rear Portion of the Cattle Depot[R].2015，http：//sc.lcsd.gov.hk/TuniS/www.amo.gov.hk/b5/hia_02.php.

同参与到影响判断及缓解措施制定的讨论、设计、管理中来，尤其当各方利益发生冲突时，通过公平公正的协商，并制定平衡各方利益的方法，使得建设项目实施得到各方认可❶。

3.4　遗产影响评估的技术流程

2016年由加拿大保护研究所（Canadian Conservation Institute，CCI）和国际文物保护与修复研究中心（ICCROM）合作出版的《"ABC"方法——一种关于文化遗产保护的风险管理方法》，将"风险"定义为"遗产价值评估中导致价值损失的可能性"，与本书提出"遗产影响评估"中的"影响"具有一定的相似性，但遗产风险管理的目标是利用现有资源最好地保护遗产价值避免受损或降低不得已的损害。技术流程方面，遗产保护工作的目标是预先评估那些有可能对遗产价值产生风险或使其恶化的要素，然后在现有可行的社会经济环境基础上采取行动，尽可能消除或抑制这些潜在风险或不良趋势。并提出一种围绕文化遗产风险管理周期的五个步骤与循序渐进的流程方法，包括"建立背景认知→识别风险→分析风险→评估风险→应对风险"，其中"识别风险""分析风险""评估风险"是关于文化遗产风险评估的环节❷。尽管《世界文化遗产影响评估指南》颁布的时间早于《"ABC"方法——一种关于文化遗产保护的风险管理方法》，但遗产影响评估的技术流程与文化遗产风险评估的整个流程具有一定的相似性，都是从遗产的认知到影响识别、评估、缓解或应对的技术评估过程，只不过"风险"比"影响"更严重，"风险"是更具危险性或更严重的"影响"等级，另外，"风险"的识别、分析、评估、应对的对象或目标通常较广泛，侧重宏观层面，而"影响"是针对具体影响源采取识别、分析、缓解过程，其对象与目标较具体，侧重微观层面。

遗产影响评估的技术流程，同文化遗产风险评估的技术流程相似，是关于"建立背景认知→识别风险→分析风险→评估风险→应对风险"的整个过程，也是遗产影响评估工作流程之"评估阶段"的技术环节，是关于专业评估技术过程的环节，也是遗产影响评估报告制定的主要内容。《世界文化遗产影响评估指南》（2011）阐述了遗产影响评估的技术流程，包括"初期开发和设计、早期咨询、确认并招募核实的机构来开展工作、明确研究区域、明确工作范围、收集数据、整合数据、提炼遗产资源的特征（尤其是确认反映突出普遍价值的属性特征）、建立直接及间接影响模型并进行评估、

❶　香港康乐及文化事务署古物古迹办事处 . Heritage Impact Assessment for Rear Portion of the Cattle Depot[R].2015，http：//sc.lcsd.gov.hk/TuniS/www.amo.gov.hk/b5/hia_02.php.

❷　Canadian Conservation Institute（CCI），ICCROM.The ABC Method：a risk management approach to the preservation of cultural heritage[M].2016.

编制影响减轻草案（包括避免、减少、修复或补偿）、报告草案、咨询、中和评估结果并减轻损失、最终报告及插图（为决策提供信息）、减缓、传播结果及获取的知识"等流程。以上关于遗产影响评估实施的整个过程与环节较多，但遗产影响评估的技术流程本质上比较简单，在《世界文化遗产影响评估指南》（2011）关于"遗产影响评估的建议程序"中将其视为"处于风险中的遗产要素是什么，为什么如此重要——它对遗产突出普遍价值有何贡献？"、"对遗产所做的改变或提议的开发项目对遗产的突出普遍价值有何影响？"、"如何避免、减轻、弥补这些影响？"三个方面❶。从遗产影响评估实施的操作性上，遗产影响评估实施的核心环节总体上可以概括为"现状基础研究、遗产重要性分析、影响识别与分析、影响评估、缓解措施制定"等五个环节，其中"影响识别与分析""影响评估"是评估的核心环节。若以评估为时间节点，总体上也可分为"评估准备阶段""评估进行阶段""评估结果及应用阶段"三个环节。其中，"现状基础研究""遗产重要性分析""影响识别与分析"对应"评估前准备阶段"，"影响评估"对应"评估阶段"，"缓解措施制定"对应"评估结果及应用阶段"（图 3.3）。为了便于对每个具体环节的开展方法形成更清晰的认识，以《世界文化遗产影响评估指南》（2011）内容为核心，从"现状基础研究""遗产重要性分析""影响识别与分析""影响评估""缓解措施制定"五个环节的具体开展方法进行阐述。

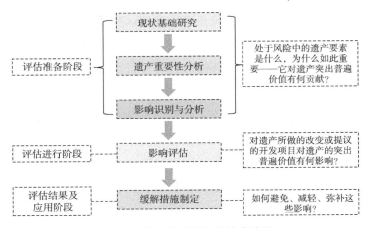

图 3.3　遗产影响评估的技术流程

资料来源：作者自绘

3.4.1　现状基础研究

现状基础研究，是遗产影响评估的前提条件与基础，是对遗产及影响源（遗产改变或开发项目）进行背景认知的环节。遗产改变或开发项目的资料收集和研究是

---

❶　国际古迹遗址理事会，中国古迹遗址保护协会译.世界文化遗产影响评估指南（中文版）[R]，2011.

遗产影响来源识别的前提，遗产的相关资料收集和研究是遗产重要性（突出普遍价值及其他价值的总和）属性分析的前提和基础，因此，现状基础研究应包括开发项目与遗产的文档、数据等相关资料收集及其分析研究，这是遗产影响评估准备的第一步。

1. 遗产改变或开发项目的相关资料收集与研究

在遗产影响评估开展前，需要对遗产改变或开发项目的基本情况进行全面了解，包括项目所在地块和周边环境的基本情况，分析项目所在的区域、规模、范围和具体边界，以及项目所在地块使用的状态、形式和规模，对其一般性特征进行描述。另外，还要通过实地踏勘、地形测量、地形地貌调查、虚拟三维模型建构等，或更多的介入性方法，如手工艺收集、科学调查等。在对项目周边环境调查时，需要分析周边区域地形、土地利用情况、景观和城镇风貌特征、周边建筑高度、风貌、体量、形式和交通组织形式等，其目的是为全面而综合了解项目所在区域的整体环境特征，并将其录入遗产影响评估报告中❶。

2. 遗产相关资料收集与研究

遗产相关文档的收集，是对遗产改变或开发项目涉及的遗产重要性的陈述和对承载遗产重要性的属性（遗产属性）鉴定的前提和基础，可以使得遗产的历史脉络、历史背景、历史环境和其他有价值的信息（如国家和地区）可以被完全理解。对于世界遗产而言，最核心的资料是突出普遍价值声明和确认反映突出普遍价值的遗产属性的资料。在一致认可的研究范围内，收集整理遗产各个层面和属性特征的信息，以充分理解遗产的历史发展变化、其存在的环境以及其他价值。遗产的文档收集必须使遗产属性可计量化、典型化，并明确发展变化中遗产的脆弱性。为了理解整体，还需要了解不同遗产之间的相互关系，以及遗产的物质和非物质要素之间的关系；遗产文档信息收集是一个长期的过程，取得的资料要在各个阶段不断更新，若收集的资料处于不断变化的过程中，且评估程序非常冗长，则应制订一个类似"数据冻结"的机制，以便于遗产影响评估团队对相似数据进行比较和筛查。若遗产资料较为复杂，可采用更精确的方法，如 GIS 绘图、3D 建模、数据库建立、地形建模、视廊建模、系统抽样、预测建模、视觉分析、视频归档等方法的使用，但是这种方法可能会改变开展遗产影响评估的方式，这些系统的应用使得遗产影响评估不断反复循环进行，且能更有效地反馈到设计流程中❷。

在遗产现状资料研究过程中，应开展书面研究或历史研究，并进行现场实地踏勘，考察遗产的真实性和完整性、敏感视点、敏感视域范围等。并可能通过包括地形建模，

❶ 国际古迹遗址理事会，中国古迹遗址保护协会译 . 世界文化遗产影响评估指南（中文版）[R]，2011.

❷ 同上 .

或视景模拟、情景模拟等技术手段来预测对遗产的影响。另外，还应充分阐释遗产的物质和非物质遗产的属性，以文字清晰表达，分析哪些是实体要素能体现非物质遗产的属性（包括口述历史或证据）。

3.4.2 遗产重要性分析

《世界文化遗产影响评估指南》（2011）提出全面充分地理解世界遗产的突出普遍价值以及遗产的其他价值的全部内涵，是遗产影响评估程序中极为关键的内容，总体影响程度的评估是与遗产价值本身、拟做的改变以及影响程度的相关评估。在对世界遗产进行描述时，应首先描述突出普遍价值的属性（attributes），这是衡量开发项目或遗产改变影响的"基础数据"，包括物质层面与非物质层面。遗产重要性（heritage significance）❶ 是所有遗产价值（包括核心价值和其他价值）的总和，世界遗产背景下，遗产重要性是遗产地突出普遍价值和其他价值的总和，因此，遗产重要性分析应包括遗产的识别与描述、遗产重要性的识别与描述、遗产重要性的属性（或称为遗产属性）判断等三个方面的工作。

1. 受影响遗产的识别与描述

前文界定了遗产影响评估是以受影响遗产的物质及其关联的非物质为评估对象、本体及其关联的环境区域为评估范围，强调了遗产影响评估对象与范围的整体性。因此，受影响遗产的识别与描述，需要将开发项目或遗产改变的影响范围内的所有遗产本体及其关联环境（背景环境）进行梳理与阐释，而遗产本体又包括遗产的物质空间属性与相关的非物质属性（如功能属性）。这些受影响遗产的物质空间属性与相关的非物质属性及其关联环境的信息，又需要现状基础研究的成果提供支撑。

2. 遗产重要性的识别与描述

遗产重要性是遗产所有价值的总和，是一个集合概念，因此是历史价值、艺术价值、科学价值等核心价值与其他遗产价值的集成。遗产重要性（heritage significance）识别与描述，是对遗产的所有价值或加载于遗产的重要意义进行系统的判断与阐释。在对遗产本体及其环境进行识别、描述基础上识别出遗产重要性，并对遗产的所有价值进行详细阐释，用以证明其遗产重要性。在遗产重要性具体描述时，需要通过与遗产重要性等级标准进行对比，从而评估遗产重要性的等级。

《世界文化遗产影响评估指南》（2011）（本章后简称《指南》）在其附件 F 中提供

❶ "遗产重要性"，《巴拉宪章》中也称"文化重要性"，是指"对过去、现在及将来的人们具有美学、历史、科学、社会和精神价值"，"包含于遗产地本身、遗产地的构造、环境、用途、关联、含义、记录、相关场所及物体之中"。了解遗产重要性可以帮助我们合理判断哪些要素必要在任何情况下都得以保存，哪些要素需要在某些情况下得以保护，以及哪些要素可以在某些特殊情况下被牺牲掉.

了一个价值评估的另一种方法。对遗产属性（heritage attributes）特征进行价值评估时，应将其与国际或国内的法定身份、国内研究议程中设定的优先顺序或建议以及价值联系起来。应使用专业判断来确定这些资源的重要性。除了应尽可能客观地使用这一研究方法，同时也不可能避免会将专业判断用于定性评估上。通常使用下述分级量表来定义遗产的价值，具体分为"非常高"（very high）"高"（high）"中"（medium）"低"（low）"可忽略"（negligible）"未知"（unknown）。《指南》在其附件3A中分别对"考古学""建成遗产或历史城市景观""历史景观""非物质文化遗产或相关内容"等遗产类型从"非常高""高""中""低""可忽略""未知"六种等级进行了界定（表3.1），用以对遗产价值等级定性判断提供参考，如对"考古学"遗产类型的"非常高"的判断，需要满足三项标准，一是已被公认为具有国际重要性且列入《世界遗产名录》的世界遗产地，二是反映世界遗产突出普遍价值的单一属性特征，三是对已公认的国际研究目标有重要作用的遗产资产❶。

遗产价值评估一览表 　　　　　　　　　　　　表 3.1

分级	考古学	建成遗产或历史城市景观	历史景观	非物质文化遗产或相关内容
非常高	1. 已被公认为具有国际重要性且列入《世界遗产名录》的世界遗产地； 2. 反映世界遗产突出普遍价值的单一属性特征； 3. 对已公认的国际研究目标有重要作用的遗产资产	1. 已被公认为具有国际重要性且以普遍意义为标准列入《世界遗产名录》的遗产地或构筑物； 2. 反映世界遗产突出普遍价值的单一属性特征； 3. 其他被认为具有国际重要性的建筑物或城市景观	1. 被认为具有国际重要性且列入《世界遗产名录》的景观； 2. 反映世界遗产突出普遍价值的单一属性特征； 3. 具有国际价值的历史景观，无论是否得到认定； 4. 保存极好的历史景观，有极好的整体性、时间深度或其他关键因素	1. 在国家注册的、存在非物质文化遗产活动的区域； 2. 具有特别的创新、技术或科学进步或与全球重要运动相关联； 3. 与全球重要性人物相关
高	1. 国家级且受到缔约国国内法律保护的考古遗迹； 2. 具有一定的质量及重要性特征，有待公布的遗产地； 3. 对公认的国内研究目标有重要价值的遗产地	1. 国家级地上遗构； 2. 其他可视为拥有特殊的构筑物或历史特征的建筑物，但未公布为保护单位； 3. 具有非常重要建筑物的保护区； 4. 尚未公布的但具有明显国家级重要性的构筑物	1. 国家级具有突出价值的历史景观； 2. 具有突出价值但未公布为保护单位的景观； 3. 具有较高质量、重要性和显而易见的国家价值、但未公布为保护单位的景观； 4. 保存极好的历史景观具有极好的整体性、时间深度或其他关键因素	1. 国家级与全球重要非物质文化遗产活动相关的地区或活动； 2. 具有特别的创新、技术或科学进步或与国家重要性行动相关联； 3. 与国家重要性人物相关

---

❶　国际古遗址理事会，中国古迹遗址保护协会译 . 世界文化遗产影响评估指南（中文版）[R].2011.

续表

分级	考古学	建成遗产或历史城市景观	历史景观	非物质文化遗产或相关内容
中	对区域研究目标有重要价值的已公布或尚未公布为保护单位的遗产地	1. 已公布为保护单位的建筑物。未公布，但反映出特别品质或历史的建筑物； 2. 拥有对历史特征有重要贡献的建筑物的保护区； 3. 含有重要历史完整性特征的建筑物或建成环境的历史城镇景观或建成区域	1. 已公布为保护单位的特殊历史景观； 2. 尚未公布但能证实具备特殊历史景观特征的历史景观； 3. 具有地区价值的景观； 4. 得到较好保存的历史景观，有一定的整体性、时间深度或其他关键因素	1. 与地方注册的非物质文化遗产活动相关； 2. 与区域或地方意义的特定创新，技术或科学发展运动有关； 3. 与区域意义特定个体有关
低	1. 已公布或尚未公布为保护单位的具有地区重要性的遗产地； 2. 保存状况较差和/或相关环境未能完好存续的遗产地； 3. 具有较少价值但却可能为当地研究目标做出贡献的遗产地	1. 列入地方名录的建筑； 2. 未列入地方名录，结构或历史关联性特征较为一般的历史建筑物； 3. 建筑物或建成环境具有较小历史完整性的历史城镇景观或建成区域	1. 未公布为保护单位的较好的历史景观； 2. 对当地利益群体有重要作用的历史景观； 3. 因保存状况较差和/或相关环境未能完好存续而导致价值降低的景观	1. 具有地方重要性的非物质文化遗产活动场所； 2. 与当地重要性人物相关； 3. 出现过相关活动或与相关活动相关联、但保存较差的区域
可忽略	具有较少或无考古价值的遗产地	1. 不具有建筑学或历史特征的建筑物或城市景观； 2. 具有干扰特征的建筑物	具有较少或没有重要历史价值的景观	具有较少关联性或较少非物质遗产存留部分
未知	资产的重要性尚未确定	具有某些隐含（如无法看到）或潜在历史重要性的建筑物	不适用	对该地区非物质遗产知之甚少或没有保存记录

资料来源：国际古迹遗址理事会，中国古迹遗址保护协会译.世界文化遗产影响评估指南（中文版）[R].2011.

尽管《指南》给定了评分标准，但各国都有不同的遗产重要性等级划分标准，具体识别时应结合相应的遗产等级标准进行判断，如澳大利亚遗产重要性认定和评价通过四项价值重要性认定标准（历史重要性、美学重要性、科学重要性、社会重要性）和七项具体的等级评价标准，从而将遗产重要性划分为五个等级（十分突出、高度、中等、小、侵入）❶。英格兰遗产委员会在《历史环境可持续管理的保护原则、政策和导则》中将遗产价值分为四类，包括证据价值（Evidential value）、历史价值（Historical value）、美学价值（Aesthetic value）、公共价值（Communal value），根据这四类价值的判断，然后通过遗产的环境（setting）与遗产价值的意义来综合分析遗产重要性。在理解场所的重要性时，通常采取"理解场所的元素以及随时间怎样、为什么演变的""确认谁来评估场所价值，以及为什么这样做""怎样识别这些价值与元素的关系""识别

❶ NSW Heritage Office.Assessing heritage significance，2nd edition[R].2001.

价值的相对重要性""相关的物体是否对场所具有贡献""环境与场所的背景对场所的贡献""怎样将场所与其他场所进行类似价值的比较"等环节综合判断场所的重要性❶。

3. 遗产重要性属性的判断

前文所述，遗产影响评估的关键在于评估遗产重要性属性（attributes）的影响，世界遗产背景下，突出普遍价值与其他价值构成了遗产重要性的主要内容，因此，对遗产重要性属性的判断是遗产影响评估的核心环节，也是评估的关键任务。《指南》提出在遗产影响评估报告中，应使用清晰全面的语言描述单一遗产和／或群体遗产的属性特征，包括单一和／或群体遗产的状况、重要性、互动关系和脆弱性特征，可能的话，还应包括改变的余地有多大。还应使用适当的地图进行阐释，以助于读者理解。所有遗产要素都应涵盖在内，但是应将重点放在反映世界遗产突出普遍价值的部分。为此，可能需要另辟章节，给出更为详细的阐释❷。

足见，对遗产重要性属性的判断，需要进一步落实在构成遗产本体及其环境的所有要素的属性上，只不过要重点对遗产的核心价值的属性的阐释。对遗产重要性属性的判断，各国都有不同的规定与判断方法。英格兰将遗产的环境（setting）的潜在属性与遗产重要性判断结合。英格兰遗产导则《遗产的环境》（the setting of heritage assets）关于"评估环境对于遗产重要性有无贡献、何种方式、贡献程度"对环境的潜在要素的属性进行了一般性规定，环境潜在要素主要包括物质环境（The asset's physical surrouding）、遗产的感知（Experience of the asset）、遗产的关联属性（The asset's associative attributes）等三个方面，其中物质环境包括地形、其他遗产（建筑物、构筑物、景观、区域或考古遗址）、周边街道景观、正式的设计、历史材料和外观、土地利用、绿色空间、树木和植被、开放空间、功能性的关系、历史及其随时间迁移变化程度、整体性等，遗产感知包括周边景观与城镇景观特征、以遗产为核心的视野、作为焦点的视觉主导性与突出性、与其他遗产计划保留的视线通廊、噪声、振动及其污染源或干扰物、宁静氛围、动感和活力、可达性、通透性、运动模式、环境的稀有程度等，遗产的关联属性包括遗产之间的相互关系、文化联系、著名的艺术表现、传统等❸❹。

加拿大安大略省政策声明文件（PPS，2014）中对遗产属性进行了界定，遗产属性即有助于受保护遗产的文化价值或意义的本质特征、元素，可以包括遗产的建筑或人工元素、陆地地面形式、水的特征，以及视觉的环境（包括来自于被保护的文化遗产

❶ English Heritage.Conservation Principles，Policies and Guidance[R].2008.
❷ 国际古迹遗址理事会，中国古迹遗址保护协会译 . 世界文化遗产影响评估指南（中文版）[R].2011.
❸ English Heritage.The setting of heritage assets[R].2012.
❹ 冯艳，叶建伟 . 英格兰遗产影响评估的经验 [J]. 国际城市规划，2017（06）: 54-59.

的视野、视觉关系）❶。澳大利亚通过场所（place）的文化重要性（culture significance）对场所的遗产价值及其对应的关键属性进行判断，认为场所包括元素、物体、空间、视野，包括物质维度与非物质维度。文化重要性通过场所自身及其元素、环境、使用、关联性、意义，记录以及相关的场所及相关的物体体现。文化意义包括过去的艺术价值、历史价值、科学价值、社会价值或精神价值、现在或将来的代际价值（generations）以及场所具有不同个体或群组的系列价值 ❷。可见，场所文化重要性的属性是物质实体与关联性、意义、肌理等非物质的集合。

综上，遗产重要性属性的分析，需要对遗产所有要素的属性进行综合整理、识别，尤其对突出普遍价值具有重大贡献的遗产属性需要进行详细说明，承载遗产重要性的遗产属性包括物质与非物质要素，然后通过物质与非物质属性的因子分析进行判断，也可以按照遗产价值的属性进行分项、分要素判断。

3.4.3　影响识别与分析

《指南》在第五条"经得起推敲的影响评估 / 评价系统"（A defendable system for assessing/evaluating impact）对"影响的重要性"（significance of the impact）进行了阐释，开发项目或其他改变对文化遗产属性的影响（effects）可能是正面的，也可能是负面的，因此有必要确认所有改变对所有属性特征的影响，尤其是那些反映遗产突出普遍价值的属性（这也是本指南重点关注的内容）。同样重要的是，应确认某项改变对某一属性特征造成影响的规模和严重程度，这些组合在一起，就决定了遗产影响的重要性，或称之为"效果的严重程度"❸。足见，"影响识别与分析"环节，是关于开发项目或其他改变对遗产属性特征的影响识别与分析的过程，由此涉及开发项目或其他改变所带来的正面或负面影响，尤其关注对影响规模和程度的识别与分析，另外还包括对影响源、影响类型、影响过程的分析。

综上，"影响识别与分析"环节包括开发项目或遗产改变要点分析、影响源识别、影响类型分析、影响过程分析四个方面。

1. 开发项目或遗产改变要点分析

开发项目或遗产改变，是影响分析与识别的基础与平台，也是影响产生的直接动因。开发项目或遗产改变分析要点，主要分析开发项目或遗产改变的区位、规模大小、方案计划等内容。如对世界遗产范围内道路工程建设项目的要点分析，需要分析道路工程的走向、道路宽度、施工工程方案、竖向标高等；世界遗产范围内变电站建设项目

---

❶　The Lieutenant Governor in Council，Provincial Policy Statement[R].2014.

❷　Australia ICOMOS Incorporated International Council on Monuments and Sites，The Burra Charter[R].2013.

❸　国际古迹遗址理事会，中国古迹遗址保护协会译.世界文化遗产影响评估指南（中文版）[R].2011.

要点分析，需要分析变电站的位置与选址、范围与规模、主要输配电力线的走向、周边的辐射范围等。另外，在遗产邻近区域房地产开发项目的分析过程中，除分析开发项目的具体范围与规模外，还要分析具体建筑物的高度、色彩、形式等。

英格兰遗产导则《遗产的环境》（The Setting of Heritage Assets）在"第三步：评估拟开发项目对遗产重要性的影响"内容中对导致遗产环境的影响的开发项目关键属性分析提出了导则，即拟开发项目的关键属性主要包括开发项目的位置与选址、开发项目的造型和外观条件、开发项目的其他影响、开发项目的永久性以及开发的周期和间接影响。开发项目的关键属性选择应考虑适用于简单的清单并提供简洁的解释，并作为较复杂评价声明的一部分，或者为更复杂的评价过程提供基础。特殊情况下，清单与解释有助于地方规划部门在早期阶段判断开发项目是否对遗产环境造成影响，并据此进行分类，划分有影响和无影响的开发项目。通过开发原则、规模、显著性、邻近性及其区位条件、详细设计等判断是否对遗产造成潜在负面影响或增益影响。以此确定评价是否应该关注空间、景观、视觉分析，城市设计是否得以应用，或这些方法的综合阐述 ❶。

2. 影响源识别

在对开发项目或遗产改变要点进行分析后，需要对这些可能导致遗产产生负面影响的要点进行识别、筛选，从而确定影响源。由于开发项目或遗产改变具有不同类型，因此，影响源在产生的时间、形式等方面具有不同特征。如开发项目按照规划与实施的不同阶段一般分为"规划—施工—运行"三个阶段，此时应根据开发项目对应的具体阶段进行评估。《指南》对开发项目施工与运行阶段的影响进行了阐述，即"作用于遗产属性的环境的直接影响可能是由于开发项目施工或运行后的结果所致，并且还会在一定距离外的环境产生影响"❷。因此，极其必要对开发项目不同阶段的影响进行评估，尤其是对于道路、轨道交通等基础设施建设的影响分析时，特别需要从选址意见书与施工方案、施工过程、运行等不同阶段分别分析影响来源。一般情况下，不同阶段的影响源具有不同的特征，规划意向与规划阶段的影响源识别，偏重于更加直观、形象的判断，可以通过视觉或景观分析直接判断，如确定开发项目的建筑高度后，可以通过对遗产的视线遮挡程度进行判断；施工过程阶段，开发项目产生的噪声、振动、沉降、灰尘等对遗产属性潜在的物理影响，更需要利用科学的工具进行计算才能判断是否具有影响，如地铁施工过程或房地产开发项目地下空间的挖掘过程中对邻近区域的地下文物古迹的振动影响分析，或施工过程中交通组织对邻近文物古迹的影响等。运行阶段的影响分析更为复杂，需要全面和综合地考虑，如文物古迹邻近的轨

❶ English Heritage.The setting of heritage assets[R].2012.

❷ 国际古迹遗址理事会，中国古迹遗址保护协会译.世界文化遗产影响评估指南（中文版）[R].2011.

道工程运行过程中，不仅需要对轨道运行过程中对文物古迹产生的振动、噪声综合影响的预测，还需要考虑轨道工程建成后对周边土地利用开发强度、城市景观等一系列的附加影响，如若邻近区域设置了轨道站点，则周边土地建设强度必然会加强，对文物古迹的视觉景观必然造成附加影响。

3.影响的主要类型分析

《指南》吸收了《西安宣言》关于影响的多种类型的阐述，影响可以是直接感知到的，如视觉的，也可以是间接的；可以是累积的（cumulative）、暂时的和永久性的；可逆的（reversible）或不可逆的（irreversible）；视觉上的，物理的，社会和文化，甚至是经济上的❶。以上影响可能是由于建设发展区内施工或运行产生的。在遗产影响评估开展过程中，每个与之相关的需求都要全面考虑到。这里对遗产影响常见类型进行介绍，主要针对直接影响与间接影响、累积影响。

（1）直接影响与间接影响

《指南》对直接影响的特点进行了详细阐述，认为直接影响是开发项目或遗产用途的改变对遗产造成的直接结果。其表现形式多种多样，如部分或全部实物遗产属性的丧失，和／或对遗产所处环境的改变，包括遗产的周边环境特征、当地环境、过去及现在与邻近景观间的关系等。在认定直接影响时，必须注意开发商为获得批准而采用的伎俩，即方案中避免出现直接影响－刚好"避开"实物资源。这种做法所造成的负面影响与对一处要素、格局、建筑群、环境或地方特色直接造成的负面影响是一样的。

直接影响导致实物的损害通常是永久的和不可逆的；这些一般是建设工程造成的，范围界定在开发区域内。影响的规模及量级大小主要表现在：受到影响的遗产属性占多大比例、遗产属性的关键特征是否受损、其与遗产突出普遍价值间的关系是否受到影响❷。

《指南》对遗产属性所处环境的直接影响也进行了阐述。对遗产属性所处环境的直接影响，可能是建设工程的后果，或是开发项目运转造成的，其影响可能距开发项目有一定距离。评估对遗产环境的影响时，主要包括在特定时间内可感知的视觉和听觉效果。这些影响可能是暂时的也可能是永久性的，可逆的或不可逆的，取决于在多大程度内可以消除造成此类影响的根源。所造成的影响可能是一时性的、零星出现的或者出现时间较短的，例如，可能和运转时间有关，或者与车辆通过的频率有关。

间接影响主要是指开发项目施工或运营过程中带来的次级影响，也可能因为超出开发范围以外的遗产环境造成损失或改变，例如，因开发项目需求而开展相关的道路和供电线路等基础设施的建设。评估时也考虑这些建设活动在提供便利方面的效果，

---

❶ 国际古迹遗址理事会，中国古迹遗址保护协会译．世界文化遗产影响评估指南（中文版）[R].2011.

❷ 同上．

如有这些项目的建设使其他活动（包括第三方的活动）成为可能或得到便利 ❶。

（2）累积影响

尽管《指南》对累积影响（cumulative impact）有所提及，但是并没有作过多阐述。在对开发项目进行影响分析时，累积影响这种类型较难识别，因其时间、空间等多因素叠加导致累积影响识别的复杂性，因此，这里有必要对累积影响产生的背景、定义、特征进行解释。

①产生背景

累积影响是针对过去环境影响评价方法缺陷的认识，即局限于单个项目的评价上，使得一个项目与其他项目（含区域内过去、现在和未来可能遇见的项目）之间对环境产生的综合影响或累计影响得不到考虑，从而导致累计影响的环境问题，是 EIA 不断走向完善、解决现实环境问题背景下迫切需要而产生的 ❷。

②累积影响定义与类型

"累积影响"的概念最早起源于 1973 年美国《实施"国家环境政策法"（NEPA）指南》上，其定义为"当一个项目与过去、现在和未来可能预见到的项目进行叠加时会对环境产生综合影响或累积影响"，尤其是指"各个项目的单独影响不大，而综合起来的影响却很大"的现象 ❸。

③开发项目对遗产的累积影响

开发项目对遗产的累积影响，即两个以上项目（包括现在进行的或规划的）的遗产影响协同运行结合时，或若干项目对遗产系统产生的影响在时间上过于频繁或在空间上过于密集，以致各单个项目的影响得不到及时消纳时都会对遗产产生累积影响。英格兰遗产导则《遗产的环境》（The Setting of Heritage Assets）对遗产环境的累积性影响进行了阐述，认为小规模变化的增加带来的累积性影响，正如大规模开发项目对于遗产的环境可能产生重大影响一样，在历史保护区中，树木、青草、传统表皮材料的消失可能对遗产的环境产生重要影响，如大量城镇街道家具的提供或宗教场所周围的纪念性遗迹的消失。因此，需要在国家导则指导下评估这种渐进发展的累积性影响。但是，累积性变化的影响的评估，可能面临特殊的挑战。遗产环境的累积性影响，可能是由单一开发项目或一系列独立开发项目产生整体效应的不同环境影响结合派生而形成的，如视觉干扰、噪声、灰尘、振动等。另外，累积性的视觉影响可能是单个视野范围内不同开发项目产生的结果，也是从单一视点往不同方向看而能看见开发项目

❶ 国际古迹遗址理事会，中国古迹遗址保护协会译 . 世界文化遗产影响评估指南（中文版）[R].2011.

❷ CEARC（Canadian Environmental Ass essment Research Council）. The assessment of cumulative effect . A research prospectus[J]. 1988：9.

❸ CEQ（Council on Environment al Quality）. Nat ional Environment al Policy Act . Final regulations . Fed Regist[J].1978：13.

的影响，或当通过一个或更多遗产环境的移动按顺序对若干开发项目的视线带来的影响。一些累积性影响可能比对单个影响的总和还要强烈，通常称为"协同效应"。由此，分析、识别开发项目可能对遗产环境影响的范围，并评估对遗产重要性有害或有利的程度。一般情况下，这个阶段的评估可能需要扩大至累积性、复杂性的影响。遗产环境影响的范围与遗产的范围应避免采用简单评估影响的方法，不同遗产环境要求采用不同方法 ❶。

4. 影响过程分析

影响过程是指影响源对遗产发生作用和联系的途径或者关系。在开发项目或遗产改变要点分析、影响源识别、影响类型分析基础上，需要对影响过程进行深层次分析，即影响源对遗产重要性的属性如何影响进行详细分析，包括影响因子与受影响遗产属性要素的关联匹配、影响的持续性、影响途径等方面分析。

（1）影响因子与受影响遗产属性要素的关联匹配分析

首先识别影响的复杂性，判断影响是属于简单影响还是复杂影响，若为复杂影响，则需要将开发项目影响因子进行分解，即通过因子分析法对受影响遗产属性的要素进行关联匹配，通过影响因子与受影响因子建立对应关系，有助于厘清影响作用关系（图3.4）。对于多个项目产生的累积影响，不仅需要将单一项目影响因子与受影响遗产属性因子之间作用建立对应关系，而且需要综合多个项目分析综合影响因子，并建立综合影响因子与受影响因子对应关系。如对遗产地邻近区域修建单栋高层建筑对遗产地影响，属于简单影响，仅需要对高层建筑对遗产地视觉景观影响进行分析。我国历史文化名城、历史文化名镇、历史街区、古村落等遗产类型受各种规划建设活动的频繁影响，城市总体规划、控制性详细规划、修建性详细规划及建设工程规划等宏观、中观、微观不同空间层次的规划建设活动开展都会对这些遗产类型具有复杂影响，尤其需要运用因子分析法、层次分析法对这类影响过程进行综合分析。

（2）影响的持续性分析

影响的持续性，指开发项目的规划、建设活动对遗产影响作用持续时间的长短，包括暂时性与永久性，《指南》没有对影响的持续性作过多的解释，在规划建设活动对遗产影响持续性分析时，通常以永久性的影响为主，暂时性的影响较少。如城市总体规划对历史文化名

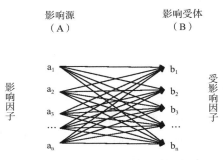

图 3.4　影响源与影响受体因子关联匹配

资料来源：作者自绘

---

❶　English Heritage.The Setting of Heritage Assets[R].2012.

城的遗产影响的持续性，属于永久性的，历史街区周围建设高层住宅对历史街区的影响也属于永久性的，历史街区的功能、社会结构的影响则属于暂时性的影响。另外，开发项目施工过程中带来的附加影响一般也属于暂时性影响。

（3）影响途径分析

包括对物理与非物理的影响途径分析，对历史城区或历史街区内部历史遗存的大拆大建、建设风貌冲突的现代建筑等属于物理直接影响途径，原住民的搬迁、过度商业化、场所精神的消失等行为属于关联影响途径，可以通过原住民的回迁、商业功能的驱除、场所精神的重塑等手段缓解影响，从而达到增益的效果。在开发项目的规划、建设活动对遗产影响途径的分析过程中，容易仅停留于对物理影响途径的分析而忽略非物理影响途径，这样的影响分析都是不全面的。

3.4.4 影响评估

影响评估是遗产影响评估的核心环节，评估方法的选取是判断遗产影响评估结果是否科学合理的重要依据。影响评估的常用方法主要包括矩阵分析法、调查分析法、叠图分析法、视觉分析法、层次分析法等。

实际上，《指南》确定遗产影响评估技术流程本质上是关于"处于风险中的遗产要素是什么，为什么如此重要—它对遗产突出普遍价值有何贡献？""对遗产所做的改变或提议的开发项目对遗产的突出普遍价值有何影响？""如何避免、减轻、弥补这些影响？"的过程❶，遗产影响评估的目的是清晰详尽描述影响源与遗产价值属性之间的因果关系，然后提出相应的缓解措施，这才是遗产影响评估的关键。因此，影响评估方法通常采用矩阵分析法，但是在对复杂的开发项目（通常是位于规划阶段且尺度较大的城市空间规划）对繁杂的遗产价值属性（遗产为面状或区域尺度的遗产类型时，遗产属性较繁杂）进行影响评估时，为了更清晰的阐述他们之间的因果关系，通常将矩阵分析法与因子分析法、层次分析法相结合分析，最后进行综合评估。

另外，影响评估是一个迭代的动态过程，因为遗产相关数据的收集本身就是不断重复循环的过程，这一过程常常会形成开发项目的替代方案和新的可能性。因此，影响评估需要界定在某时间段内在已知相关数据基础上开展，而不是评估一次即结束，只是需要等待遗产数据不断充实、完善时，将会对上一轮影响评估结果进行修改。例如，在旧城区尤其是历史城区范围，诸多遗产的形成是经过岁月的层层累积而成的，尤其当城市更新项目对地下空间进行利用时，规划设计阶段并不能发现地下文物古迹的存在，因此，还需要对施工过程的影响评估，若发现地下文物古迹，将及时终止开发建设项目。

---

❶ 国际古迹遗址理事会，中国古迹遗址保护协会译.世界文化遗产影响评估指南（中文版）[R].2011.

3.4.5　缓解措施制定

如果说影响评估是探寻遗产价值属性受负面影响的手段，那么消除、减缓开发项目带来的负面影响，从而延续遗产价值才是影响评估的目的。影响评估是不断重复循环的过程，因为数据的收集和评估的结果应用在项目开发的设计阶段、进行遗产改变的提议中或进行考古调查的过程中加以利用。由此，影响评估的目的就是将数据收集和评估结果不断反馈到开发项目或遗产改变计划中，实现可持续改变。因此，应采取任何可能的措施来避免、消除或减少对遗产重要性属性及其他重要部分造成的负面影响。必须平衡遗产改变带来的公共利益及其所造成的危害之间的关系。

遗产影响评估应明确减缓或抵消开发项目或遗产改变所造成影响的原则和方法，倘若缓解措施都不能达到效果，则需要考虑开发项目其他方案的选择，如对选址时间安排、时长以及设计等方案的更改、调整。因此，在对世界文化遗产进行影响评估时，遗产影响评估必须充分说明缓解措施符合保护突出普遍价值及世界遗产真实性和完整性的框架。遗产影响评估完成之前应适当增加互相之间的讨论和磋商，如与相关利益主体的互动，征求社会公众的意见，将所有相关建议纳入到缓解措施的制定框架中，从而最大限度降低负面影响，保持遗产可持续发展。

3.5　历史街区保护引入遗产影响评估的价值与作用

3.5.1　有助于提高保护方法的科学性

1. 保存街区遗产环境完整性具有积极作用

遗产影响评估，用于主动式干预建设活动对历史街区的负面影响，主要通过对城市基础设施建设、房地产开发、高层建筑施工等建设活动对历史街区遗产环境产生的负面影响进行预测、评估，通过评估结果的应用，反馈于建设项目方案的修改、调整，最终将建设项目对历史街区遗产价值负面影响降至最低或可接受的程度，既有助于保存历史街区遗产环境的完整性，也同时使建设项目得以顺利推进，因此，通过在各自利益方面寻求最佳平衡点，建设项目的整体价值才得以最大发挥。例如，历史街区作为城市重要的旅游景区，轨道交通及其站点建设对于历史街区外部交通环境的改善具有积极作用，通过遗产影响评估工具的应用，可以使得建设项目对历史街区产生较大社会价值，同时，也会提高历史街区的社会价值。假设轨道交通及其站点选址距离历史街区太近，或需要穿越历史街区周围自然山体，若缺乏对轨道交通及其站点规划建设，对历史街区的负面影响进行预测、评估、缓解，那么轨道交通及其站点对历史街区遗产价值具有负面影响，包括与历史街区有机共生的自然环境的破坏影响，轨道站

图 3.5　重庆灉水古镇标准化的立面整治

资料来源：作者自摄

点周围高强度土地开发带来的城市天际线的破坏影响等，如重庆已建成的地铁 1 号线磁器口站点周边楼盘对磁器口历史街区遗产环境产生了持续的、不可逆的影响，已严重影响到磁器口历史街区的城市天际线，巴渝老街项目致使街区原住民的搬迁等负面影响。

2.保存街区遗产本体真实性具有积极作用

历史街区保护计划与活动，其目的是为更好地保存历史街区遗产价值，但是采取不恰当的模块化、标准化或过度的保护计划与活动，也会对历史街区真实性产生负面影响，如对传统风貌建筑立面采取模块化的保护方式，而未根据每栋建筑具体立面特征采取不同的整治方式，造成街道立面整治后的雷同与千篇一律（图 3.5）。另外，内部功能的大幅度更改等都会对历史街区真实性价值造成潜在的影响。通过遗产影响评估工具的引入，可以减少或规避街区保护计划、活动对历史街区真实性造成的破坏影响。历史街区保护实施过程，是在保护规划编制成果框架下开展的，并根据实际诸多实施项目的需要而开展诸多保护整治活动。然而，传统的保护规划审批管理，以法律法规及规范为作为审批管理的标准，缺乏以整体遗产价值及多样性价值影响为核心的评判标准。因此，引入遗产影响评估工具，将历史街区保护规划的审批以整体及多样性遗产价值是否受到影响为评估标准，检测保护规划编制是否对历史街区遗产价值属性进行改善，是否延续或提高遗产价值，有助于增强保护规划编制的针对性，从而提高其科学性。另外，保护规划成果只是作为保护整治活动的依据之一，还不能完全覆盖代替大量保护整治项目，具体保护整治实施效果的好坏，则需要检验、预测对历史街区真实性价值是否产生负面影响，由此需要对各个保护整治活动开展影响评估，针对不同保护对象及时调整保护整治方案，采取多样性保护措施，以规避对历史街区多样性遗产价值的负面影响。因此，遗产影响评估工具引入历史街区保护的全过程，有助于从系统层面规避保护规划编制、保护整治、后期治理等连续保护活动对历史街区遗产本体真实性的负面影响，有助于提高保护方法的科学性。

综上所述，若历史街区保护引入遗产影响评估工具，通过对相关建设活动导致历史街区的负面影响进行动态控制，对保护实施导致历史街区的负面影响进行系统引导，有助于提高历史街区保护方法的科学性。

3.5.2 有助于增强保护管理的时效性

1. 增强历史街区保护管理的主动积极性

针对"无规划无行动""无制度无管理"的"四无"空置状态的历史街区，引入遗产影响评估工具极其必要。通常，保护管理是将保护政策和保护规划成果作为街区相关建设项目与保护整治方案审批的直接依据。然而，许多历史街区在未编制保护规划成果，或缺乏保护政策的前提下，对街区周边建设项目的保护管理已无济于事。这时，若引入遗产影响评估工具，以建设项目为控制对象，关于对历史街区的负面影响进行实时评估，在规划管理程序中增加影响评估环节，并通过预测、评估等方法的应用，将有助于增强历史街区保护管理的主动性与积极性。

2. 增强历史街区保护管理的动态适应性

建设项目仅通过划定建设控制地带进行保护管理控制，还远远不能满足外部城市建设项目动态发展的需要，通过建设控制地带管控方式来对周边区域建设进行管理是孤立的、静态的。尤其对于区位条件较好、土地升值空间较大区域的历史街区，周边频繁的开发建设活动的管理尤其需要纳入到是否对历史街区遗产价值产生负面影响的层面进行管控，而不能将周边区域与历史街区隔离。例如，十年前编制的历史街区保护规划，十年后轨道交通的规划建设，由此带来了街区周边土地的升值，同时周边控规条件也发生了巨大变化。若通过十年前的保护规划来管理周边开发建设项目已无济于事，若对保护规划进行修编，则需要较长时间，有可能保护规划修编还未编制完成，开发建设项目已经竣工。也就是说，随着周边建设项目的快速动态发展，通过保护规划成果管理周边开发建设项目具有一定的被动性、滞后性以及局限性。引入遗产影响评估工具进行保护管理，一方面为了及时控制周边快速发展建设对历史街区带来的负面影响，同时也为了更好的保护历史街区遗产价值，将有助于增强保护管理的动态适应性。

综上所述，遗产影响评估工具因具有对建设项目的主动式干预功能，而使得历史街区保护管理具有主动积极性与动态适应性，从而将增强历史街区保护管理的时效性。

第4章 历史街区影响评估的理论框架与方法

　　历史街区是我国城乡历史遗产体系的重要组成部分与历史文化名城的重要构成单元，针对历史街区价值多样性及其活态保护特征，本章从理论框架与技术方法层面探索历史街区影响评估的方法具有特殊意义。

　　为突破我国（特指大陆地区）仅限于文物的遗产影响评估类型的范畴，将遗产影响评估工具应用于历史街区这一中观尺度历史遗产类型的特殊对象保护实践中，用"历史街区"代替"遗产影响评估"中的"遗产"（heritage），形成关于历史街区的遗产影响评估类型，即"历史街区影响评估"，并针对历史街区自身保护特点与发展诉求，探索历史街区影响评估的方法，为下文探索适宜于历史街区特殊空间尺度与特殊价值属性及其关联内涵的保护方法提供铺垫。

　　本章研究内容主要包括历史街区影响评估理论框架、工作流程、指标体系、技术流程及其对应的方法。

4.1　历史街区影响评估的理论框架

　　遗产影响评估中的"遗产"，是指任何具有历史、艺术、科学等价值的物质历史遗存及其关联的非物质文化遗产，不仅包括世界文化遗产，而且还包括具有国家及地方层面上具有价值、意义的遗产地区、保护区等。我国形成了包括世界遗产、文化线路、文化景观、历史文化名城名镇名村、历史街区等在内的遗产类型，对于建设项目引起以上遗产的变化或由于保护、修复等活动引起的改变都可以引入遗产影响评估工具。理论层面上，对历史街区的影响变化进行管理引入遗产影响评估是可行的，同时遗产影响评估引入到历史街区保护过程中具有坚实的基础和条件，一方面，以遗产影响评估方法作支撑，因此，历史街区引入遗产影响评估具有方法基础，决定了历史街区影响评估与遗产影响评估在核心思想（价值理性与工具理性的统一）、总体目标（可持续保护与发展）、基本手段（以关于建设项目或相关改变对价值属性影响的识别、评估、缓解等方法）等方面存在共性；另一方面，历史街区因作为活态的历史遗产类型而具有社会、文化等多元价值属性，故历史街区要求发展毋庸置疑，这对其全面、协调、可持续发展提出了较高的诉求，决定了历史街区影响评估因需要满足多元价值的协调而具有针对性。因此，历史街区影响评估是对遗产影响评估的具体深化，是从普遍到具体、一般性到针对性的实现过程，是一种特殊的遗产影响评估类型。

历史街区影响评估，是以遗产影响评估为方法基础，从基本理念、基本概念、基本内涵、基本构成、基本类型、基本原则、基本方法等层面构建历史街区影响评估的理论框架，这是关于由宏观层面的遗产影响评估体系过渡到微观层面的历史街区影响评估体系的逻辑，也是从遗产普适性到历史街区针对性的层层递进的生成过程，由此形成了历史街区影响评估的理论框架。本节主要通过理论框架构建来论证遗产影响评估引入到历史街区这类历史遗产类型中的可行性，从而探索历史街区影响评估方法（图 4.1）。

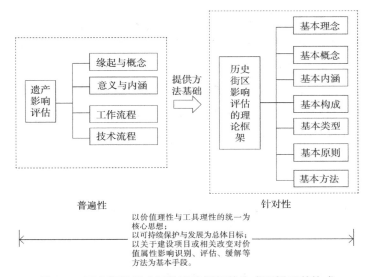

图 4.1　历史街区影响评估理论框架的生成逻辑及其构成
资料来源：作者自绘

4.1.1　基本理念

1. 真实性与完整性理念

历史街区作为历史遗产的特殊类型，具有一般历史遗产的属性（遗产属性），故其保护理念仍然是以遗产价值为基础，而真实性与完整性是判断遗产价值的重要标准，因此，真实性与完整性是历史街区保护的核心理念。同理，遗产评估，作为遗产保护的特殊方式，也应以真实性与完整性作为重要基本理念。历史街区影响评估，应以真实性与完整性作为基本理念，并作为所有基本理念的前提。真实性与完整性理念应体现在评估对象与范围、评估标准、评估主体、评估指标等方面的真实性与完整性，尤其在评估对象与范围选取上，应将反映真实性与完整性的历史街区价值载体及其关联的环境要素（包括非物质要素）作为评估对象与评估范围。评估标准的设定上，应以历史街区物质实体真实性、环境完整性等作为重要评估标准。另外，评估主体还应包括专家、公众、原住民、社会公众等多元利益群体。评估指标不仅包括物质方面的指标，还应包括功能、景观、环境等方面的指标。

2. 活态保护理念

《关于历史性城市景观建议书》（2011）提出了可持续发展原则是遗产保护的重要原则，要求在保护现有资源的同时要积极保护和可持续管理、利用城市遗产❶。因而，在全球化与快速城镇化过程中，需要提升历史街区人居环境品质，促进经济发展，增强社区凝聚力，以促进历史街区保护与发展的可持续性。通过对历史街区遗产资源的有效规划和管理，以可持续性为基础实现街区发展、原住民生活质量提升与遗产保护之间的平衡。不仅如此，历史街区除具有遗产公共属性外，还具有社会属性，由此，"影响评估"作为历史街区保护的一种方式，还应体现自身发展价值目标的属性，因而将可持续发展理论植入历史街区保护体系中，形成针对历史街区这类活态遗产类型的活态保护理念。活态保护理念，是历史街区影响评估的重要基本理念，决定了历史街区保护必须以可持续保护与发展为基本原则，由此，不仅要求对街区内历史建筑、传统风貌建筑等开展修复、维护等专业活动，以进一步缓解历史环境的衰败，而且应以生活延续、居住环境改善、景观品质提升、社区文化增益等作为评估的基本准则。

3. 影响评估理念

环境影响评价是一切环境要素（包括遗产）影响评估的基本理论，遗产影响评估具有适宜于遗产保护特征的评估类型，而历史街区影响评估相对于遗产影响评估也具有其特殊性，即从普适性到针对性，针对具体的研究对象，评估具有其相应的特点，但不管是环境影响评价，还是遗产影响评估或历史街区影响评估，其共同理论基础都来自于影响评估理论。影响评估是用于预测采取某一行动后可能产生的后果，对建设项目开展导致的负面影响进行评估的程序和方法。"影响评估"用于历史街区保护中，是对保护整治、开发建设等人工活动对历史街区遗产价值造成负面影响的预测与评估，包括对影响类型、过程、范围、程度、结果等方面的评估，有助于缓解破坏性建设或保护性破坏等活动对历史街区产生较大负面影响。因此，历史街区的影响评估理念，属于预测性的事前评估，相对于事中评估、事后评估更具有前瞻性与时效性。

4. 主动干预理念

历史街区影响评估除具有活态保护、影响评估的理念外，还具有遗产影响评估的主动式保护理念，即通过评估提出对策建议、决策反馈、计划调整、实施管理、监测跟踪等积极干预的行为或过程，实质上这是关于"主动干预"的理念，是决策者或执

❶ UNESCO. Recommendation on the Historic Urban Landscape[R]. Paris：UNESCO General Conference，2011.

行者开展"对策建议""决策反馈""计划调整""实施管理""监测跟踪"等一系列主动的管控活动。历史街区的主动干预，就是对历史街区可能造成破坏的负效应或消极影响的所有活动采取影响预测、判断、决策、监测等一系列积极保护的过程，相对于历史街区事后干预的传统保护理念，更具有主动性与时效性，对于历史街区不同时间段所处状态具有可预测性，从而使得历史街区保护结果向积极、有益、健康的方向发展，有利于历史街区遗产价值的延续。

4.1.2 基本概念

历史街区是城市中关于历史、社会、文化、经济、环境等不同领域矛盾聚焦的特殊地段，也是兼具保护与发展二元属性的社会综合体和活态遗产。因此，历史街区影响评估，在基本概念、价值与意义、基本内涵等方面具有遗产影响评估概念的共性特征，但也因其作为活态的历史遗产而具有个性特征，是共性与个性、普适性与针对性的辩证统一。在历史街区影响评估的方法论研究前，有必要从认识论角度对其"基本概念"进行界定和解析，对其"基本内涵"进行解析。

1. 历史街区影响评估的定义

以遗产影响评估定义方式、内容为基础，即"在调查、分析、识别、评估、结果应用等一系列连续的步骤基础上，通过对遗产变化进行保护管理而达到规避或缓解遗产重要性的属性遭受拟提议项目的潜在负面影响的工具"，结合历史街区保护特点对历史街区影响评估进行定义，即通过一种系统的、连续的方法，在调查、分析、识别、评估、结果应用等一系列连续步骤基础上，通过制定保护措施而达到规避或缓解其遗产价值属性遭受拟提议系列项目活动（包括保护、整治、更新、开发等人工活动）的潜在负面影响。足见，历史街区影响评估，既是关于历史街区动态影响的评估过程，也是历史街区进行动态保护的重要手段。

2. 相关概念界定和解析

从上述定义可知，历史街区影响评估涉及"影响源"（或影响主体）"影响受体"（影响客体）"影响途径"、"影响类型"等影响要素的概念，各要素之间存在一定的逻辑关系（图 4.2）。

图 4.2 影响评估要素

资料来源：作者自绘

（1）影响源

影响源，即遗产影响产生的根源，是各项建设活动（包括开发活动与保护活动）直接或间接产生的影响，根据影响源作用的主客体关系，影响源也称为影响主体。根据影响源的数量，影响源可分为单个影响源与多个累积影响源；按照影响源的性质，影响源可分为开发计划、建设项目或保护整治活动；按照影响源与遗产的空间位置关系，影响源可以分为内部影响源与外部影响源；按照影响源的空间尺度，影响源可以是较大空间尺度的空间规划（如片区控制性详细规划、城市设计等），也可以是较小尺度的开发建设项目（房地产项目、基础设施等），或者是基于微观尺度的遗产局部历史构件或历史元素的保护、整治活动等（如立面整治、维修、加固等）。因此，对历史街区的影响源进行有效识别与判断，是历史街区影响评估的重要环节，影响源是影响评估的重要构成部分。

历史街区的影响源（或影响主体）是指持续影响历史街区遗产价值的相关人工活动，涵盖的类型较广，既包括外部动态发展的建设项目或开发计划，也涵盖内部持续的保护、修缮、整治、更新等保护活动，甚至还包括与历史街区相关的各层次规划，如周边地区详细规划、历史街区保护规划等。时间上，影响源可以是现在正在进行的活动，也包括未来即将发生的活动。空间上，影响源可以是区域的，也可以是周边片区的，或者是邻近地块的，甚至是内部范围的。由此，历史街区的影响源，是动态持续存在的，这对历史街区影响评估及其保护提出了更高的要求。

（2）影响受体

影响受体是影响源作用的对象或载体，属于被影响的客观事物，根据影响源作用的主客体关系，影响受体也称为影响客体。《世界文化遗产影响评估指南》（2011）将遗产影响评估描述为"将每个世界遗产视为独立的个体，采用系统和综合的方法评估突出普遍价值（OUV）属性的影响，以适用于世界遗产地的需要"，因此，影响受体实际上是遗产突出普遍价值（OUV）属性（或价值属性）。依据影响受体的遗产类型，影响受体包括考古遗址建成遗产或历史城市景观、历史景观、非物质文化遗产或相关内容等物质与非物质的世界文化遗产类型的价值属性❶。

历史街区的影响受体（影响客体）是承载历史街区遗产价值的属性（价值属性），其范畴较广，既包括物质要素，如街区空间格局与结构、街巷空间、历史建筑、历史环境等要素，也涵盖非物质要素，如街区功能业态、社会结构、邻里关系等；既有视觉感知的实体，也有视觉未能感知到的广泛背景环境（如关联的历史事件）等。

---

❶ ICOMOS. Guidance on Heritage Impact Assessments for Culture World Heritage Properties[R].2011.

（3）影响途径

影响途径指影响源对影响受体作用的行为、手段或方式。影响途径一般包括物理影响途径与非物理影响途径。物理影响途径，即开发项目对遗产本体及环境构成的实体要素关于真实性、完整性的影响途径，具有直接的、具体的、不可逆、永久性的特点，如基于视觉对遗产物质实体属性直接造成的损害，如对遗产的内部结构、材料、色彩、体量或对遗产的外部物质环境等造成影响；非物理影响途径也称为关联影响途径，则是对遗产物质实体关联的非物质属性关于真实性与完整性的影响作用，如对遗产地内部功能的改变、场所精神的消亡、社会结构的变迁、外部景观视野的遮挡等，具有间接的、抽象的、可逆的、暂时性的特点。另外，影响途径也可能是开发项目建设造成的，也可能是项目运行过程中造成的。不管影响途径如何，都应将遗产影响评估的相关性分别考虑❶。

历史街区的影响途径，即影响源对历史街区价值属性（影响受体）作用的方式，可以是物理空间上的穿越带来的安全破坏影响（如道路穿越历史街区内部），或者是内部功能结构的变更影响（如过度商业化对居住功能的替代），或者是外部关联视觉环境的破坏、甚至外部轨道交通建设对历史街区历史环境中的空间格局或土地利用性质大量改变的影响等。

（4）影响类型

影响源与影响途径决定了历史街区的影响类型，既包括直接的影响或间接的影响，也涵盖持续的影响或暂时的影响，包括个体影响与累积影响、可逆影响与不可逆影响等。

直接影响，即相关保护、建设活动直接对历史街区价值属性产生的影响，包括街区内部建筑改造、整治、维修、更新等活动，以及历史环境要素的维护，外部开发就建设、基础设施建设等对街区空间格局或视觉关系影响的活动。

间接影响，一般是关于保护政策、计划或相关规划等对街区价值属性（侧重于物质属性）造成的非直接影响，如邻近地段轨道站点的规划建设，虽然短期内对街区没有直接影响，但是着眼于轨道站点邻近区域潜在的高强度开发活动也会街区空间格局、自然环境等造成负面影响。

持续影响，就是通过持续的大规模改造、更新活动所带来的不间断影响，如关于街区保护规划的系列实施项目，或者街区外部持续的开发建设项目等，一般持续时间较长。

暂时影响，即部分施工项目对街区产生的临时物理影响，如邻近区域轨道交通、桥梁或道路施工对街区产生的临时振动影响，施工完成后这种影响也相应消失。

---

❶ ICOMOS. Guidance on Heritage Impact Assessments for Culture World Heritage Properties[R].2011.

个体影响，即部分单个改造、更新、开发项目对街区的单一影响。

累积影响是已建成、拟建设以及系列规划等不同时间段的人工活动对街区价值属性在同一空间上或不同空间上累积而成的复合或综合影响。

不可逆影响是指相关保护、维修、更新、开发等人工活动对街区物质、环境造成的实体影响，一旦影响源实施完成，这种影响无法或很难通过其他手段对其消除或改变。

可逆影响是指相关保护、维修、更新、开发等人工活动对街区功能、文化、景观等价值属性的虚体影响，一旦影响源实施完成，这种影响可通过其他手段对其消除或改变、缓解，如对功能的改变、原住民的搬迁、历史景观的现代化处理等影响，是可以通过功能延续、原住民回迁、历史景观品质改善等减缓或消除这种影响。

（5）影响效应

影响效应可以是负面（消极）的或有益（积极）的，是指为影响或变化现象带来的最终结果，单一影响源对影响受体的影响效应较为简单，多个或累计影响源相对于单一项目某个时间段内对于影响受体的影响，表现出较为明显的特征，包括叠加效应、滞后性等效应，需要全面地将各个时间段的其他活动纳入影响的评估范围中。

历史街区的影响效应，即影响源对街区价值属性带来的积极影响与消极影响。积极效应，一般是指通过保护、维修、修复、整治等措施对街区价值属性进行改善而取得的积极影响，而消极效应，则是通过破坏性建设活动或保护性破坏活动对街区价值属性造成负面影响，如街区的大拆大建活动，街区传统功能的大幅改变，原住民的整体搬迁，大型基础设施建设导致破坏街区空间格局建设活动，千篇一律的沿街立面整治活动导致的历史建筑的真实性破坏。

（6）影响程度

影响程度，即影响源（开发计划或建设项目）对影响受体（承载遗产重要性或单项遗产价值的属性）的影响规模或改变程度，是遗产价值属性影响后相对于影响前改变的程度，可以是损害的或增益的。影响程度可以是对于价值属性的某一方面，也可以是相对于遗产的整体属性。影响程度不同于环境影响评价中"影响度"的定量概念，环境影响评价的影响度用来表征相对于自然环境的初始状态，由于人类活动造成环境改变程度的环境质量指标。人类活动的影响可以分为物理影响和化学影响，影响度的定量表达应尽可能包括这两方面的内容[1]。历史街区影响评估关于历史街区的影响程度（或称为影响损益度[1]）是开发活动产生的历史街区影响相对于影响前街区遗产价值属性的改变程度，因为街区遗产价值属性很难通过具体的量化指标进行表达，可以用权重数值进行代替，如用百分比（%）表达影响后相对于影响前遗产价值属性的改变程度，

❶ 李金香，李天杰. 南极长城站地区环境影响评估理论与方法初探 [J]. 极地研究，1997，04：70-80.

虽然通过权重百分比形式进行表达，但相对于环境影响评价的"影响度"较粗略，而相对于定性表达较具体一些，因此也是可以接受的。

（7）影响等级

影响等级指影响源对影响受体产生的影响或变化等级，可以通过研究它们的直接和间接影响，以及是否是暂时或永久的，可逆或不可逆的，从而进行判断。各种影响的累积效应也应该被考虑。影响等级的归纳可以考虑遗产的价值等级，影响等级可以分为 5 类，包括"没有改变""可忽略的改变""较小改变""中等改变""较大改变"。根据遗产的总体影响与某一遗产属性的重要性以及改变的规模，若按照影响或变化的负面或有益情况，影响等级可以以"无害无益"为中心点，将影响等级设计为九分制等级尺度，即 9 级指标，分别为"有较大益处""有一定益处""有较小益处""益处可忽略""无益无害""负面影响可忽略""较小负面影响""有一定负面影响""有较大负面影响"❶。若通过影响程度的量级数值来表征，则可以引入"影响损益度"作为影响等级的定量判断标准，以"−50% ~ +50%"作为影响损益度的区间，以"无益无害"（+10% ~ −10%）为基准，"增益影响"（+11% ~ +50%）、"负面影响"（−11% ~ −50%）作为影响的正反两级 ❷，以"影响损益度"绝对值 10% 作为一个影响等级，从而划分 9 个影响等级，分别为第 1 级"有较大益处"（+41% ~ +50%）、第 2 级"有一定益处"（+31% ~ +40%）、第 3 级"有较小益处"（+21% ~ +30%）、第 4 级"益处可忽略"（+11% ~ +20%）、第 5 级"无益无害"（+10% ~ −10%）、第 6 级"负面影响可忽略"（−11% ~ −20%）、第 7 级"较小负面影响"（−21% ~ −30%）、第 8 级"有一定负面影响"（−31% ~ −40%）、第 9 级"有较大负面"（−41% ~ −50%）❸。

4.1.3 基本内涵

历史街区影响评估与遗产影响评估具有共同的内涵，但也具有其特殊的属性，其基本内涵主要表现在"制度""管理""目标""方法""任务""评估时间""对象与范围"等七个方面。

---

❶ ICOMOS. Guidance on Heritage Impact Assessments for Culture World Heritage Properties[R].2011.

❷ "增益影响"，即通过建设项目或开发计划对历史街区已有损害的属性进行修缮的方式使得街区遗产价值属性得以改善，从而有益于历史街区保护。并不是所有的建设项目或开发计划都是损害街区遗产价值属性的行为，如历史街区保护规划、具体的保护整治建设项目等这些都是基本以"有较大益处"改善为目的的活动；"负面影响"，即通过建设项目或开发计划对街区遗产价值属性造成破坏或损害的影响，包括对已有损害进行二次破坏的影响，如整治过度的影响，或称为整治破坏影响，以及对历史街区影响前状态产生新的破坏影响，称之为建设破坏影响，包括建设性破坏或破坏性建设活动造成的影响，比如遗产拆除重建的保护整治活动，街区内部功能置换影响，街区原住民整体搬迁对街区社会属性的影响，街区内部建设风貌格格不入的现代建筑造成的风貌协调性影响等.

❸ 国际古迹遗址理事会，中国古迹遗址保护协会译.世界文化遗产影响评估指南（中文版）[R]. 2011.

1. 关于历史街区保护管理的制度

许多国家都以立法的形式将遗产影响评估作为管理文化遗产的政策或制度，我国也颁布了文物影响评估的相关政策文件，如《关于加强基本建设工程中考古工作的指导意见》（2007）、《国家考古遗址公园管理办法（试行）》（2010）、《中华人民共和国文物保护法》（2015）等直接或间接规定了开展文物影响评估的要求；在历史街区保护管理制度中，《历史文化名城名镇名村保护条例》（2008）与《历史文化名城名镇名村街区保护规划审批办法》（2014），以及地方省市颁布了历史街区相关法规等文件对历史街区提出了法定性要求，建立了保护规划管理建设项目的工作程序与一般方法（包括划定核心保护范围与建设控制地带，并在各保护区提出保护措施等），在历史街区保护方面取得了一定效果。尽管没有直接涉及历史街区影响评估的概念，但在历史街区相关建设项目管理过程中，已经隐含了审批建设项目时需要以历史街区保护规划成果及相关法规文件为依据，只要建设项目与保护规划成果或法规文件发生冲突而导致破坏或影响历史街区的，应组织专家评审，并按规定的审批程序执行。足见，历史街区影响评估在我国既有保护制度中已间接涉及，但并不明显。因此，历史街区影响评估也是作为历史街区及其相关建设项目的管理制度，只不过未来在相关法规文件中应更加明确其概念及其相应的管理流程，进一步加强其法定地位。

2. 关于历史街区变化管理的职能

遗产影响评估作为政府管理开发项目或遗产变更的管理职能，是基于规划管理的平台在建设项目申请的行政许可环节时执行，管理的形式也是在审查许可申请时用以辅助决策。历史街区作为历史遗产的特殊类型，与建设项目管理紧密关联，主要表现在历史街区本体的保护活动（包括修缮、整治、改造等）与关联环境相关建设活动都有可能对历史街区本体属性或关联属性产生影响或破坏。如在历史街区本体的保护修缮活动过程中，文物建筑及历史建筑的安全除受自然环境影响外，同时人为改扩建、利用活动等还要对部分历史构件、历史空间等历史元素的变更等产生破坏性影响；另外，历史街区外部环境中频繁建设活动，对历史街区关联的历史环境（包括自然环境、人工环境等）也会产生一定影响。因此，对以上影响历史街区本体属性及其关联外部属性的建设活动开展影响评估，将有助于历史街区保护的科学管理，故历史街区影响评估是关于历史街区变化管理的重要职能。

3. 以历史街区的可持续保护与发展为目标

历史街区具有遗产与社会双重属性，决定了延续历史街区历史风貌和文脉肌理，与改善和提升其中的居住环境与生活品质不可分离。遗产属性是历史街区的原生属性，决定了历史街区在发展过程中需要延续其历史价值、艺术价值、科学价值的属性，实现遗产属性的可持续保护；社会属性，一方面从城市或城镇角度审视街区的社会价值而视为城市生活共同体，另一方面从街区内部角度审视街区的生活价值而视为社区生活共同体，集中表征了历史街区作为城市的活态遗产属性，主要表现在历史街区内部居民的各种物质生活需求与外部环境发展需求驱动历史街区的活态利用，因此，社会属性决定了历史街区需要以可持续利用以及与外部环境协调发展为目标，延续并增强其社会价值，在保护实践中历史街区的生活价值、社会价值不应被忽视，在历史街区的保护整治过程中，应当尊重财产所有权，因而，历史街区的保护，应以街区的可持续保护与发展为目标，不仅需要延续街区传统格局与历史风貌，而且还要更多地关注与原住民日常生活息息相关的历史场所和集体记忆的维护，通过利益相关者之间的合作与关系协调，将历史街区环境的全面改善与居民日常生活环境的改善、提升有机整合 ❶。因此，实现历史街区可持续保护与发展，必要兼顾历史街区遗产属性与社会属性的延续。综上，历史街区影响评估，是对影响历史街区遗产属性、社会属性等复合属性的建设活动的管理工具，故必须以可持续保护与发展为目标。

4. 事前影响评估的主动保护方法

历史街区的评估包括历史街区事前、事中、事后等不同评估类型。我国历史街区目前已开展的评估，主要包括历史街区价值评估、保护绩效评估，都属于静态的评估类型。历史街区影响评估，是历史街区评估的一种方式，明显区别于传统的价值评估、保护绩效评估，它是关于事前评估、影响预测评估的类型，是对发展过程中任何拟提议的开发计划、保护整治、项目建设活动可能对历史街区及其周边遗产环境造成的影响提前进行预测，通过规划建设管理平台，运用行政主动干预的手段将负面影响降至最低，提前规避发展导致的保护、开发风险。因此，历史街区影响评估属于兼具"事前评估""提前与主动保护"等内涵的保护方法，相对于传统的绩效评估更具有时效性、主动性与前瞻性。

5. 以评估遗产价值属性的真实性与完整性影响为关键任务

前文所述，历史街区影响评估是指通过一种系统的、连续的方法，将历史街区看作是一个独立的遗产实体，评估对承载历史街区遗产价值属性的影响。而真实性与完整性是检验历史街区遗产价值属性（价值属性）的重要标准，因此，历史街区影响评估与历史街区遗产价值属性的真实性与完整性密切相关。《关于加强基本建设工程中考古工作的指导意见》（2007）指出文物影响评估的重点在于建设项目规划（方案）与城市规划、文物保护等专项规划的协调性及相容性，以及项目建设对文物的影响。历史街区遗产价值，是由历史价值、艺术价值、科学价值、社会、文化、环境等构成的多样性遗产价值。由此，评估的关键在于建设项目或开发计划与保护法规、保护规划等

---

❶　张松 . 城市历史环境的可持续保护 [J]. 国际城市规划，2017，02：1-5.

的协调性与相容性，尤其容易忽略的是在历史街区更新过程中，内部功能业态的更新将有可能导致原住民的搬迁，而忽略对社会、生活价值的影响。因此，评估的主要矛盾在于各种价值影响的协调，不能一味地强调衍生价值（如经济价值）的开发而忽视普遍价值（包括历史价值、艺术价值、科学价值、生活价值、文化价值）的保护❶。综上，历史街区影响评估的重点在于对历史街区遗产价值属性的真实性、完整性的影响评估，另外，若已编制历史街区保护规划，还要评估建设项目或开发计划与其保护规划协调性及相容性，以及评估各遗产价值属性间的协调性（可以通过权重设定比例）。

6. 以保护项目方案制定及实施整个过程为评估时间

历史街区的影响源主要来自于诸多保护项目的规划、建设两个阶段（也包括外部开发项目），因此，历史街区影响评估时间应在保护规划与保护整治等方案制定与实施、开发项目的规划与建设的整个过程。《关于加强基本建设工程中考古工作的指导意见》（2007）规定了文物影响评估工作应在工程建设的"项目建议书"阶段开始介入，这可以最大限度地减小项目建设对文物造成破坏的风险，又有利于项目建设与文物保护之间的和谐共赢。但由于在项目初期阶段，文物影响评估报告编制工作开展的基础是项目区域内的考古勘探或发掘资料的匮乏或滞后，致使文物影响评估的主体只能局限于区域范围内现状地表以上可视、可识别的历史遗存，而无法对项目施工区域内可能存在的未知地下遗存进行评估，那样得出的结论可能是片面的，而不具有可参考性和权威性❷。

尽管历史街区不像文物古迹地下空间可能存在未知文物古迹，但由于历史街区是城市历史层积的特殊区域，故不排除其核心保护范围与建设控制地带的地下空间也存在未发现文物古迹的可能，因此，若仅局限于项目建设"项目建议书"阶段的影响评估，将会对后续待挖掘的潜在遗产资源的遗漏，而忽视历史街区遗产价值保护的完整性。因此，历史街区核心范围内建设项目的影响评估应在规划（含项目建议书、规划意向、正式规划方案等）、规划实施（施工建设）阶段的介入。历史街区核心保护范围外的建设项目的影响评估，应视项目类型而定，如周边地块编制详细规划或建筑工程设计不需要项目建议书时，可以直接从规划设计方案阶段介入。

7. 以所有相关项目为评估对象、范围

《世界文化遗产影响评估指南》（2011）确定了遗产影响评估是以遗产重要性的"真实性"、"完整性"为评估的关键，其明确评估的对象与范围需要考虑到遗产重要性属性的完整性，因此，遗产影响评估须以整体为评估对象、范围。我国历史街区目前一

---

❶ 肖洪未，李和平. 从"环评"到"遗评"：我国开展遗产影响评价的思考——以历史文化街区为例 [J]. 城市发展研究，2016（10）：105-110+117.

❷ 同上.

般通过划定核心保护范围、建设控制地带两级紫线进行保护控制，并对各区提出不同层级的保护管理要求，同时对历史街区内文物古迹、历史建筑等也按照相应的措施进行保护控制，当紫线重叠或叠加时，按从严的标准进行控制。若历史街区影响评估的对象局限于建设控制地带范围以内的所有建设项目，这样容易对影响历史文化街区的遗产价值属性的其他项目造成疏漏。根据历史街区价值构成的特点，历史街区的遗产价值应包括其本体及与其紧密相关（如视线景观）的生成环境（包括人文环境、人工环境、自然环境等）的价值，因此，可以归纳为历史街区影响评估对象应是：凡是在城市或城镇建设发展过程中涉及或影响到历史街区本体及其关联环境的所有相关建设项目（包括视觉感知范围内的所有建设项目）。评估的范围可以是在历史街区内部（核心保护范围），也可以在其外部（建设控制地带、环境协调区及视觉感知的其他环境区域）（图 4.3）。

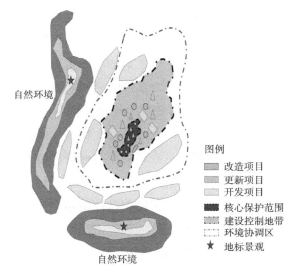

图例
▨ 改造项目
▨ 更新项目
▨ 开发项目
■ 核心保护范围
▨ 建设控制地带
▨ 环境协调区
★ 地标景观

图 4.3 影响评估的对象与范围示意
资料来源：作者自绘

4.1.4 基本构成

依据评估的构成要素与内容，结合历史街区自身特点，从主体系统、客体系统、中介系统三方面阐述历史街区影响评估的要素与内容（图 4.4）。

1. 主体系统

历史街区影响评估主体系统，即以人、学术机构或社会组织为主体的评估系统，包括保护研究机构评估、专家咨询、第三方机构专业评估、公众评估、规划审批等要素与内容。

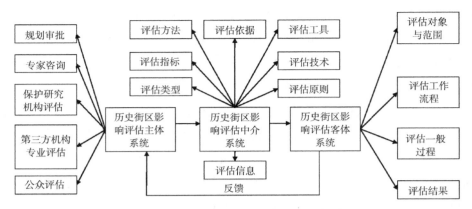

图 4.4 历史街区影响评估方法体系的结构

资料来源：根据《邱均平，文庭孝等．评价学理论．方法．实践 [M]．北京：科学出版社，2010》改绘

保护研究机构评估，是保护研究机构对历史街区开展评估的第一步，即对历史街区开展现状调查、历史研究、分析判断等环节的自评，发掘历史街区现实问题及其遗产价值面临主要矛盾，从而为历史街区具有针对性地编制保护规划提出针对性措施。

专家咨询，是关于规划方案及项目许可申请的一种常见评估方式。在我国大部分历史街区保护实践中，都需要对历史街区保护规划编制、规划许可申请等采取专家咨询，为规划管理机构的行政审批、许可授权等提供决策服务。

第三方机构专业评估，目前并未针对遗产（除文物外）建立完善的第三方机构专业评估机制。遗产影响评估实施的初期是在环境影响评价框架下由环境影响评价机构以专题的形式开展，并未独立出来委托遗产影响评估机构开展。近年来，遗产影响评估逐渐独立出来，在国外一些大学遗产保护课程设计中还单独设置了遗产影响评估课程，与之对应的也有从事遗产影响评估工作的研究团队，而且加入到遗产影响评估行业的从业人员越来越多，因此，遗产影响评估机构逐渐成为类似于环境影响评价机构一样的独立机构。在《关于加强基本建设工程中考古工作的指导意见》（2007）提出"文物影响评估"概念之前，文物影响评估一般是环境影响评价的一个专题，由环保部门认可的机构在对整个建设项目环境影响评价时对文物开展影响评估工作。但由于这些机构对文物保护缺乏足够的专业知识，评估所得出的结论和建议大多离实际情况相差甚远，缺乏可参考性和可操作性。历史街区，对其保护、建设项目开展影响评估，故也需要第三方专业机构单独开展。第三方专业机构，必须具备文物保护资质，但同时具备城乡规划设计资质（需要根据历史街区的遗产重要性或价值等级选择相应资质等级）。因此，为有效评估项目建设对其涉及和影响区域内所有显见的和未知的历史遗存（含文物）可能造成的影响与损害程度，从遗产保护的角度出发，委托具有相应资质的机构开展评估，并将评估结果与方案修改建议反馈给工程建设方，尽可能地规避保护、建设项目对历史街区造成破坏性影响或安全隐患 ❶。

公众评估，即社会公众及原住民对历史街区受保护整治或建设项目影响时公共参与影响评估的全过程。历史街区遗产价值影响与原住民利益息息相关，尤其是与居民利益紧密关联的物质空间需求，包括居住与服务功能需求，当这些功能受到影响时，应充分征求原住民的意见。另外，历史街区作为一种公共产品，具有较强的社会公共属性，因此，历史街区也代表了一种公共利益，在影响评估过程中也必须征求社会公众的意见。

规划审批，是规划主管部门对建设项目行使的管理权力，是在以上评估环节基础上对历史街区保护整治或建设项目的规划许可授权，是历史街区影响评估方法体系关于行政评估的最终环节，因此，也是历史街区影响评估主体系统的重要组成部分。

2. 客体系统

历史街区影响评估客体系统，是主体系统的相对方，是以要素、事务等为主体的工作系统，包括评估对象与范围、工作流程、技术流程、评估结果。

评估对象与范围的判断与明确，是历史街区影响评估工作开展的首要环节。评估对象包括建设项目、街区保护与整治活动以及历史街区遗产属性。明确评估对象，即明确什么项目对历史街区什么属性的影响；明确评估范围，即明确哪里的项目对历史街区哪些属性的影响，前文已述需要以整体为评估对象与范围，是在历史街区遗产价值分析基础上进行分析判断的。通常，历史街区本体及其关联环境是评估的空间范围，故该空间范围内街区的建设项目及街区物质、非物质属性就是评估对象。

工作流程，即基于委托方或组织方（规划主管部门）对历史街区影响评估开展的组织过程，不局限于评估本身，还包括评估前期准备或评估条件制定、中期评估过程、后期评估结果应用与实施监控等环节，是历史街区影响评估开展的整个工作过程。

技术流程，即基于评估方对历史街区影响评估开展的核心环节，历史街区影响评估的技术流程包括"现状基础研究""遗产价值分析""影响识别与分析""影响评估""缓解措施制定"等环节。

评估结果，即根据评估过程、影响结果等编写的评估报告，报告内容包括建设项目或开发计划本身对历史街区的影响程度、等级，并根据影响结果对建设项目或开发计划内容提出相关建议等。

3. 中介系统

历史街区影响评估中介系统，是介于主体系统与客体系统之间、联系主体与客体的桥梁，只有衔接了主体系统与客体系统，中介系统才发生作用。历史街区影响评估

❶ 肖洪未，李和平. 从"环评"到"遗评"：我国开展遗产影响评价的思考——以历史文化街区为例 [J]. 城市发展研究，2016（10）：105-110+117.

中介系统主要包括评估法规、类型与原则、评估技术、评估工具、评估指标、评估方法等内容。评估法规是历史街区影响评估的主要依据，具体包括国际宪章、公约等国际性文件，以及国内、地方遗产保护法规，既是开展评估的直接依据，也是审查开展评估规范性与合理性的直接依据；评估类型是指历史街区影响评估具体类型，由于历史街区管理程序的复杂、价值属性的多元、影响源空间分布的广泛性等特征，需要对其分类，每种类型具有自身的特点，因此，需要因地制宜判断各类影响评估类型方法的异同；评估原则，同环境评估原则类似，历史街区影响评估原则，就是开展评估的指导思想或定性的评估标准，如科学性、合理性、公正性、公开性等；评估工具，即历史街区影响评估过程中应用的硬件或软件设施，硬件设施如计算机、普绘仪器等相关工具，软件设施如 GIS 空间分析软件、3D 图形处理软件、社会调查统计软件、数据编辑软件等；评估指标是指开展评估时应用的关于历史街区价值属性的指标体系，根据影响源空间分布的类型，采取相应的评估指标体系；评估方法，即历史街区影响评估中的影响评估方法，一般包括矩阵分析法、加权法、层次分析法、意愿调查法、德菲尔法等方法，可以是定性的，也可以是定量的，甚至是定性与定量方法结合。

4.1.5 基本类型

历史街区影响评估的基本类型，与历史街区的影响源以及历史街区保护的层次、阶段密切相关，主要包括以下三种分类法：

1. 按影响活动类型分类

按影响活动类型分类，可分为开发建设的历史街区影响评估与保护整治的历史街区影响评估两类。开发建设的历史街区影响评估，即建设项目历史街区影响评估，是关于建设项目或开发计划对历史街区遗产价值属性影响的评估，而建设项目，主要指位于街区外（特指核心保护区以外）的房地产开发建设、基础设施建设、旧城更新建设等建设项目，其主要目的是推动城市的发展。而发展难免对历史街区保护产生负面影响，如未纳入管控要求的不恰当的开发建设活动，或虽有相应的规划管控，但建设项目的后期持续影响难以预测，可能导致对历史街区历史环境属性的完整性产生负面影响，如对历史街区的山水格局、自然环境、景观视廊、外部景观地标等，也可能对历史街区遗产本体的真实性产生影响，如历史街区邻近地块新的城市商贸中心建设对街区居住功能、社会结构等属性的消极影响，因此需要开展影响评估；保护整治的历史街区影响评估，即保护项目历史街区影响评估，是关于历史街区相关的保护规划或计划、保护整治活动对街区遗产价值影响的评估，而保护活动，主要指位于街区内（本体范围）的保护整治活动，其主要目的是历史街区保护，尽管出发点是保护，但是保护行为的不当或过度也会对街区遗产价值产生负面影响，故需要评估。其中，保护整治活动根据其性质可以分为修缮、整治、维修、更新、新建等活动类型。另外，为便于历史街区影响评估概念的讨论，并与建设项目环境影响评价在词组的形式上进行对应，通常将建设项目历史街区影响评估与保护项目历史街区影响评估统称为"建设项目历史街区影响评估"。

2. 按影响源的空间位置分布分类

按影响源的空间位置分布分类，可分为外部的历史街区影响评估与内部的历史街区影响评估。外部的历史街区影响评估，一般是针对在历史街区周边（核心保护范围以外）的建设项目或开发计划进行的影响评估，既可以是城市规划建设项目，如详细规划、建筑工程设计、基础设施建设等，也可以是城市更新项目，如地块更新、风貌整治等；内部的历史街区影响评估，一般是针对历史街区内部（核心保护范围）的保护整治活动（包括修缮、整治、维修、更新等活动类型）或保护计划、规划等进行的影响评估，包括历史建筑、街巷空间、绿化环境等物质历史遗存保护整治以及街区功能更新等非物质历史遗存更新的影响评估，甚至是历史街区核心保护范围的保护整治方案，也需要开展影响评估（若已编制保护规划，则需要评估保护整治方案与保护规划的相容性、协调性）。

3. 按历史街区管理的不同阶段分类

根据历史街区管理的一般程序，可将历史街区影响评估分为保护规划管理阶段的历史街区影响评估和建设项目管理阶段（或称之为保护规划实施管理阶段）的历史街区影响评估。其中，保护规划管理阶段的历史街区影响评估，包括"现状累积影响评估""保护规划影响评估"，建设项目管理管理阶段的历史街区影响评估，包括"保护整治影响评估""保护实施影响评估"。尽管历史街区影响评估依据历史街区保护管理阶段的不同而分为四种类型，但评估的方法也都是采用遗产影响评估的一般方法，只是各评估类型在具体环节开展的内容有所侧重。

（1）现状累积影响评估

现状累积影响评估，是对已建、在建、拟建的所有建设活动与相关规划对历史街区累积造成潜在影响的评估，其目的是对历史街区遗产价值现状所处状态形成清晰的认识，为保护规划编制提出更具有针对性的保护措施奠定基础。通常现状累积的已知潜在影响源是多样的，包括历史街区内部的保护整治活动与外部对历史街区感知造成的视觉景观阻碍，包括建设工程项目与规划已批项目，包括外部建设活动与内部社会变迁带来的持续影响，包括内部物质环境正在持续衰败与外部自然环境正在被蚕食。以上这些都可能对历史街区的遗产价值属性的真实性、完整性造成严重影响。因此，应对历史街区的影响源进行全面而系统的分析（基于影响源的多样性与复杂性，为了提高评估的效率，一般只针对以建设项目为主体的物质影响源进行分析，如道路与轨道交通工程建设、房地产开发等，而以非物质为主体的影响源不作为影响源的考虑范畴），通过矩阵分析法、调查分析法、叠图法、视觉影响分析法等进行综合分析影响源并开展评估。现状累积影响评估，是由保护规划编制机构开展完成，并将现状累积影响评估报告作为保护规划成果的附件，是表明保护规划成果是依据现状累积影响评估报告进行编制的。

（2）保护规划影响评估

"保护规划编制的审核"是历史街区规划编制管理的第一步。保护规划编制的目的一般有两种，其一是为管控服务，以管控目的而编制的历史街区保护规划是为其未来长期的、不确定的建设和发展所做的管理文件，在延续街区遗产价值、保护街区历史风貌的前提下为日后街区相关的保护、建设项目提供规划设计条件。这类保护规划适用于长期的规划管理，可能在编制时并没有明确的项目计划，或者说它并不是针对某项或某些列入计划的项目而编制的，因此归属于控制性详细规划；另一种是为具体项目服务的，也就是说编制历史街区保护规划是为其各保护区的局部或整体进行工程建设与方案设计提供法定依据的。以具体项目服务而编制的保护规划，一般来说保护范围的规模不大，具体实施项目与各项计划已基本落实，因此，针对性较强，但适用的时间不长，这类保护规划属于修建性详细规划阶段的保护规划❶。

由此，可以将保护规划阶段的历史街区影响评估分为控制性保护规划的历史街区影响评估与修建性保护规划的历史街区影响评估。这两类保护规划影响评估的侧重点不同，前者侧重于对具体控制要素的保护性影响评估，包括空间格局与肌理、街巷界面、场所空间、景观地标、建设容量、建筑分类、新建建筑范围线、建筑高度、建筑间距等控制要素的影响评估；后者侧重于具体项目规划的影响评估，包括功能结构、空间布置、现状建筑功能更新、新建筑的设计方案和环境整治或环境改造方案等利用性的影响评估。

保护规划影响评估，涉及的影响因子、作用因子极其繁杂，通常采取调查分析法、矩阵分析法、叠图法、层次分析法等综合分析法，并建立影响评估指标体系。保护规划编制单位可以在保护规划编制中间过程中，对保护规划中间成果关于遗产价值属性的影响进行评估、检测，最终将影响较小或无影响的保护规划成果提交给第三方评估机构完成专业的影响评估，完成的保护规划影响评估报告同保护规划成果一并提交至规划行政主管部门评审。另外，在历史街区保护规划影响评估过程中，还需要征求相关利益主体的意见，当产生矛盾时，需要多方协商以达成共识，将意见反馈至第三方评估机构。

---

❶ 周俭，奚慧，陈飞.上海历史文化风貌区规划与建筑管理方法的探索[J].上海城市管理职业技术学院学报，2006（2）：39-42.

（3）保护整治影响评估

保护规划是从详细规划层面对历史街区建立整体保护框架的规划类型，而保护整治是保护规划下一层次或下一阶段更加详细、具体的保护实施项目与建设工程的活动，尽管内部保护实施项目位于保护规划的实施计划项目之列，但由于市场的需求变化而可能导致外部建设工程项目的不确定性。另外，保护规划是基于控制、引导层面编制完成的详细规划类型，在下一阶段保护实施性指导方面只能从原则性方面进行控制，因而对具体保护整治项目实施的引导操作性不足，并不能完全覆盖下一阶段的所有保护整治项目的工程方案，因此，为管理引导下一阶段保护整治项目实施的合理性与科学性，需要开展保护整治影响评估。

保护整治项目管理，是指在保护规划编制管理基础上，以保护规划成果、法规性文件为主要依据，对保护规划实施的具体保护整治以及其他开发建设项目实施活动的管理。因此，保护整治项目的活动，包括以街区内部（核心保护范围内）建筑、空间、环境、景观、功能等不同要素为对象的保护整治活动以及街区外部（核心保护范围以外）相关的开发建设活动。其中，内部保护整治项目，可分为"拆除""改建""修缮""新建"等类型工程项目，主要包括新建建筑工程、维修改善建筑工程、沿街立面整治工程等（包括设计方案与施工方案）；空间项目的实施，即对街巷空间、场所空间等进行整治；环境项目的实施，是以地形地貌、绿化环境、景观等要素为对象进行的保护整治。对以上保护整治项目开展影响评估，可以是一次性的或陆续开展保护整治项目的影响进行评估，需要根据保护整治项目实施的范围与规模具体开展影响评估。外部建设项目的影响评估，可根据项目的范围与规模大小选择相应的分析方法。若项目规模较大、项目类型复杂时，需要采取层次分析法、矩阵分析法；项目规模较小、项目类型较单一时，只需要通过调查分析法进行初步评估，如沿街立面建筑整治项目或危旧房建筑维修整治项目等。

（4）保护实施影响评估

历史街区保护实施影响评估，是指对历史街区保护实施完成后的特定时期内（可按年度界定时间）对保护的效应或结果开展的影响评估，评估目的是历史街区动态运行过程中对其遗产价值影响的定期检测。保护实施影响评估有别于保护绩效评估，保护实施影响评估，特别强调保护规划编制、政策与行动计划制定、系列保护整治项目实施等对历史街区开展的保护活动或行为，对历史街区遗产价值产生的正效应或负效应的评估，可以是积极影响，也可能是消极影响。二者主要在评估的方式、评估的对象以及评估的目的上有所不同。保护实施影响评估，一方面可以检测某个时期历史街区遗产价值影响的状态，同时也是对所有保护整治项目或计划实施及缓解措施执行之后产生的遗产价值影响的监测过程，是历史街区遗产价值风险跟踪监测的重要手段。

因此，保护实施影响评估是事后影响评估的类型，但也属于事前的现状累积影响评估，因为在指定时期开展影响评估，是特界定在这个时期开展的，开展的目的是通过这段时期发掘历史街区的潜在影响而制定缓解措施，即为下一阶段保护规划修编、保护政策与行动计划的修订、保护整治项目的变更或调整服务。评估的方式，仍然采取遗产影响评估的一般方法，评估对象为承载历史街区遗产价值的属性。保护绩效评估，是根据保护行动计划制定的目标的完成程度与预先设定的目标进行对比，评估的方式可以采取调查与统计的方法，评估的对象是具体保护整治项目的完成程度。

4.1.6　基本原则

历史街区影响评估基本原则不完全等同于环境影响评价与遗产影响评估的原则，历史街区除具有遗产保护属性外，还具有社会、经济、环境等社会发展属性，因此历史街区作为一种典型的活态遗产受诸多因素的影响，其影响评估过程只有综合考虑多方面因素方能保持其公平性、公正性、合理性、合法性、科学性。另外，历史街区在建设项目实施、保护规划编制及实施过程中，其遗产价值均会受到不同程度的影响，因此，历史街区影响评估应贯穿保护工作的始终。鉴于此，历史街区影响评估应按照"全程互动原则""整体性原则""科学性原则""广泛参与原则"四项基本原则开展。

1. 全程互动原则

针对保护规划编制是在保护规划影响评估干预下完成的，因此，应保持保护规划编制与保护规划影响评估进行互动，不断将保护规划影响评估结果反馈至规划编制过程，完善保护规划成果，从而提高保护规划成果编制的科学性。另外，建设项目（包括保护整治、开发计划等）从方案形成到竣工阶段，包括前期阶段（含早期的规划意向、修改到规划方案形成）、中期施工方案、后期实施完成三个阶段都需要开展评估，并将评估的意见及时反馈到建设项目方案的修改中，保持与规划方案研究、编制、评审、完善、成果提交全过程的互动。保持对开发项目施工过程与实施运行的及时跟踪，尽量避免一切潜在负面的影响发生。

2. 整体性原则

整体性是基于建设项目或开发计划对历史街区在时间、空间、对象、范围、类型等方面影响的综合性分析、评估。根据建设项目的具体类型及其特征，对现状基础资料收集、影响源、影响受体、影响时段、影响范围、影响类型进行全面而系统地分析。另外，不仅需要分析单个建设项目或开发计划对历史街区的影响，而且需要将诸多开发项目（含正在进行、待建的、已批相关规划等）对历史街区潜在的影响进行累积叠加分析累积性影响与附加（次生）影响等。

3. 科学性原则

唯有科学的评估才能保证科学的保护，因此，历史街区影响评估只有以科学性为原则，才能保证历史街区保护的科学性，这也是本书将遗产影响评估工具植入历史街区保护规划方法与保护管理过程的初衷。科学性原则要求历史街区影响评估过程中，科学研究历史街区遗产价值、科学识别其影响源、科学建立影响指标体系，并选择科学的评估方法与评估工具。因此，只有将定性研究与定量研究结合、主观判断与客观鉴定结合等方式进行，才能保持历史街区影响评估的科学性。

4. 广泛参与原则

历史街区保护涉及原住民、社会公众、相关主管部门等的利益，因此，对影响到历史街区的建设项目或开发计划开展影响评估，必须征求各利益主体的认可，而不能仅根据相关法律法规进行理论层面的评估。尤其在保护规划编制阶段，开展历史街区保护规划影响评估，尤其需要对原住民进行访谈，了解保护规划是否能满足他们在居住、生活、就业等方面的综合需求。对于大型基础设施的建设项目，如轨道、道路等项目的影响评估，需要征求交通部门的意见，对于街区内历史建筑相邻地块改建建筑建设影响的评估，还需要征求建设管理部门与消防部门的意见等。

4.1.7 基本方法

1. 工作流程

历史街区影响评估工作流程，是针对建设项目对于历史街区影响评估的整个管理过程，其中建设项目包括影响历史街区遗产价值的规划建设活动、开发计划、保护与整治计划等一切活动。参照遗产影响评估工作流程的五个环节，结合历史街区保护管理的具体流程，历史街区影响评估的工作流程包括"初审阶段""评估阶段""审批阶段""实施阶段""监控阶段"。

2. 技术流程

历史街区影响评估的技术流程，是基于评估方开展影响评估的技术过程，因此，属于历史街区影响评估的技术环节，位于历史街区影响评估工作流程中的评估阶段。尽管根据保护管理阶段划分可将历史街区影响评估分为"现状累积影响评估""保护规划影响评估""保护整治影响评估""保护实施影响评估"四种类型，这些类型评估的过程与遗产影响评估的技术流程类似，均采取"现状基础研究—遗产价值分析—影响识别与分析—影响评估—缓解措施"等五个步骤开展，但是具体评估环节内容有所不同。"现状资料收集与分析"阶段，即对历史街区的基本概况（包括历史沿革、社会、经济等）、遗产资源资料及其分布、建设项目方案资料及其他专项规划成果资料的收集整理；"遗产重要性分析"阶段，通过历史街区的历史研究及特征分析，从普遍性与地方特色性方面识别历史街区的遗产价值，并阐述遗产价值对应的遗产属性；"影响识别与分析"阶段，需要确定影响来源、研究评估范围、界定评估对象、明确评估原则、评估依据、构建评估框架等；"影响评估"阶段，通过矩阵法、层次分析法、视觉影响分析法等评估方法，综合评估历史街区各遗产属性的等级、项目建设方案对历史街区各遗产属性的影响程度与等级的判断；"缓解措施制定"阶段，根据影响评估结果，对影响程度较小或可接受的影响制定缓解措施。当评估结果对历史街区的遗产价值影响较突出时，专业评估机构应对项目建设方案提出修改、调整意见，待其方案修改、调整后开展第二轮的遗产影响评估工作，直至影响评估结果满足设定标准时结束。

3. 指标体系

历史街区影响评估的指标体系，是承载历史街区遗产价值的属性（价值属性）的根本体现，因此，历史街区影响评估的指标体系就是关于历史街区遗产价值属性的指标体系。只有建立了全面而完整的指标体系，才能根据影响源的类型选择相应的影响受体及其因子、指标，如当内部建设项目对历史街区影响评估时，经初步判断影响源对历史街区物质属性的影响作用关系，在已建立的完整指标体系中，选择物质属性及其因子、指标；当外部建设项目对历史街区影响评估时，若初步判断影响源对历史街区景观及环境属性的影响作用关系，选择景观属性、环境属性及其因子、指标；当开展保护规划影响评估时，则以整个指标体系作为影响受体的指标。另外，历史街区影响评估的指标体系并不是固定不变的，只是为任一类型的历史街区影响评估建立指标体系提供参考，在具体评估过程中建立指标体系时，应结合该街区具体价值特色，对该指标体系进行优化或调整。

以国际宪章等文献关于"真实性"与"完整性"原则为理论依据，围绕历史街区的定义内容为核心，综合吸纳国内典型历史街区的共同价值属性，论证历史街区应该具备的基本价值属性（即承载历史街区遗产价值的属性），然后以基本价值属性为框架，论证历史街区影响评估指标的基本构成，并解释各指标含义，最后运用专家咨询法分析影响评估指标的权重构成。

4. 评估方法

影响评估方法的选取直接关系到影响评估结果的科学判断，因此，应以历史街区影响评估开展的核心环节"影响评估"为对象探索其具体方法，也是"现状累积影响评估""保护规划影响评估""保护整治影响评估""保护实施影响评估"四种类型普遍适用的方法。影响评估方法主要包括识别影响源、确定影响受体、设定影响等级、开展影响评估、判断影响结果等环节的方法。

历史街区作为我国历史遗产体系的重要组成部分与历史文化名城的重要构成单元，在物质空间、历史风貌、人文社会、功能结构等方面具有特殊的内涵。因此，为突破文物影响评估单一类型的范畴，将遗产影响评估工具应用于历史街区这一中观尺度遗产类型的特殊对象保护实践中，针对历史街区活态保护特点构建历史街区影响评估的方法体系，为下文探索适宜于历史街区空间尺度与价值特点的保护策略奠定基础。

4.2 历史街区影响评估的工作流程

历史街区影响评估的工作流程，特指关于动态发展的建设项目（含保护整治等）对历史街区造成潜在负面影响的评估的工作程序，不仅包括初审阶段、评估阶段，而且还包括审批阶段、实施阶段、监控阶段，它是关于动态发展建设项目对历史街区带来的负面影响进行评估、管理、监测的整个过程（图 4.5）。

4.2.1 初审阶段

初审阶段是对建设项目（含开发、保护、修复、整治等项目类型）方案是否具备开展影响评估条件进行筛选的审查环节，是历史街区影响评估的第一步，是所有影响评估工作开展的前提。这个阶段，规划行政主管部门需要通过初步审查承建商提交的建设项目影响评估报告，判断建设项目是否具备开展影响评估的条件。通常根据建设项目相对于历史街区的空间位置，并根据项目类型、建设规模等因素综合判断建设项目是否具备开展影响评估的条件。一般情况下，对于规模较小、数量单一的保护整治活动通常是可以赦免的，如历史街区传统

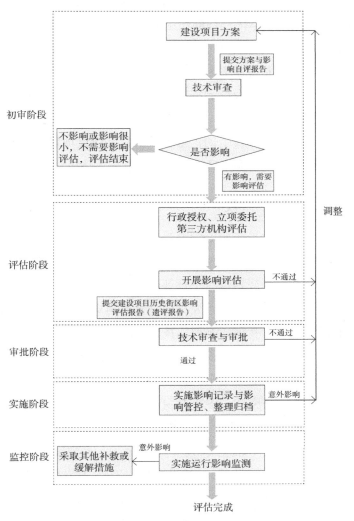

图 4.5　历史街区影响评估的工作流程

资料来源：作者自绘

风貌建筑的内部装饰装修、小型绿化种植、地下管道的更换等整治活动。另外，距离历史街区较远的开发建设活动若不遮挡历史街区重要景观视廊或不破坏历史街区关联历史环境，也是可以赦免的，如不在感知范围内的建筑施工建设、基础设施的建设等项目。

通常，历史街区核心保护范围内重要建筑（包括文保单位、历史建筑等）的修缮、维修、改造等活动，沿街立面的修复整治，居民自建房屋，店铺招牌的装修，商铺业态的改变，任何建筑材料或色彩的更改，以及历史街区历史环境范围内近距离的建筑风貌整治、开发建设、基础设施建设等一切相关保护、建设活动都需要通过初审判断是否需要开展建设项目影响评估。初审阶段的评估方式一般相对简单、单一，通常采用叠图法分析影响源与历史街区本体及其关联环境的作用关系，采用视线法分析影响源与历史街区本体属性的作用关系（如对风貌或视廊的影响），采用调查法分析影响源对历史街区功能、业态、邻里关系等非物质属性的影响等。另外，行政许可程序上，需要承建商将保护整治、建设项目方案向相关部门、专家、相关利益主体进行咨询，对是否造成影响及影响程度形成的影响自评报告，将其与项目方案一并提交给规划行政主管部门，并联合文物主管部门组织专家进行技术审查，若审查结果为没有影响或影响非常小且可接受的，则不需要开展建设项目的影响评估，若影响较大的，则需要进入下一环节，委托具有资质的第三方评估机构开展详细影响评估。

4.2.2 评估阶段

评估阶段是在初审阶段规划行政主管部门认为具备评估条件基础上，是关于建设项目对历史街区影响评估开展的技术评估环节，这个阶段也是建设项目影响评估的核心环节，需要规划行政主管部门授权、立项，由项目承建商委托第三方专业机构（即具备相应资质的保护研究机构）开展历史街区影响评估，最终形成完整的建设项目影响评估报告。开展影响评估技术手段可根据建设项目的复杂性及初步判断的影响程度进行合理选择，若建设项目位于历史街区外部环境（包括建设控制地带与环境协调区所在区域）中对历史街区视觉景观或天际线造成一定影响的，则需要通过三维建模定量分析手段研究建设项目对视觉景观或天际线的实际影响，该过程需要较为全面地分析；若建设项目为位于历史街区外部环境的地段开发计划，则需要将开发计划分解成若干影响因子（如建筑高度、建筑风貌、景观廊道等），针对历史街区所有价值属性进行全面而系统的分析；若建设项目位于历史街区内部（特指核心保护范围），紧邻历史建筑，则需要重点分析对街区历史建筑风貌的影响等。由于历史街区产权主体复杂，涉及影响原住民利益的，则需要征求原住民的意见。当初步或中间过程评估结果与设定标准相差较大时，应及时反馈至建设项目方案的调整、修改或放弃建设项目，免于技术审查不能通过时导致整个评估时间的延长,只有第三方评估机构对建设项目方案的评估结果达到设定标准(影响较小或没有影响)时,方能提交评估报告进行技术审查与审批。

4.2.3 审批阶段

审批阶段是规划行政主管部门对建设项目对于历史街区影响评估的规划评审过程,也是对第三方机构提交的建设项目历史街区影响评估报告(简称"评估报告")的技术审查与项目审批环节。规划行政主管部门对评估报告的技术审查,通常以保护法规、历史街区保护规划等相关法定性文件为依据,审查评估报告编制的规范性、合理性、科学性,在此过程中采取专家咨询的方式重点审查建设项目对历史街区遗产价值(包括核心价值与地方特色价值)属性的影响,审查影响评估结论的科学性,并根据设定标准审查评估结果是否满足要求,若审查评估结果为"未通过",则需要根据评估报告的结论和缓解措施对建设项目方案进行修改,修改完成后再提交审核,直至审核通过为止。同环境影响评价类似,通过审核的评估报告可作为建设项目方案审查的依据之一。若建设项目是关于历史街区内部保护整治类型的,则评估报告是建设项目方案审查的重点依据,评估报告在建设项目产生的社会影响、交通影响、消防影响等其他专业方面的影响具有主导性作用,但必要时需要将遗产价值影响、交通影响、消防影响等各方面影响进行协调,审批过程中对各种影响提出协调的建议,以进一步优化建设项目方案。如在重庆山地型历史街区保护整治方案影响评估的审批中,为延续历史街区核心保护范围空间肌理,核心保护范围保护整治方案对街巷空间尺度的保护致使不能满足消防车的进入,导致对历史街区消防方面带来负面影响,为缓解消防的负面影响,除了延续核心保护范围的空间肌理,还需要在建设控制地带合理设置消防通道,或在核心保护范围内增加消防设施(包括消火栓、消防水池等),从而缓解保护整治带来的消防影响。

4.2.4 实施阶段

建设项目方案获批后,为避免建设项目在实施过程中对历史街区产生不可逆的负面影响,尤其是街区历史构件、要素等的整治、修缮等容易导致真实性影响,因此需要采取相应的管控措施。对位于历史街区内部的保护整治项目采取相应的保护措施及必要的安全防护措施,避免建设项目对历史街区内部属性的影响。在历史街区内部文物建筑与历史建筑修缮、传统风貌建筑整治等保护实施过程中,应将其周围历史环境的现状条件与最初的设计细节或设计意图递交给规划行政主管部门论证,是否会对街区真实性及周围历史环境元素及建筑遗存的完整性产生负面影响,如对历史街区内部历史场所的整修、工程管网的埋设、地下空间的开挖、历史建筑的修缮、施工过程中方案的变更等施工活动带来负面影响的预测，应制定相应的管控措施，若管控措施未能解决实施过程带来负面影响的，应及时反馈到建设项目方案的调整。另外，在历史街区内部文物建筑、历史建筑修缮的后期阶段，实施期间的所有保护调查、保护计划、现场检查记录，竣工后的记录图纸与照片，以及未来工程变更的任何记录，应汇编成文件提交给规划行政主管部门归档。

4.2.5　监控阶段

监控阶段，尤其对于历史街区内部建设项目实施过程需要开展管理维护与监测，以及建设项目实施后可能导致居住功能、邻里关系、社会结构、街区文化等非物质属性间接变化或影响的监控。历史街区内部建设项目实施过程的管理维护与监控，需要对影响评估的缓解措施的执行情况进行实时跟踪、监测的管理，以便观察、检验缓解措施执行的实际效果，主要包括监测缓解措施的实施是否达到可以接受的标准，提前判断并作出相应的信息反馈，便于在项目实施的早期采取补救措施，确定项目实施过程是否符合街区遗产价值真实性、完整性保存的要求，检验街区影响评估中对遗产价值属性影响的预测结论，观察、记录项目的实施与缓解措施有效性之间的关系等；有别于遗产影响评估对物质属性影响的一般监控方法，建设项目实施后还有可能导致居住功能变化、街区文化等非物质属性影响，因此也应对这些潜在的影响进行监控。建设项目实施后对于非物质属性影响的监控，应该是长时间调查、跟踪的过程，如重庆磁器口历史街区邻近地块沙磁巷文旅综合体或地铁一号线轨道交通的建设项目，尽管在实施过程中未对街区遗产属性产生负面影响，但是在沙磁巷文旅综合体或地铁一号线轨道交通未来运营过程中推动历史街区及其邻近地块土地升值，导致街区"居"改"商"的活动，对街区生活价值产生了负面影响，因此，应通过对物质属性与非物质属性影响进行全面而系统的监控，包括对历史街区沿街功能业态影响的记录，对原住民居住满意度影响的跟踪调查，对由于旅游带来配套基础设施影响的监控，对历史街区周边生态环境与用地功能的影响监控等，从而提前制定有利于缓解负面影响的政策，促进街区遗产价值的延续❶。

4.3　历史街区影响评估的指标体系

历史街区多元价值特性决定了历史街区影响评估对象的选取具有综合、复杂性特点，因此，为提高影响评估结果的科学性，有必要构建历史街区影响评估的指标体系。

❶　肖洪未，李和平．从"环评"到"遗评"：我国开展遗产影响评价的思考——以历史文化街区为例 [J]．城市发展研究，2016（10）：105-110+117.

116

构建历史街区影响评估的指标体系，是历史街区影响评估工作流程之"评估阶段"开展的前提条件。

4.3.1 指标体系构建的必要性与局限性

1. 指标体系构建的必要性

历史街区影响评估，是对承载历史街区遗产价值的属性具有影响的保护、整治、更新、开发等人工活动开展的影响评估，由此，遗产价值及其属性的识别是影响评估开展的前置条件，也是历史街区影响评估最关键的一环。由于遗产价值及其属性作为评估的对象，因此，如何科学、客观、全面评估、判断遗产价值及其属性的具体影响，决定了评估结果是否有效与合理。另外，影响源在时空分布的不确定性，决定了评估对象（价值及其属性）具体选择的不确定性。为提高评估的准确性、客观性与全面性，避免在评估过程中因为影响源的不确定性而对评估对象选取的盲目性与抽象性，构建历史街区影响评估的指标体系极其必要，即在完整的指标体系框架下，为影响评估具体对象的选择奠定基础。需要特别说明的是，这里构建的完整指标体系，并不是针对所有影响源都需要选取所有指标体系，应针对不同影响源选择其中某一部分指标体系。

2. 指标体系构建的局限性

任何影响评估中没有绝对合理的指标体系，也没有一个万能通用的指标体系。以历史街区为对象，在国内构建万能、统一的历史街区影响评估指标体系几乎不太可能，因为评估指标体系受评估主体与评估客体影响较大。评估主体的影响，即国内不同地区的专家对历史街区及其遗产价值属性的判断标准是不一样的；评估客体的影响，即历史街区受地域环境（包括自然环境与人文环境）的影响较大，如西南地区与江浙地区的历史街区，其地域环境差别大，故街区特色差别较大，其自身价值特色各异，导致历史街区价值及其属性差别较大。因此，这里构建历史街区影响评估的指标体系，主要为评估对象选取提供一个框架，为某一具体历史街区影响评估的指标体系框架的构建提供参考，而且，也不需要构建对全国历史街区具有普适性应用意义的指标体系，这里探讨的指标体系是以历史街区的一般属性（基本价值构成及其属性）为目标建立的，因此也是基本的指标体系。

4.3.2 指标体系的生成逻辑

上文阐述了历史街区影响评估指标体系构建的必要性与局限性，这里重点探讨构建指标体系的思路，即指标体系的生成逻辑，为指标体系的构建提供指引。

科学确定评估指标体系是科学评估的前提，任何历史街区都具有显现的、不同于其他遗产类型的本质属性和特征，正因为如此，我们才能把这些本质属性和特征转换成不同的指标来判断历史街区影响情况，并在这些指标与历史街区的本质属性和特征之间建立某种对应关系，形成反映历史街区整体或部分特征的指标集合，即历史街区影响评估的指标体系。

尽管在国内不能构建通用与统一的历史街区影响评估指标体系，但仍存在构建指标体系的一般方法和模式。评估指标体系需要"具体—抽象—具体"的辩证逻辑思维过程，是对评估对象总体特征的认识逐步深化、逐步求精、逐步系统化的过程。

为避免指标体系受评估主体（专家）、评估客体（历史街区）样本选择影响较大而带来指标体系的不科学性，这里以历史街区基本属性特征影响的科学判断为目标，以历史街区定义内容及典型代表历史街区的价值特征为基础，对历史街区遗产价值基本构成进行归纳，在历史街区真实性与完整性原则指导下判断基本价值属性，以历史街区定义内容为核心，结合国内典型历史街区案例的特色要素，判断基本价值属性的构成因子，然后以历史街区作为活态遗产类型的属性特征（由真实性、完整性与可持续发展原则形成的"真实性""完整性""协调性""延续性"等属性特征）为核心，根据其构成的不同类型对构成因子进行分解，对形成的各项指标（构成因子的属性特征）进行具体界定，然后对各因子进行累积排列，最后形成历史街区影响评估的指标体系（图 4.6）。

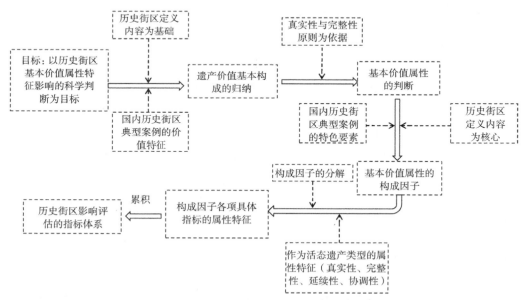

图 4.6　历史街区影响评估的指标体系生成逻辑

图片来源：作者自绘

4.3.3　遗产价值的基本构成

历史街区遗产价值的基本构成,是以历史街区定义内容为基础,通过"共性 + 个性"对国内历史街区典型案例的价值特征进行总结,认为任一历史街区的遗产价值都是由普遍价值与地方特色价值构成的。普遍价值(共性价值)是所有历史街区普遍存在的遗产价值,包括历史价值、艺术价值、科学价值构成的核心价值以及生活价值、文化价值、社会价值、功能价值构成的衍生价值;地方特色价值(个性价值)是关于历史街区所在区域或地段关联的环境、景观特色的价值,江浙地区的历史街区地域特色价值是平原水乡地域特色景观环境价值,山地城市中临江、临河型历史街区的地域特色价值是山水景观环境价值,而处于城市中心地区的历史街区关于环境、景观的地域特色价值则相对较弱。另外,历史街区是城市发展要素或资源的重要组成部分,也是城市空间结构的重要节点,具有居住及其与周边地区适应性的功能,故具有社会价值和功能价值。

4.3.4　基本价值属性的判断

历史街区影响评估是评估对承载历史街区遗产价值的属性(简称"价值属性")的影响,从而评估相关建设活动对历史街区的影响。真实性与完整性是检验价值属性的重要标准,因此,从国际遗产保护文件分别提炼真实性与完整性的原则,并以此为依据综合分析与判断承载历史街区的基本价值属性。

1. 真实性原则分析与判断历史街区基本的价值属性

纵观《威尼斯宪章》(1964)、《奈良文件》(1994)、《奈良 +20:关于遗产实践、文化价值与真实性概念的回顾性文件》(2014)、《实施世界遗产公约操作指南》(2015)关于真实性原则的内涵演进过程,真实性原则从最初"物质意义"延伸到"非物质意义",从"最初真实"延伸到"过程真实",从"自身真实"延伸到"环境完整",因此,真实性原则围绕"时间""空间""文化""环境"等因素体现了动态演进的、相对的、持续的、物质与非物质的真实性内涵。

历史街区是伴随城市发展过程而演变的遗产类型,因具有动态发展的属性而属于活态的历史遗产类型,因此,历史街区具有动态延续的内涵。结合历史街区的定义内容,其动态延续的内涵主要体现在"过程延续性""文化延续性""功能延续性""环境延续性"四个方面,其中"延续性"属于动态的真实性。因此,历史街区的"真实性"是"静态真实性"与"动态真实性"的统一,综合体现在"物质真实性与延续性""文化真实性与延续性""功能真实性与延续性""环境完整性与延续性"四个特征,每个特征可以判断的历史街区对应的属性(表 4.1)。

真实性原则确定的历史街区价值属性一览表　　　　　　　　　　表 4.1

判断原则	历史街区价值属性
物质真实性与延续性	建筑物、空间形态、历史街巷、环境特色、地形地貌等
文化真实性与延续性	地方文化民俗、生活方式、社会结构等
功能延续性与改善性	居住功能、服务功能等
环境完整性与延续性	自然环境、协调性、可达性等

资料来源：作者自绘

　　（1）"物质真实性与延续性"：物质真实性与延续性是历史街区发展演进过程中经历史层积的遗产价值属性的真实性与延续性，即体现街区文脉的所有价值属性的真实性与延续性，包括不同历史时期、不同类型的建（构）筑物、空间形态、地形地貌、特色空间等物质属性的真实性保存与延续，因此，物质真实性与延续性，也是街区多元遗产价值映射层积的物质属性的真实表征。

　　（2）"文化真实性与延续性"：遗产价值属性并非仅限于遗产自身的物质实体遗存，而是与历史相关的物质文化属性与非物质文化属性真实性载体的集合，因此，历史街区价值属性的真实性，还表征为文化真实与文化延续，即包括街区内部物质文化要素及其周边关联物质环境组成的物质文化要素，以及由地方文化民俗、生活方式、社会结构等构成的非物质文化要素的延续，通常可以作为文化真实性判断的重要标准，因此，地方文化民俗的延续性、生活方式的延续性、社会结构的延续性是历史街区文化真实性的动态属性，也是历史街区文化价值映射文化多样性的真实体现。

　　（3）"功能真实性与延续性"：历史街区对于原住民具有特定的功能和需求，其功能真实性是历史街区精神世界演进的"真"，是物质生活世界与精神生活世界的高度统一。真实性与延续性是原住民的功能需求与历史街区可持续发展的静态真实性与动态真实性的统一，因此，应基于社会及原住民的各种需求，包括居住需求、生活设施需求、交通需求等，循序渐进的维护或延续历史街区的功能是满足功能真实性的重要原则。功能真实性与延续性，也是历史街区社会价值映射功能属性的真实体现。

　　（4）"环境完整性与延续性"：在区域环境背景下，历史街区并不是孤立存在发展的，总是与周边环境背景关联、互动。背景环境是历史街区发展演进过程的历史见证，对历史街区的真实性价值具有重要贡献，因而，历史街区周边完整性环境应该作为重要保护范畴，否则其真实性也是片面的。保护环境的完整性，既要保护过去与现在关联的环境要素，包括绿化自然环境、人文环境等，而且还要保护历史街区与环境的完整性关系，包括协调性、可达性等。因此，环境完整性与延续性，也是历史街区环境价值映射关联环境属性的真实体现。

2. 完整性原则分析与判断历史街区基本价值属性

通览《威尼斯宪章》(1964)、《内罗毕建议》(1976)、《维也纳备忘录》(2005)、《西安宣言》(2005)、《关于城市历史景观的建议书》(2011)、《实施世界遗产公约操作指南》(2005年~2015年版)等国际性遗产保护文件关于完整性原则的内涵的发展过程，完整性概念逐渐得到扩展，即从最初文化遗产的完整性局限于物质空间层面为确保纪念物的安全通过缓冲保护其周边环境，到之后用于自然遗产的保护，并且考虑到经济、社会等多方面因素对遗产的影响，再到当前涵盖有形与无形、历史与现代、自然与文化、静态与动态等多方面因素。

从完整性概念发展过程可以提取完整性原则的内涵，体现在保护意识、保护对象、保护方法三个方面的整体性。保护意识已经从被动地保护遗产本体发展到主动控制变化以达到整体性保护的目的；保护对象已经从保护有形的物质环境发展到控制无形的经济社会、功能发展变化；保护方法已经从"静态保护"发展到基于持续变化的环境中对遗产的动态保护。

综上，历史街区的完整性原则涉及时空、地域、遗产特征、功能发展等多方面因素，历史街区价值属性的完整性总体可以概括为物质属性、文化属性、环境属性、景观属性等四类属性的完整性（表4.2）。

完整性原则确定的历史街区价值属性一览表　　　　　　　　　　　　　　　　表 4.2

判断原则	历史街区价值属性		
物质完整性	特征属性	特色要素：建筑、历史街巷、古树、古井、古码头、牌坊、门楼、历史场所	
		特色细部：建筑立面装饰、门楼等构成要素	
	整体形态属性	空间格局：建筑群落组织形式以及与周边环境的关系	
		空间结构：通过一定功能组织的结构分区	
		空间形态：建筑高度、色彩、屋顶形式以及建筑群落形成的肌理等	
文化完整性	地域民俗文化、地域生活方式、生产工艺、节日仪式、礼俗制度、宗教信仰等		
环境完整性	外部自然环境（地形地貌、河流水系、生态植被等）、土地利用、关联的有形遗产等的整体性与延续性，以及历史街区与外部环境关系的延续性，包括可达性、协调性等。		
景观完整性	以视觉景观为核心的要素，包括自然背景、天际线、景观点与观景点、景观廊道（轴线）、街道景观等要素的延续性		

资料来源：作者自绘

（1）历史街区物质属性的完整性包括"特征属性"和"整体形态属性"两部分。历史街区的完整性在物质结构方面的要求"包括所有显示历史街区遗产价值的要素""拥有足够的规模以确保体现历史街区遗产价值特征的完整性"，故可以将历史街区完整性在物质属性的要求提炼为特征属性和整体形态属性。"特征属性"，即构成历史街区的物质实体，是由以建筑、历史街巷、古树、古井、牌坊、历史场所等构成的特色要素以及以建筑立面装饰、门楼等构成的特色细部；"整体形态属性"，历史街区完整性在整体形态方面的要求，即历史街区本体空间范围内的建筑及建筑群落的空间形式，包括空间格局（建筑群落组织形式以及与周边环境的关系）、空间结构（通过一定功能组织的结构分区）、空间形态（建筑高度、色彩、屋顶形式以及建筑群落形成的肌理）等三个要素。

（2）历史街区文化属性的完整性，即体现遗产环境的无形遗产属性的整体延续性，包括由地域民俗文化、地域生活方式、生产工艺、节日仪式、礼俗制度、宗教信仰等构成的非物质文化要素的整体延续。

（3）历史街区环境属性的完整性，是指历史街区关联外部环境属性的整体性保存与延续，包括外部自然环境（地形地貌、河流水系、生态植被等）、土地利用、关联的有形遗产等的整体性保存与延续，以及历史街区与外部环境关系的延续性，包括可达性、协调性等。

（4）历史街区景观属性的完整性，即以视觉景观为核心的要素，包括景观背景、景观廊道（轴线）、景观点与观景点、街道景观等要素的延续性。

3.真实性与完整性原则综合判断历史街区价值属性

运用真实性与完整性原则在各自确定历史街区价值属性所得结果中，部分属性存在重叠或交叉，实质上，完整性是真实性的重要表征，而历史街区价值属性的真实性不一定十分完整，即使街区内存在残缺的历史构件或遗产元素也是真实的，是属于过程的真实，但是应通过一定技术、管理措施，按照真实性原则，做到修复的协调性与可识别性，目的是缓解遗产属性的加速衰亡或造成新的破坏，做到修旧如旧，而不是恢复到原初的状态，也不要整旧如新，"协调性"也是判断真实性的重要因素❶。因此，真实性内涵包含了部分完整性的意义，完整性是真实性内涵的补充，二者在内涵上的重叠或交叉并不矛盾。

综合真实性与完整性分别确定的历史街区价值属性，历史街区影响评估的价值属性应包括物质属性、文化属性、功能属性、环境属性、景观属性，其中，物质属性包括整体空间、建筑、历史街巷、环境等构成因子；文化属性包括地方民俗文化、地域生活方式、社会结构等要素；功能属性包括居住功能、服务功能等构成因子；景观属性包括景观背景、景观廊道、景观点与观景点、街道景观等构成因子；环境属性，包括自然环境以及与外部环境的协调性等具体要素（表4.3）。

---

❶ 王景慧."真实性"和"原真性"[J].城市规划，2009，11：87.

真实性与完整性原则综合判断历史街区的价值属性、具体要素一览表　　　　表 4.3

判断原则	历史街区价值属性	具体要素
物质真实性、完整性、延续性	物质属性	整体空间、建筑物、历史街巷、环境要素、历史场所
文化真实性、完整性、延续性	文化属性	地方民俗文化、地域生活方式、生产工艺、节日仪式、社会结构
功能延续性与协调性	功能属性	居住功能、服务功能
景观完整性与协调性	景观属性	景观背景、景观廊道（轴线）、景观点与观景点、街道景观
环境完整性与协调性	环境属性	自然环境；与环境的协调性

资料来源：作者自绘

4.3.5　指标体系的构建及其释义

由于历史街区影响评估指标体系涉及的具体要素较多等，这里选取层次分析法按照"目标层—准则层—因子层—指标层—结果层"对历史街区影响评估的指标体系进行构建。

1. 目标层 A

为了科学识别、总体判断历史街区基本价值属性特征的影响。

2. 准则层 B

通过真实性与完整性综合判断历史街区价值属性的结果，可以确定历史街区因子层主要包括物质属性（B1）、文化属性（B2）、功能属性（B3）、景观属性（B4）、环境属性（B5）等五个方面。

物质属性（B1）用于检测建设项目对历史街区物质影响因子的真实性、完整性、延续性的影响；文化属性（B2）用于检测建设项目对历史街区文化属性影响因子的真实性、完整性、延续性的影响；功能属性（B3）用于检测建设项目对历史街区功能属性影响因子的延续性与协调性的影响；景观属性（B4）用于了检测建设项目对历史街区景观属性影响因子的完整性与协调性的影响；环境属性（B5）用于检测建设项目对历史街区外部环境属性影响因子的完整性与协调性的影响。

3. 因子层 C

分别对准则层 B 进行分解，共分解为 16 项因子，形成因子层。

（1）物质属性层（B1）对应整体空间（C11）、建筑物（C12）、历史街巷（C13）、环境要素（C14）、历史场所（C15）等五个子项因子。

（2）文化属性层（B2）对应地方民俗文化（C21）、地域生活方式（C22）、社会结构（C23）等三个子项因子。

（3）功能属性层（B3）对应居住功能（C31）、服务功能（C32）等两个子项因子。

（4）景观属性层（B4）对应景观背景（C41）、景观廊道（C42）、景观点与观景点（C43）、街道景观（C44）等四个子项因子。

（5）环境属性层（B5）对应自然环境（C51）、与外部环境的协调性（C52）等两个子项因子。

4. 指标层 D

在因子层确定的基础上，再对各项因子进行具体分解，并与历史街区作为活态遗产类型的属性特征（在真实性、完整性、可持续性原则下形成的"真实性""完整性""协调性""延续性"等）进行叠加，最终形成指标层 D，共计 37 项指标。

（1）物质属性指标（C11 ~ C15）对应指标层（D1 ~ D13）：整体空间因子（C11）对应空间格局的延续性（D1）、空间结构的延续性（D2）、空间形态的延续性（D3）；建筑物（C12）对应文物建筑的真实性与协调性（D4）、历史建筑的真实性与协调性（D5）、传统风貌建筑的协调性（D6）；街巷空间（C13）对应街巷空间的真实性（D7）、街巷尺度的延续性（D8）；环境要素（C14）对应古树名木的真实性（D9）、历史文化要素的真实性（D10）、绿化环境的改善程度（D11）；历史场所（C15）对应历史场所的真实性（D12）、历史场所的完整性（D13）。

（2）文化属性指标（C21 ~ C25）对应指标层（D14 ~ D19）：地方民俗文化（C21）对应民俗文化展示性场所营造程度（D14）、民俗文化展示性场馆的设置数量（D15）；地域生活方式（C22）对应生活性场所的延续性（D16）、生活性场所的改善程度（D17）；社会结构（C23）对应居住空间单元的真实性（D18）、居住空间单元的延续性（D19）。

（3）功能属性指标（C31 ~ C32）对应指标层（D20 ~ D23）：居住功能（C31）对应居住用地规模比例的延续性（D20）、居住建筑规模比例的延续性（D21）；服务功能（C32）对应公共服务设施的改善程度（D22）、基础服务设施的改善程度（D23）。

（4）景观属性指标（C41 ~ C44）对应指标层（D24 ~ D31）：景观背景（C41）对应背景天际线的协调性（D24）、背景风貌的协调性（D25）；景观廊道（C42）对应原有景观廊道的延续性（D26）、景观廊道的增加程度（D27）；景观点与观景点（C43）对应原有景观点与观景点的延续性（D28）、景观点与观景点的增加程度（D29）；街道景观（C44）对应主要街巷景观的延续性（D30）、主要街道景观的协调性（D31）。

（5）环境属性指标（C51 ~ C52）对应指标层（D32 ~ D36）：自然环境（C51）对应自然环境的真实性（D32）、自然环境的完整性（D33）；与外部环境的协调性（C52）对应与外部建筑风貌协调性（D34）、与外部建筑高度协调性（D35）、与外部自然环境的视线可达性（D36）。

5. 结果层 E

设定结果层通过历史街区各类属性的影响评估等级与设定标准对比，得出影响评估的结果，包括物质属性影响评估结果（E1）、文化属性影响评估结果（E2）、功能属性影响评估结果（E3）、景观属性影响评估结果（E4）、环境属性影响评估结果（E5）。

在建设项目历史街区影响评估过程中，若评估的对象只是单个建设项目，结果层往往针对其中历史街区某一属性影响的评估而得出相应的结果，因此，建设项目越多或越复杂，涉及影响历史街区价值属性的类型就越多，涉及的指标层也越多，最后评估的结果层必然是比较全面的。但是在不确定建设项目对历史街区的哪些属性有影响的情况下，应建立系统而全面的准则层、因子层、指标层、结论层，只有建立完整的准则层、因子层、指标层、结果层，才能尽可能避免历史街区所有属性的潜在影响。

6. 指标体系建立及指标释义

建立"目标层 A—准则层 B—因子层 C—指标层 D—结果层 E"五个层次的影响评估指标体系，形成 5 项准则层 B、13 项因子层 C、36 项指标层 D、5 项结果层 E。36 项指标层对应历史街区的五项属性，分别为物质属性指标（13 项）、文化属性指标（6 项）、功能属性指标（4 项）、景观属性指标（8 项）、环境属性指标（5 项）（表 4.4）。

历史街区影响评估指标体系的基本构成一览表　　　　表 4.4

目标层 A	准则层 B	因子层 C	指标层 D	结果层 E
目标层 A	B1 物质属性	C11 整体空间	D1 空间格局的延续性	E1 物质属性影响结果
			D2 空间结构的延续性	
			D3 空间形态的延续性	
		C12 建筑物	D4 文物建筑的真实性与协调性	
			D5 历史建筑的真实性与协调性	
			D6 传统风貌建筑的协调性	
		C13 历史街巷	D7 街巷空间的真实性	
			D8 街巷尺度的延续性	
		C14 环境要素	D9 古树名木的真实性	
			D10 历史文化要素的真实性	
			D11 绿化环境的改善程度	
		C15 历史场所	D12 历史场所的真实性	
			D13 历史场所的完整性	
	B2 文化属性	C21 地方民俗文化	D14 民俗文化展示场所营造程度	E2 文化属性影响结果
			D15 民俗文化展示性场馆的数量	
		C22 地域生活方式	D16 生活性场所的延续性	
			D17 生活性场所的改善程度	
		C23 社会结构	D18 居住空间单元的真实性	
			D19 居住空间单元的延续性	
	B3 功能属性	C31 居住功能	D20 居住用地规模比例的延续性	E3 功能属性影响结果
			D21 居住建筑规模比例的延续性	
		C32 服务功能	D22 公共服务设施的改善程度	

续表

准则层 B	因子层 C	指标层 D	结果层 E
B3 功能属性	C32 服务功能	D23 基础设施的改善程度	E3 功能属性影响结果
B4 景观属性	C41 景观背景	D24 背景天际线的协调性	E4 景观属性影响结果
		D25 背景风貌的协调性	
	C42 景观廊道	D26 原有景观廊道的延续性	
		D27 景观廊道的增加程度	
	C43 景观点与观景点	D28 原有景观点与观景点的延续性	
		D29 景观点与观景点的增加程度	
	C44 街道景观	D30 主要街巷景观的延续性	
		D31 主要街道景观的协调性	
B5 环境属性	C51 自然环境	D32 自然环境的真实性	E5 环境属性影响结果
		D33 自然环境的完整性	
	C52 与外部环境的协调性	D34 与外部建筑风貌协调性	
		D35 与外部建筑高度协调性	
		D36 与外部自然环境的视线可达性	

（目标层 A 贯穿左侧）

资料来源：作者自绘

（1）"B1 物质属性"准则层—C 因子层—D 指标层指标阐释

物质属性是关于历史街区物质及其空间的属性，是判断承载历史街区遗产价值的主要属性。其指标层"整体空间""建筑物""历史街巷""环境要素""历史场所"等因子是关于历史街区实空间与虚空间的统一。

①"C11 整体空间"指标层：包括"D1 空间格局的延续性"指标层、"D2 空间结构的延续性"指标层、"D3 空间形态的延续性"指标层，是基于中观维度物质属性的指标层。整体空间是格局、形态、结构的统一，是构成历史街区物质属性的主要骨架。

a."D1 空间格局的延续性"指标层：指对建筑群落组织形式以及与周边环境的空间关系的延续。

b."D2 空间结构的延续性"指标层：指功能联系层面对一定功能组织的空间结构分区的延续。

c."D3 空间形态的延续性"指标层：指对建筑高度、色彩、屋顶形式以及建筑群落形成的空间肌理的延续。

②"C12 建筑物"因子层：包括"D4 文物建筑的真实性与协调性""D5 历史建筑的真实性与协调性""D6 传统风貌建筑的延续性"三项指标层，"文物建筑的真实性与协调性"与"历史建筑的真实性与协调性"两项指标，是从保护与利用角度判断对它

们的影响指标，即对文物建筑、历史建筑进行修复时，需要对建筑的形态、体量、高度、样式、材料、工艺、尺度、色彩等真实性属性的保护，在邻近文物建筑、历史建筑区域新建建筑时，需要考虑与文物建筑、历史建筑的协调性。在对传统风貌建筑的整治与利用时，只需要考虑整治的风貌的延续性，其功能置换以及邻近区域新建建筑时考虑与其风貌协调。

③ "C13 历史街巷" 因子层：包括 "D7 街巷空间的真实性" 指标层、"D8 街巷尺度的延续性" 指标层。

a. "D7 街巷空间的真实性" 指标层：指历史街巷空间界面、形态、结构、材料、色彩、尺寸等属性的真实，对于拆除历史街巷或对历史街巷属性等进行更改的建设活动，都会对历史街巷真实性造成不良影响。

b. "D8 街巷尺度的延续性" 指标层：指对街巷的高宽比的延续。

④ "C14 环境要素" 因子层，包括 "D9 古树名木的真实性" 指标层、"D10 历史文化要素的真实性" 指标层、"D11 绿化环境的改善程度" 指标层，这三项指标属于历史街区内部的历史环境要素。

a. "D9 古树名木的真实性" 指标层：指古树名木原貌及其场地空间的真实。

b. "D10 历史文化要素的真实性" 指标层：是包括古井、古桥、砖雕门楼、古牌坊、水系、古码头等在内的历史文化要素的原貌（包括形态、材料、比例尺度、技术工艺）及其场地空间的真实 ❶。

c. "D11 绿化环境的改善程度" 指标层：是对除古树名木、历史文化要素等以外的与居民日常生活息息相关的环境要素的改善，因此，这也是对历史街区环境保护判断的重要指标，在对历史街区环境进行全面整治与营造时，也需要考虑在内。

⑤ "C15 历史场所" 因子层：包括 "D12 历史场所的真实性" 指标层、"D13 历史场所的完整性" 指标层。历史场所是指历史街区内具有历史文化内涵的特征场所，通常以空间节点的形式出现，如牌坊前入口空间、街道转折空间、戏楼前广场空间、滨水空间（如江浙地区的河埠头）以及具有良好视线的观景平台等。

a. "D12 历史场所的真实性" 指标层：是指历史场所的形态、材质、尺度等要素原貌的真实。

b. "D13 历史场所的完整性" 指标层：是指历史场所及其与周围关联的环境属性的完整性，包括历史场所周围的建筑风貌、自然环境等属性。

❶ 胡敏，郑文良，陶诗琦，许龙，王军. 我国历史文化街区总体评估与若干对策建议——基于第一批中国历史文化街区申报材料的技术分析 [J]. 城市规划，2016（10）:65-73+97. 该文对我国第一批中国历史文化街区的 "历史文化要素" 在街区中出现的频率进行了统计，其中，古井（40.5%）、古桥（19.4%）、砖雕门楼（10.6%）、古牌坊（8.8%）、水系（7.9%）、古码头（7.5%）等六项要素出现的频率相对较大,台阶（2.2%）、古驳岸（1.8%）、神龛（0.4%）、宅门（0.4%）、古城墙（0.4%）出现的频率相对较小.

（2）"B2 文化属性"准则层—C 因子层—D 指标层指标阐释

刘易斯 . 芒福德曾说："城市是文化的容器，这容器所承载的生活比这容器自身更重要" ❶，足见，文化属性对于空间属性具有重要作用。历史街区的遗产价值不仅体现于其表层文化的物质空间实体，其深层文化才是历史街区的"灵魂" ❷，因此，深层文化的属性（文化属性）是物质空间属性关于其关联背景环境的内涵，是判断历史街区文化价值、生活价值的主要属性。深层文化是原住民的行为方式和指导、影响、支配行为的一整套规范、准则以及他们的价值观念和行为心理。另外，活态生活性是历史街区不同于其他遗产类型的重要特征，人口和社会调控是历史街区实现生活延续和可持续发展的关键问题。因此，文化属性包括"地方民俗文化"、"地域生活方式"、"社会结构"指标，是关于历史街区的地域文化、民俗生活、社区社会等属性的统一。对于建设项目对历史街区文化属性的影响或者历史街区保护与利用对其文化属性的影响，通常是间接的影响，一般通过物质空间属性的直接影响形成对文化属性的附加影响。另外，空间是文化的物质载体，文化是空间的内核，文化与空间具有同一性，因此，文化属性指标，也可通过文化属性关联的空间进行判断。

① "C21 地方民俗文化"因子层：通常对历史街区地方民俗文化的展示性属性来判断，在对历史街区保护与利用影响的判断时，可依据是否保护或营造其文化展示性场所以及设置展示性场馆的数量或规模来判断。民俗文化展示性场所及场馆的营造可以为历史街区带来社区增益的积极效应，相反，如果缺乏民俗文化展示性场所或场馆的营造，那么历史街区的人文精神或历史文化氛围则容易被埋没，最终对历史文化街区的文化属性造成负面影响。因此，"地方民俗文化"指标层，可分为"D14 民俗文化展示性场所营造程度"指标层、"D15 民俗文化展示性场馆的数量"指标层。

② "C22 地域生活方式"因子层：历史街区生活方式，是历史街区居民直接满足自身生活需要的活动方式，具体表现为居民的行为方式以及在这个活动过程中形成的社会生活关系。随着地域特征、地域生活环境的发展而不断改变，是历史街区生活真实性的重要表征之一 ❸。因此，在对历史街区保护与利用影响的判断时，可依据是否保护或改善了居民生活方式的场所进行判断。因此，保护或改善居民生活方式的场所，是判断"地域生活指标"的重要依据。"地域生活方式"指标层，可分为"D16 生活性场所的延续性"指标层、"D17 生活性场所的改善程度"指标层。

a. "D16 生活性场所的延续性"指标层：历史街区生活方式的基本属性为居民既享

❶ 刘易斯 . 芒福德 . 城市文化 [M] . 北京：中国建筑工业出版社，2009.

❷ 梅保华 . 城市文化刍议 [J] . 城市问题，2000（1）：14-17.

❸ 杨新海，林林，伍锡论，彭锐 . 历史街区生活原真性的内涵特征和评价要素 [J]. 苏州科技学院学报（工程技术版），2011，04：47-54.

有充分的个性生活，又能与邻里发生适度的直接交往联系，庭院或院落与街巷空间共同构成了街区室外空间的基本空间形式❶。因此，"D16 生活性场所的延续性"指标层，是指对传统交通路径（如历史街巷）、传统生活场所（如生活院落空间）的延续。

b."D17 生活性场所的改善程度"指标层：在历史街区保护与利用过程中，通过对传统交通路径、传统生活场所等要素的改善，往往能起到社区增益、留住原住民、延续社会结构等具有重要意义。因此，"D17 生活性场所的改善程度"，也是判断地域生活方式是否得以延续的重要指标。

③"C23 社会结构"因子层："社会结构"，是指整体社会中各个基本组成部分之间比较稳定的关系或构成方式，一般包括人口结构、家庭结构、社会组织结构、收入分配结构、社会阶层结构等，具有复杂性、整体性、层次性、相对稳定性等特点。基于社会结构与空间关系的紧密程度，历史街区的社会结构是以街区原住居民的人口结构、家庭结构为核心的社会结构。历史街区的居住空间单元也是以原住民家庭结构为单位的社会单元空间形式，居住空间单元的改变势必影响原住民人口结构与家庭结构。因此，"居住空间单元"作为"社会结构"指标层具有重要意义。具体包括"D18 居住空间单元的真实性"指标层、"D19 居住空间单元的延续性"指标层。

a."D18 居住空间单元的真实性"指标层：是指由历史街区内部（核心保护范围）街巷、院落空间构成的居住单元的空间形式与尺度的真实，通常由历史街区街巷空间肌理的真实性进行表征。在历史街区保护与利用过程中，建筑与空间的整治、改造等活动，都会对街巷空间肌理造成影响，特别注意的是居住空间单元的真实性的对象是原住民，而不是外来流动人口或者以居住功能为幌子的高端居住人群。

b."D19 居住空间单元的延续性"指标层：是指在历史街区核心保护范围关于改建或新建建筑活动过程中对街巷空间肌理的延续，或在建设控制地带新建建筑活动过程中对历史街区既有街巷空间肌理的延续。

（3）"B3 功能属性"准则层—C 因子层—D 指标层阐释

历史街区生活真实性除"地域民俗文化""地域生活方式""社会结构"及其文化、生活性场所等关于文化属性的真实性外，还具有功能属性的真实性。历史街区的功能是指因居民生活需求而对历史街区进行使用或利用。历史街区的功能延续是生活真实性属性保护最好的表征，能最大限度地减少对生活真实性、生活价值所产生的干扰。然而，大部分历史街区都具有居住功能和一定的商业功能❷。但是在现代旅游业发展驱

---

❶ 张曦，葛昕.历史街区的生活方式保护与文化传承——看苏州古街坊改造 [J].规划师，2003，06：15-19.

❷ 胡敏，郑文良，陶诗琦，许龙，王军.我国历史文化街区总体评估与若干对策建议——基于第一批中国历史文化街区申报材料的技术分析 [J].城市规划，2016（10）：65-73+97.该文对我国第一批 148 个中国历史文化街区的"功能"在街区中出现的个数与频率进行了统计，其中商业型街区 97 个，占比 68.3%，居住型街区 6 个，商住混合型 38 个，占比 38%，其他类型或不详 7 个.

使下，过度商业化代替既有居住功能成为一种潮流。因此，维护、延续历史街区的既有功能，并避免历史街区的过度商业化，成为判断历史街区生活真实性属性或生活价值的重要性指标。

历史街区功能属性包括居住功能与服务功能，其中，居住功能是历史街区的主导功能，是生活真实性属性判断的重要标准之一，服务功能是其必要的辅助功能，是由公共服务设施与基础设施提供的功能。因此，功能属性指标包括"居住功能"与"服务功能"指标层。

① "C31 居住功能"因子层：历史街区功能随着现代社会发展，其居住功能发生相应变化是必然的，但是应控制居住功能变化的度，保持生活真实性的延续。可通过"D20 居住用地规模比例的延续性""D21 居住建筑规模比例的延续性"两项指标来衡定。

a. "D20 居住用地规模比例的延续性"指标层：控制居住用地规模占比，是对人均居住用地面积的保证，比例太多或太小都会导致对居住人口规模控制的失效，也就不能达到延续地域生活方式与社会结构的目的。因此，延续居住用地规模比例，是延续居住功能属性的重要指标。

b. "D21 居住建筑规模比例的延续性"指标层：控制居住建筑规模比例，是通过控制居住建筑建设的强度的方式达到控制居住人口规模比例的目的，对于延续生活方式与社会结构具有重要意义。因此，延续居住建筑规模比例，也是延续居住功能属性的重要指标。

② "C32 服务功能"因子层：随着居民对物质、精神生活需求的不断提高，街区的服务功能也应相应改善，尤其传统的历史街区缺乏现代化的生活设施，需要对街区的服务设施进行更新、改造，使得原住民拥有完善的居住条件，从而留住原住民，街区回归生活化，这是历史街区生活真实性属性延续的重要保障。"服务功能"指标包括"D22 公共服务设施的改善程度"与"D23 基础设施的改善程度"。

a. "D22 公共服务设施的改善程度"指标层：公共服务设施的改善，既要对已有公共服务设施进行整治，又需要根据街区现代服务要求新增部分公共设施，如商业、文化、体育、医疗、福利等设施，同时其风貌应与街区历史风貌协调。

b. "D23 基础设施的改善程度"指标层：基础设施的改善，包括日常生活基本需求的环卫设施、水电气等设施。同公共服务设施类似，在该类设施的改善过程中，应以不影响历史风貌为前提。

（4）"B4 景观属性"准则层—C 因子层—D 指标层指标阐释

历史街区除"物质属性""文化属性""功能属性"外，还具有景观属性。历史街区的景观属性，是关于为街区内部原住民或街区外部市民视觉感知到的历史街区物质

形态的、精神氛围的综合对象的属
性，不仅包括历史街区的地形地貌、
建筑、绿化等自然和人工要素，同
时还包括人类活动的内容。因此，
历史街区的景观属性包括内部的与
外部的，自然的与人工的，点状的、
线性的、面状的景观属性等。按类
型可分为景观背景、景观廊道、景
观点与观景点、街道景观四种属性
的空间景观。

图 4.7　拆除前湖广会馆及东水门历史街区背景天际线

资料来源：作者自摄

①"C41 景观背景"因子层：景观背景是位于街区内部或外部主要观景点感知到
的历史街区与城市空间或自然环境交界区域的城市景观或自然景观，常常以背景的形
式出现。在英国，眺望景观的保护将背景协议区纳入景观控制的对象，控制其建筑高度、
天际线、建筑风貌等❶。因此，"景观背景"准则层包括"D24 背景天际线的协调性"、"D25
背景风貌的协调性"两项因子。

a. "D24 背景天际线的协调性"指标层：背景天际线，即历史街区与城市空间或自
然环境交接形成的界面，可以是城市景观界面或自然景观界面，由观景点所处的位置
决定。在历史街区外部环境建设活动过程中，一般由于背景天际线未能得以控制，造
成历史街区被周围高楼包裹成"历史孤岛"，如重庆湖广会馆及东水门历史街区背景现
代高层建筑与其整体风貌不协调（图 4.7）。因此，将"背景天际线的协调性"作为景
观属性判断的重要指标层具有重要意义。

b. "D25 背景风貌的协调性"指标层：即背景建筑风貌与历史街区历史风貌的协调
性或相容性，包括背景建筑风貌与历史街区历史风貌的协调性或相容性以及与自然风
貌的协调性或相容性。在实际建设项目建设过程中，常常由于建设现代化的高楼大厦
或商场，而导致对历史街区背景风貌缺乏相应的影响控制。因此，将"背景风貌的协
调性或相容性"作为景观属性判断的重要指标层具有重要意义。

②"C42 景观廊道"因子层：景观廊道，属于线性空间景观类型，是基于人视角
度将观景点与景观点之间连接起来形成的观赏廊道，包括平面与立体的可视区域。历
史街区景观廊道，是人们自街区内部观景点向街区外部景观点（如古庙、古塔、自然
山体）或外部观景点向内部景观点（如古塔、古庙、古牌坊、古城墙、古城门等景观
构筑物）观赏的可视区域（图 4.8）。通过景观廊道因子的影响控制，可以控制景观廊

❶　西村幸夫＋历史街区研究会编著，张松，蔡敦达译. 城市风景规划——欧美景观控制方法与实务 [M]. 上海：
上海科学技术出版社，2005.

图 4.8　绍兴书生故里历史街区景观廊道

资料来源：作者自摄

道范围内的保护、开发建设活动及其建设开发强度，改善历史街区的视觉景观环境，从而进一步满足原住民对于精神生活的需求。"C42 景观廊道"包括"D26 原有景观廊道的延续性""D27 景观廊道的增加程度"两项因子层。

a."D26 原有景观廊道的延续性"指标层：即对历史街区与外部环境历史形成的视觉景观廊道进行保护、控制，以实现延续原有景观廊道的目的。历史街区是层层积淀的城市遗产，其构成要素不仅包括不同时期建设的具有重要历史价值的建筑遗存，而且还包括对历史街区风貌具有重要影响的建筑，导致对原有视觉景观廊道的破坏影响，如位于苏州寒山寺历史街区范围内的普明塔作为寒山寺景区最高的建筑，是寒山寺景区甚至为整个枫桥景区的核心，同时也是整个景区的视觉焦点，在梵音阁、大诗碑未建成之前普明塔作为视觉景观核心地位是不可替代的。但是，后来在寒山寺景区建成的梵音阁和大诗碑对景区视觉景观造成了严重干扰（图 4.9），同时还有一些周边建筑物在高度、风格、形式、和色彩方面都对景区的视觉景观产生了不同程度地影响❶。这种现象在国内许多历史街区中普遍存在，因此，需要将"D26 原有景观廊道的延续性"作为判断景观属性影响的重要指标层。

b."D27 景观廊道的增加程度"指标层：即通过分析历史街区与外部环境之间可能构建的景观廊道，通过"景观图片"梳理出前景、主景、背景，从而筛选出潜在的最佳观赏廊道❷。尤其对于中心聚焦型历史街区❸，需要全面而系统进行视觉质量评价，挖掘潜在景观廊道，以进一步改善历史街区的视觉环境。

③"C43 景观点与观景点"因子层：前文已述"景观背景""景观廊道"因子对于"景观属性"的重要性，景观点与观景点是建立"景观背景""景观廊道"因子的重要因素，因此，景观点与观景点的保护、延续、改善等能积极促进"景观背景""景观廊道"的保护。"C43 景观点与观景点"包括"D28 原有景观点与观景点的延续性""D29

❶ 黄耀志，罗曦.浅议历史文化街区的景观视觉影响评价——以苏州寒山寺为例 [J].现代城市研究，2010（06）：44-49.

❷ 罗曦，黄耀志，毕婧.历史文化街区视觉景观评价方法探析 [J].安徽农业科学，2011（09）：5393-5395."景观图片"指人们在观赏一个景观对象时所看到的景物构成的视觉图片.这好比是人们在观赏风景时将眼前的景物通过相机拍摄下来，而拍摄下来的这张照片就是景观图片.

❸ 中心聚焦型历史街区：指具有一个明显的中心焦点且构成区域重要视觉景观核心的历史街区.

图 4.9　寒山寺历史街区中梵音阁和大诗碑带来的视觉景观干扰

资料来源：黄耀志，罗曦 . 浅议历史文化街区的景观视觉影响评价——以苏州寒山寺为例 [J]. 现代城市研究，2010
（06）：44-49.

景观点与观景点的增加程度"两项指标层。

a."D28 原有景观点与观景点的延续性"指标层：延续原有景观点与观景点的空间位置、形态、尺度、竖向标高等属性是保护原有景观点与观景点真实性的主要依据。历史街区的景观点可能是历史街区内部的景观地标或视觉中心，也可以是历史街区关联的外部景观地标（包括关联的历史遗存、标志性构筑物、自然山体等要素）；观景点可能是历史街区内部的特色场所，也可以是历史街区外部环境中的空间节点或线性开敞空间，如城市广场、桥梁、水上或水岸线、景观道路、山体制高点等。在城市建设过程中，历史街区外部关联的景观地标（如历史遗存）或观景点容易被忽视，而只重视历史街区内部观景点与景观点的保护，这对于历史街区的保护也是不完整的，而且与遗产保护的整体性原则也是不相符的。

b."D29 景观点与观景点的增加程度"指标层：在历史街区原有景观廊道的基础上构建具有观赏价值的景观廊道，需要对景观点与观景点进行新的挖掘来实现，在不影响历史街区主要景观廊道基础上，增加景观点与观景点的数量，可以改善历史街区整体视觉环境。因此，"D29 景观点与观景点的增加程度"指标层与"D27 景观廊道的增加程度"指标层紧密关联。

④ "C44 街道景观"因子层：街道景观包括历史街区内部街巷景观与历史街区外部街道景观，是线型连续的空间景观。街巷景观是基于历史街区景观节点空间通过线状空间组合而成的，是体验者基于视觉感知与一定时间、空间范围内动态游览形成的一种记忆架构，是形成历史街区整体景观认知的景观骨架 ❶，因此，延续街巷景观的形态、尺度、细部特征等具有重要意义；历史街区外部的街道景观，是历史街区内部街

---

❶　张凤阳，王子强 . 基于视觉图式的历史街区景观空间组织研究——以苏州地区为例 [J]. 现代城市研究，2014
（06）：14-21.

巷景观向外部景观过渡的重要界面，保持外部街道景观与历史街区内部街巷景观风貌的协调性，可以缓解历史街区整体景观属性的负面影响。因此，"C44 街道景观"因子层可以对应"D30 主要街巷景观的延续性""D31 主要街道景观的协调性"两项指标层。

（5）"B5 环境属性"准则层—C 因子层—D 指标层指标阐释

《西安宣言》（2005）提出古建筑、古遗址和历史区域的周边环境的保护政策，实质为遗产保护完整性原则的重要体现。根据《西安宣言》内容，"环境"界定为紧靠历史遗存（古建筑、古遗址和历史区域）的和延伸的、影响其重要性和独特性或是其重要性和独特性组成部分的周围环境，这一部分为实体和视觉环境含义，另外，"环境"还包括历史遗存与自然环境之间的相互关系，以及所有过去和现在的人类社会和精神实践、习俗、传统的认知或活动、创造并形成了周边环境空间中的其他形式的非物质文化遗产，甚至还包括当前活跃发展的文化、社会、经济氛围❶。

前文阐述的"文化属性"对应的"地方民俗文化""地域生活方式"因子与周边环境非物质文化遗产具有紧密联系或同一性。因此，这里的"环境属性"，是指除非物质文化遗产外的实体自然环境和视觉景观方面的含义，还包括与周围环境的其他关系。在历史街区与外部环境关系的属性层面，除了历史街区与自然环境历史形成的空间格局关系、视觉景观关系外，还包括与外部环境的协调性，这也是增强历史街区真实性与可识别性，通过缓解外部环境的变化，从而避免或减少历史街区遗产价值的负面影响。因此，"B5 环境属性"准则层对应"C51 自然环境""C52 与外部环境的协调性"两项因子。

① "C51 自然环境"因子层：自然环境，即历史街区外部自然环境，是历史街区感知范围的自然覆盖区域，包括地形地貌、绿化植被、山体、水系等自然地理要素，因此，可以分解为"D32 自然环境的真实性""D33 自然环境的完整性"两项指标层。

a. "D32 自然环境的真实性"指标层：自然环境的真实性是关于历史街区有机共生的自然环境的结构、形态、尺度、材料等特征属性的真实，任何破坏其自然环境的结构、形态、尺度等建设活动都会对其自然环境的真实性造成负面影响，如将历史街区周边有机共生的自然山水环境规划为城市建设用地或水系，都会对其自然环境真实性产生破坏性影响，如重庆丰盛古镇，是古代巴县旱码头之首，也是"长江第一旱码头"，然而，重庆丰盛镇总体规划将丰盛古镇东侧大面积田园环境区域规划为水系用地，在一定程度上破坏了古镇田园历史环境的真实性（图 4.10）。

b. "D33 自然环境的完整性"指标层：自然环境的完整性是指历史街区可感知环境的空间范围的整体性以及对自然环境属性的整体延续。在历史街区外部环境开发建设

---

❶　ICOMOS，西安宣言——关于古建筑、古遗址和历史区域周边环境的保护 [R].2005.

过程中，历史街区关联的山水环境
的完整性容易遭到破坏，因此，保
护自然环境的完整性，有利于保护
历史街区遗产价值属性的完整性。

②"C52 与外部环境的协调性"
因子层：包括外部建筑的协调性以
及与外部自然环境的视线可达性。
一方面，历史街区外部环境的真实
性保护并非原有的土地利用方式永
远保存不变，周围环境区域建设活
动是城市发展的需求所致，并不能
完全阻挡这些开发建设行为，为此，
为了缓解这种破坏影响，通过"协
调"的缓解措施达到保护历史街区
价值属性的目的也是可以理解的。
因此，"C52 与外部环境的协调性"
因子对应"D34 与外部建筑风貌的

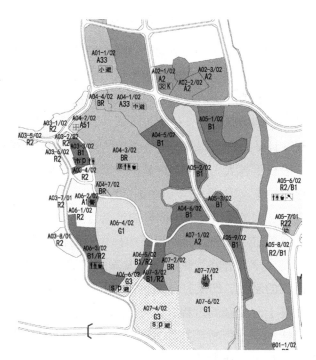

图 4.10　丰盛古镇周边用地规划图
资料来源：重庆市规划与自然资源局巴南区分局

协调性""D35 与外部建筑高度的协调性""D36 与外部自然环境的视线可达性"三
项指标层。

a."D34 与外部建筑风貌的协调性"指标层：为缓解新建建筑风貌与传统风貌的矛
盾，街区外部建筑风貌需要与整体历史风貌协调。

b."D35 与外部建筑高度的协调性"指标层：外部环境开发建设的强度决定了历史
街区景观属性的影响程度，另外，外部建筑高度也是历史街区及其视觉景观核心是否
被遮挡的重要属性。

c."D36 与外部自然环境的视线可达性"指标层：也是改善市民视觉环境的重要
指标，"与外部自然环境的视线可达性"与前文"景观廊道""景观点与观景点"不
同的是，历史街区的可达性并非与景观廊道重叠，是相对于历史街区环境的视觉可
达性需求，实质是对历史街区与外部环境的视觉互动性或历史街区的开敞性进行检
测。综上，根据居民的景观诉求，在延续既有景观点与观景点的真实性与完整性基
础上，应合理优化景观点与观景点的空间布局，改善历史街区与外部自然环境的视
线可达性属性。

4.3.6 指标体系的权重构成

赋权重值是用以比较各要素间重要性或大小的重要工具。历史街区影响评估指标体系的赋权重，则是比较或衡量历史街区影响评估体系中各价值属性、因子、指标对于历史街区遗产价值影响的贡献程度，权重越大，则贡献越大，价值等级高，相反，权重越小，则贡献越小，价值等级低，其目的并不是比较各要素间价值等级高低，而是有助于在评估过程测算或衡量各要素的影响等级，为缓解措施进行针对性制定提供决策服务。一般权重越大，价值等级越高，影响等级则越大，影响程度越大，则需要制定越重要的缓解措施。因此，确定历史街区影响评估指标体系的权重构成，有助于估算或衡量各价值属性、因子、指标的不同影响等级与程度，从而采取不同针对性的缓解措施。

确定历史街区影响评估指标体系的权重构成，通常采取专家打分赋权重值的方式。但是专家打分将受到所选取专家的来源、数量以及历史街区所处的具体区位、环境等因素的制约，即受打分的主体和客体因素的影响。因此，在国内建立统一的权重构成，则是十分复杂的过程，需要随机选取大量的专家，并对全国成百上千的历史街区进行采样，综合判断其共性特征，最终才能确定适用于国内任何历史街区影响评估指标体系的权重。作者认为，专家打分只是作为判断历史街区影响评估指标体系权重构成的重要方式，并不需要在国内建立统一的权重体系，因为国内历史街价值特色千差万别，山地与平原、北方与南方、中心地段与边缘地段等不同区域的历史街区其价值属性权重构成也存在较大差异，具体的历史街区需要进行具体对待。这里只是以专家打分作为示范，为确定影响评估指标体系中各准则层、因子层、指标层的相对重要性，随机选取三个专家咨询打分，并进行权重加权计算。以专家对重庆地区历史街区的遗产价值及其属性的一般印象为主要依据，通过层次分析法软件（AHP）处理专家打分结果为示范（图 4.11）。从而得出得出各因子层、指标层的权重值（表 4.5）。通过分析，在准则层中，物质属性权重值最大（0.5575），其次为环境属性（0.2090），功能属性权重

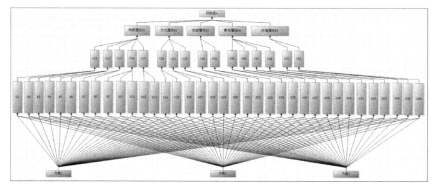

图 4.11 "目标层—中间层—方案层"层次结构树

资料来源：作者通过 AHP 软件生成

值排名第三（0.0958），景观属性权重较低（0.0733），文化属性权重最低（0.0643）。

历史街区影响评估的指标权重　　　　　　　　　　　　　　表 4.5

	准则层 B	因子层 C	指标层 D
目标层 A	B1 物质属性 0.5575	C11 整体空间 0.1441	D1 空间格局的延续性 0.0918
			D2 空间结构的延续性 0.0151
			D3 空间形态的延续性 0.0372
		C12 建筑物 0.0872	D4 文物建筑的真实性与协调性 0.0607
			D5 历史建筑的真实性与协调性 0.0200
			D6 传统风貌建筑的协调性 0.0066
		C13 历史街巷 0.2131	D7 街巷空间的真实性 0.1598
			D8 街巷尺度的延续性 0.0533
		C14 环境要素 0.0640	D9 古树名木的真实性 0.0139
			D10 历史文化要素的真实性 0.0442
			D11 绿化环境的改善程度 0.0059
		C15 历史场所 0.0492	D12 历史场所的真实性 0.0369
			D13 历史场所的完整性 0.0123
	B2 文化属性 0.0643	C21 地方民俗文化 0.0109	D14 民俗文化展示性场所营造程度 0.0073
			D15 民俗文化展示性场馆的数量 0.0036
		C22 地域生活方式 0.0249	D16 生活性场所的延续性 0.0166
			D17 生活性场所的改善程度 0.0083
		C23 社会结构 0.0285	D18 居住空间单元的真实性 0.0095
			D19 居住空间单元的延续性 0.0190
	B3 功能属性 0.0958	C31 居住功能 0.0767	D20 居住用地规模比例的延续性 0.0383
			D21 居住建筑规模比例的延续性 0.0383
		C32 服务功能 0.0192	D22 公共服务设施的改善程度 0.0064
			D23 基础设施的改善程度 0.0128
	B4 景观属性 0.0733	C41 景观背景 0.0316	D24 背景天际线的协调性 0.0211
			D25 背景风貌的协调性 0.0105
		C42 景观廊道 0.0152	D26 原有景观廊道的延续性 0.0126
			D27 景观廊道的增加程度 0.0025
		C43 景观点与观景点 0.0164	D28 原有景观点与观景点的延续性 0.0123
			D29 景观点与观景点的增加程度 0.0041
		C44 街道景观 0.0101	D30 主要街巷景观的延续性 0.0068
			D31 主要街道景观的协调性 0.0034
	B5 环境属性 0.2090	C51 自然环境 0.1393	D32 自然环境的真实性 0.0929

	准则层 B	因子层 C	指标层 D
目标层 A	B5 环境属性 0.2090	C51 自然环境 0.1393	D33 自然环境的完整性 0.0464
		C52 与外部环境的协调性 0.0697	D34 与外部建筑风貌协调性 0.0389
			D35 与外部建筑高度协调性 0.0223
			D36 与外部自然环境的视线可达性 0.0085

资料来源：作者自绘

从 5 种属性对决策目标权重的排序中可知，物质属性权重占主导地位，是承载历史街区遗产价值的主要属性，环境属性权重次之。功能属性、景观属性、文化属性权重都较低，但各权重值差距并不大。足见，重庆地区历史街区影响评估的基本价值属性主要以物质属性及其环境属性为主，功能、景观、文化等其他非物质属性比重较小，但也是不可或缺的重要属性，尤其是历史街区作为活态遗产类型，更需要功能、文化属性的支撑，若评估仅局限于物质属性或环境属性而忽略功能、文化等属性，将阻碍历史街区多样性遗产价值及活态特征的延续，更不利于历史街区真实性、完整性的保存。

本书构建的历史街区影响评估指标体系是通过一般性历史街区特征进行总结的，其权重构成是以重庆地区历史街区的遗产价值及其属性的一般印象为依据而打分形成的，为判断该指标体系及其权重构成是否普遍应用于重庆其他历史街区影响评估中的适用性，需要选取典型历史街区的具体价值及其属性的特征进行针对性判断与处理，以验证该指标体系及其权重的普适性。

4.3.7 指标体系的验证

为进一步判断以上指标体系及其权重应用的普适性，这里以体现典型山地空间特色的重庆磁器口历史街区为对象，对以上影响评估指标体系的适用性进行验证。

1. 磁器口历史街区的一般概况

磁器口历史街区位于重庆市沙坪坝区西北部嘉陵江畔，具有 1800 余年的历史，明朝逐步形成了水陆交汇的商业码头，其特殊的地理与发展历史形成了山地街区空间特色与巴渝文化特色。保存下来的历史街区包括清水溪、嘉陵江、凤凰溪河渝碚路所围合的区域，面积约 32.5 公顷，街巷格局和自然环境风貌基本保存完整（图 4.12）。

2. 磁器口历史街区特色

磁器口历史街区特色主要表现在空间格局、平面格局、街巷空间主要功能三方面：

（1）空间格局

磁器口历史街区背山（歌乐山）面水（嘉陵江），中部马鞍山自西向东蜿蜒伸展横担整个街区，区内地形起伏多变，地面高差达 60 米，南北两溪（清水溪、凤凰溪）

环绕街区交汇于嘉陵江中，街区外围尚有凤凰山和金碧山形成对节气的二次环抱之势。街区整体"山水相间""山环水抱"，形成了其独特的自然山水环境。街区的空间格局以自然山水环境为基础，依山就势，街道与建筑沿嘉陵江即两条溪沟环绕马鞍山呈台梯形分布，形成三维立体空间结构形态，并有机附于自然环境形态中，与自然山水浑然一体，山、水、街交相辉映，相生相息，构成了重庆地区典型山地风貌的鲜明特色（图4.13）。

图4.12　磁器口历史街区卫星图

资料来源：googleearth 卫星地图

图4.13　磁器口历史街区空间格局

资料来源：作者自摄

（2）平面格局

磁器口历史街区以环绕马鞍山的两条主要街道磁器口正街和横街为骨架，42条巷道垂直于正街和横街向马鞍山脊和溪沟边缘呈枝状发展，形成特征明显的树枝状平面格局。沿主要街道两侧分布商业服务设施，沿巷道两侧布局住宅院落，街、巷、院构成了"公共空间—半公共空间—私有空间"的三级空间结构，形成清晰的社会组织的基本模式。主要街道承担交通组织、社会生活、经济发展的核心作用，而巷道是社区组织的基本单元，依照地形条件灵活伸展（图4.14）。

（3）街巷空间主要功能

街区街巷空间尺度宜人，功能复合多用，形成了集交通运输、商业活动、社会生活、

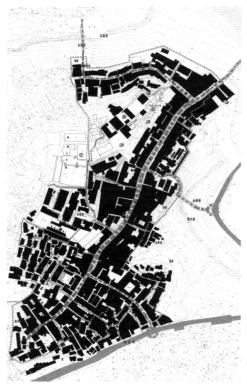

图4.14　磁器口历史街区核心区平面格局

资料来源：根据《重庆磁器口历史街区保护与规划设计成果》改绘

邻里交往、家庭生活为一体的复合空间环境，因此，体现了生态功能、景观功能、社会生活功能以及邻里交往的功能 ❶。

生态功能：街区大部分街巷走向与本地常年主导风向（北向、西北向）一致，起着引风疏导、改善街区生态环境的作用，适宜于重庆地区炎热潮湿的气候条件。

景观功能：街巷布局在组织街区空间的同时，将中央山体马鞍山和外围水体嘉陵江、清水溪、凤凰溪的山水环境景观有机地联系起来，使得自然景观与人文景观交相辉映。另外，许多街道和巷道相交的空间节点也是街区的景观节点。

社会生活功能：正街和横街除承担街区的主要交通外，也是街区社会、经济、文化生活的中心，临街布置商业、饮食、文化等各种公共服务设施，街道也是节日庆典及婚丧婚娶的活动场所。

邻里交往功能：巷道除承担次要交通外，也是邻里交往的场所，并因此构成社区组织的基本结构单元。

3. 磁器口历史街区的价值属性构成及相关指标体系

通过对街区空间格局、平面格局、街巷空间主要功能等综合分析，磁器口历史街区形成了具有山地空间特色与巴渝文化特色的价值属性，即准则层包括物质属性、文化属性、功能属性、景观属性、环境属性。这里对"准则层—因子层—指标层"内容提取，从5项价值属性分别阐述磁器口历史街区影响评估的指标体系。

（1）物质属性

和其他历史街区一样，磁器口历史街区具备相应的物质历史遗存，只不过其体现了更具有山地特色的物质空间属性，包括山地整体空间（包括体现山地特征的空间格局、空间结构、空间形态）、重要建筑（包括宝轮寺文保单位与大量的巴渝传统民居）、山地历史街巷（正街、横街以及42条历史巷道）、环境要素（包括明代古树、明代古井、

---

❶　重庆大学城市规划与设计研究院 . 重庆磁器口历史街区保护与规划设计成果文本 .2000.

金蓉桥、金碧桥、磁器口码头等）以及山地历史场所（包括正街牌坊前入口广场、清代戏楼前广场，以及正街、横街与 42 条巷道的转折空间等）等。毋庸置疑，"物质属性"是历史街区价值属性中最重要的部分，其权重值也应最大。

（2）文化属性

磁器口历史街区赋予的文化属性，是体现巴渝传统特色的民俗文化、巴渝生活方式以及街区稳定的社会结构。巴渝民俗文化体现为巴渝茶馆、川剧观演、红岩文化、传统手工作坊文化等；巴渝生活方式体现为以嘉陵江、正街、横街以及 42 条巷道（也是梯道）为载体的出行生活方式，山地居住院落空间构成了山地历史街区生活性场所；街区的社会结构方面，居住人口约 5000 人，老年人占主导（占 27%），商家约 500 户，三代同堂为家庭生活单元，前店后宅、下店上宅、上店下宅为居住空间单元。因此，只有延续了街区的巴渝民俗文化、生活方式和既有的社会结构，才能延续街区的文化属性，街区的物质属性才能被赋予文化内涵，文化属性权重占一定比例是合理的。

（3）功能属性

磁器口历史街区功能，形成了居住功能为主导（占 69.3%）、公共服务为辅（商业占 5.2%、办公 0.4%、文物古迹 0.8%、教育 1.8%）的功能结构。因此，延续磁器口历史街区的功能属性，最为关键的是延续体现居住功能占主导的既有居住用地规模、居住建筑规模的比重。因此，功能属性是磁器口历史街区社会、生活职能延续的根本保障，尤其延续居住规模及其结构是功能属性指标体系中的关键，其权重较大是合理的。

（4）景观属性

磁器口历史街区的景观属性，体现为以金碧山、马鞍山、凤凰山为景观背景、以宝轮寺和嘉陵江之间的景观廊道为核心，以街区临江界面的开敞平台为观景点以及嘉陵江沿线为观景带，以宝轮寺作为主要景观点，正街、横街为街道景观，体现了因地制宜、自由变化的线性景观特征。街区的景观属性，体现了其山地特色的三维景观，也是区别与其他平原型历史街区的特色属性，其指标体系的权重应占有一定份额，而不能完全忽略。因此，景观属性应占较大比重，但是对于北方平原型历史街区，景观背景因地形平坦而并未显得那么突出，这时景观背景这一项因子也可忽略不计。

（5）环境属性

磁器口历史街区的环境属性，包括体现其山水格局的山水自然环境和外部人工环境，其中，山水自然环境包括一江、两溪、三山，即由嘉陵江、清水溪、凤凰溪、金碧山、凤凰山、马鞍山等自然资源构成的山水自然环境，也是街区有机共生的背景环境，其权重在环境属性中应占最大比重；但近年来为满足街区的发展需求，往外拓展了居住小区，为适应市场需求，也陆续建设了大量的高层住宅（如国富沙磁巷小区），因此，外部人工环境的建设势必阻碍街区整体风貌的延续，因此，将"与外部环境的协调性"

作为环境属性的重要因子也是合理的，但相对而言，"自然环境"（包括自然环境的真实性与完整性）的权重应最大。但是，对于江浙地区或北方地区部分平原型历史街区或位于历史城区核心地段的历史街区，其周围自然环境一般相对较少，大部分都是被周围建成环境即密度较大的建筑包围，如位于宁波鼓楼公园路历史街区、北京南锣鼓巷历史街区等，这时，"自然环境"的权重较小，而"与外部环境的协调性"权重较大。因此，环境属性包括的"自然环境"与"与外部环境的协调性"两项因子权重划分，应视街区所处的具体环境而定，尚未固定、统一的权重构成。

4. 结果与讨论

本节以位于重庆地区的磁器口历史街区为对象，验证了历史街区影响评估的指标体系应用的准确性，并对其部分权重构成进行了讨论，由此，总结出历史街区影响评估指标体系的权重构成只是相对的，应视具体情况具体分析，其权重排序会受到许多客观因素的影响。国内历史街区自身价值及环境特色也存在较大差异，如平原型历史街区与山地型历史街区的不同，江浙水乡型历史街区与北京历史人文型历史街区的不同，临江环境优越型历史街区与历史性城市中心型历史街区的不同等。不同类型的历史街区所积淀的遗产价值及其表征的价值属性也会不同，比如江南水乡型历史街区，环境属性（尤其是水环境属性）与物质属性地位同等重要。山地城市中的历史街区，山地地形条件塑造了彰显山地特色的三维簇群景观，使得周围山水环境也是与历史街区有机共生的必要属性，因此，这时候景观属性与环境属性同等重要。与此类似，各类因子、指标权重值也会受历史街区所处地域环境的影响。国内关于历史街区影响评估指标体系的权重并没有统一的标准，而且要在国内建立统一的标准也是不可能的，这里只是对层次分析法应用于指标体系权重构成的构建提供一种示范。

这里分配影响评估指标的权重，仅是对各准则层、因子层及指标层的相对重要性进行比较，其具体权重值的大小并不能代表具体的遗产价值大小。历史街区影响评估，最终目的是判断所有价值属性是否受到负面影响，厘清影响源是如何作用于历史街区的各项价值属性、各项因子以及各项指标的，并为针对性地制定保护措施或决策提供引导。因此，历史街区影响评估指标体系的权重构建，只是为历史街区各价值属性相对重要性的判断以及针对其具体影响提出保护措施提供决策服务。

4.4 历史街区影响评估的技术流程

历史街区影响评估的技术流程是关于系列动态发展的建设项目或保护计划、活动对历史街区的影响进行预测、评估的技术环节，总体包括现状基础研究、遗产价值分析、影响识别与分析、影响评估、缓解措施制定等五个环节（图4.15）。各环节开展的具体方法，应采取适宜于历史街区多元遗产价值及其动态发展属性的方法。

4.4.1　现状基础研究

历史街区影响评估的现状基础研究环节，应包括历史街区及建设项目相关资料收集与研究。现状基础研究是历史街区遗产价值分析及影响源识别的前提和基础。

并非历史街区影响评估的所有类型与具体实践都需要对历史街区进行系统而全面的分析，应视建设项目的具体位置、规模、性质，而对主要矛盾（建设项目作用于历史街区具体的遗产属性）采取针对性的方法对历史街区相关资料进行收集与研究。以下从历史街区的遗产属性方面对其相关遗产信息、资料收集与研究的一般性方面进行阐述，也是开展历史街区影响评估任意类型的前提和基础。

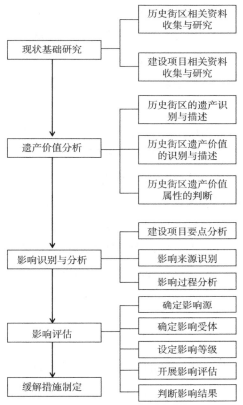

图 4.15　历史街区影响评估的技术流程

资料来源：作者自绘

1. 历史街区相关资料收集与研究

历史街区是历史层积的活态遗产类型，其遗产属性具有历时性与共时性的特性，是历史演进过程中遗产多样性与社会、经济、文化等价值多样性的统一。因此，历史街区相关资料收集与研究，是综合性、复杂性的工作过程。历史街区相关资料收集与研究，应收集历史街区区位环境、历史沿革、地形地貌、社会经济、内部历史遗存（包括建筑、环境要素等）、非物质文化、基础设施及公共设施、区域自然环境与关联遗产、历史街区敏感视点、周围街道景观与交通状况等内容，尤其对历史街区内部列为遗产名录的文物古迹应进行分门别类的整理。同时，需要对街区内部居民进行调查，以体现原住民的发展意愿或诉求。

对历史街区现状研究时，应通过文献梳理、实地踏勘与图形处理分析结合。通过CAD绘图、3D建模、数据库建立、地形建模、视廊建模、视觉分析、视频归档等方法的使用，对历史街区历史演变、历史环境、社会结构、空间格局、历史风貌、街巷肌理、典型街巷空间与节点空间、建筑空间组合、建筑风格及细部等方面进行定量的分析与定性的特征总结，为历史街区遗产价值的分析与评估提供铺垫。

2. 建设项目相关资料收集与研究

这里的"建设项目"，包括历史街区外部系列持续开发建设活动（包括规划建设方案、建设工程方案等）与内部系列持续保护整治活动（包括保护规划、保护计划、保护整治具体方案等），建设项目是动态持续的，是不断开展历史街区影响评估的直接动因。因此，应对持续的建设项目进行全面而系统的梳理与分析。资料收集与研究范围应包括项目所在地块和周边环境区域，分析项目所在的区域、规模、范围和具体边界，以及项目所在地块使用的状态、形式和规模，对其一般性特征进行描述。在对项目周边环境调查时，需要分析周边区域地形、土地利用情况、景观和城镇风貌特征、周边建筑高度、风貌、体量、形式和交通组织形式等。在现状累积影响评估的建设项目相关资料收集过程中，还需要收集在建项目与已批规划的相关资料。保护规划影响评估，除了对现状建设项目进行调查，还需要对保护规划的要点进行梳理，如空间布局方案、保护区划分、道路交通规划等，这些有可能成为历史街区遗产价值属性的影响源之一。

4.4.2 遗产价值分析

历史街区的遗产价值分析，即对普遍价值与地方特色价值进行分析。历史街区遗产价值分析的内容应包括历史街区的遗产识别与描述、遗产价值的识别与描述、遗产价值的属性（价值属性）判断三个方面。

1. 历史街区的遗产识别与描述

历史街区的遗产识别与描述，需要将建设项目或开发计划影响范围内的所有遗产本体及其关联环境进行梳理与阐释，其中遗产本体包括构成历史街区的物质空间要素与关联的非物质要素（包括功能、场所精神等）；关联环境包括历史街区遗产相关的自然环境、人文环境以及历史街区与周边自然环境的历史联系（包括感知的与非感知的各种联系）。

2. 历史街区遗产价值的识别与描述

历史街区的遗产价值，是普遍价值与地方特色价值的统一。历史价值、艺术价值、科学价值、生活价值、文化价值、社会价值、功能价值构成了历史街区的普遍价值，其中的历史价值、艺术价值、科学价值是历史街区遗产价值中的核心价值，生活价值、文化价值、社会价值、功能价值是核心价值衍生而来的价值，即衍生价值。另外，各城市中历史街区由于所处的区位、景观、环境等的差异，而赋予了一定的地方特色价值，如由于区位条件优越而隐藏着巨大的经济价值，或者虽然区位偏远但周围自然环境优越而具有较高的景观价值与环境价值等，如重庆山地历史街区，大多因被山水环境包围而具有较高的景观价值与环境价值。因此,应在历史街区遗产本体及其环境进行识别、描述基础上总结、提炼出其具体的遗产价值，尤其是地方特色价值，并对历史街区的所有遗产价值结合遗产本体及其周围环境进行详细阐释，用以证明历史街区各遗产价值的等级。

3. 历史街区遗产价值属性（价值属性）的判断

历史街区影响评估的关键在于评估承载历史街区遗产价值的属性（即价值属性）受到的影响，而普遍价值与地方特色价值构成了其遗产价值的主要内容。因此，在历史街区影响评估报告中应对价值属性进行单一或整体进行清晰和全面的文字描述，通过列出它们单一或收集到的具体情况、重要性、相互关系与敏感度，以及应对变化能力的说明。历史街区所有构成要素都应包括在内，但是对历史街区具有的核心价值的要素需要特别引起重视。足见，对历史街区价值属性的判断，需要进一步落实在构成历史街区所有价值属性识别上，尤其加强普遍价值、地方特色价值的属性的科学识别与判断。

4.4.3 影响识别与分析

影响识别与分析，即对持续的建设项目（含历史街区保护整治项目）对历史街区的影响识别与分析，包括建设项目要点分析、影响来源识别、影响类型分析、影响过程分析四个方面。

1. 建设项目要点分析

建设项目要点分析，主要分析建设项目的区位、规模大小、开发计划方案（包括具体建筑物的高度、色彩、形式等）等内容，以清单列表与解释的形式梳理所有项目要点。在现状累积影响评估的过程中，需要分析所有在建的、拟建的建设项目以及已批规划的要点；在保护规划影响评估过程中，不仅需要分析编制时的建设项目要点，还需要分析保护规划核心内容，包括功能定位与结构、空间格局、整体风貌、建筑高度等规划要点，这些都可能成为历史街区潜在影响源；在建设项目历史街区影响评估过程中，需要分析申请许可的建设项目要点；在保护实施影响评估过程中，需要分析特定时期的建设项目要点。

2. 影响来源识别

并不是建设项目的所有要点都会对历史街区造成负面影响，因此，在对建设项目要点进行分析后，需要对可能对历史街区造成负面影响的要点进行识别、筛选，从而确定影响来源。在初步识别与筛选的过程中，需要对可能具有负面影响的项目要点尽可能考虑全面，将项目要点的范围考虑广一点，以免遗漏造成潜在影响的项目要点。由于历史街区影响评估分为"现状累积影响评估""保护规划影响评估""保护整治影响评估""保护实施影响评估"四种类型，因此，由于评估时间差异，不同环节的影响来源可能不一样，但也有一直延续或贯穿到四个环节的影响来源，如现状累积影响评

图 4.16　重庆在建的沙磁巷实景

资料来源：作者自摄

估环节的已批规划影响来源，有可能成为保护规划影响评估的影响来源，也有可能成为保护整治影响评估及保护实施影响评估环节的影响来源，通常这种影响来源是持续的，在不同环节表现出的不一样特征，需要对其详细甄别并开展实时监控。

以历史街区邻近区域建设轨道交通站点为例，在现状累积影响评估环节，规划的轨道交通站点并不是具体建设项目，而是在保护规划审批之后的某个时期建设，这时轨道交通站点的影响来源是间接的。当轨道交通站点需要建设时，便成为建设项目影响评估环节的具体建设项目，其影响源是直观的、具体的。在保护实施影响评估环节，实施后的轨道交通站点虽然不是具体建设项目，但对历史街区仍然产生巨大影响，尤其是在轨道站点运行时期内，周边区域产生了大量高强度开发的建设项目，对历史街区遗产环境造成了严重影响，这时的轨道交通站点发挥着持续影响、附加影响的功能。这样的例子在国内较多，重庆磁器口历史街区邻近地块国富沙磁巷项目就是典型的案例（图 4.16）。

3. 影响过程分析

历史街区的影响过程分析，即对建设项目与历史街区价值属性影响因子之间发生作用和联系的途径或者关系的分析，关于建设项目对历史街区价值属性影响进行详细分析，包括影响源与影响受体的关联匹配、影响的持续性、影响途径等方面分析。

（1）影响源与影响受体的关联匹配分析

采取因子分析法将建设项目影响源进行分解成若干影响因子，通过网络分析法将其与影响受体（受影响价值属性的所有要素）进行关联匹配，通过矩阵评估法将影响因子（影响源）作为矩阵的行与受影响因子（影响受体）作为矩阵的列建立因果关系，有助于厘清影响作用关系。在现状累积影响评估环节，需要分析多个建设项目产生的累积影响，建立综合影响因子与受影响因子的对应关系。在保护规划影响评估环节，需要将保护规划中具有潜在影响的规划要点视为影响因子，通过层次分析法对各项因子进行影响分析。在建设项目影响评估环节，通过矩阵分析法将各建设项目要点的影响因子与受影响的历史街区的属性因子进行关联分析。在保护实施影响评估环节，通过建立影响评估指标体系，需要对所有因子的影响进行分析。

（2）影响的持续性分析

历史街区影响的持续性，即建设项目对历史街区影响作用持续时间的长短，包括暂时性影响与永久性影响，需要根据历史街区受影响因子的类型而定，通常物质空间层面受影响因子的影响是永久性的，如历史建筑的修缮、空间环境的整治、周边遗产环境的开发建设等，而非物质空间层面受影响因子的影响是暂时性的，如历史街区的功能、社会结构的影响则属于暂时性的影响。

图 4.17 重庆跨越历史街区的东水门大桥
资料来源：作者自摄

（3）影响途径分析

历史街区的影响途径，即建设项目对历史街区影响的行为或手段。在物理影响途径分析方面，需要分析建设项目对历史街区及环境构成的实体要素及其真实性、完整性的影响方式，尤其分析对历史街区空间格局以及具有重要价值的物质实体（如文物保护单位）属性直接造成的损害。重要价值的物质实体影响包括内部结构、材料、色彩、体量等属性的真实性与完整性的影响分析。在旧

图 4.18 重庆东水门上巷
资料来源：作者自摄

城区，大型基础设施（如轨道交通、桥梁）的建设导致历史空间格局及文物保护单位拆除现象数不胜数，如重庆东水门大桥的建设导致重庆湖广会馆及东水门历史街区中东水门城门被遮挡、刘义凡旧居被拆除、街区格局被破坏（图4.17），东水门上巷传统民居全部拆除另新建仿古一条街（图4.18）。另外，还要分析非物理影响途径，即对历史街区物质实体关联的非物质属性的真实性与完整性的影响作用分析，如重要价值的遗产内部功能的改变、场所精神的消亡等，如重庆湖广会馆及东水门历史街区范围内被遗弃的望龙门缆车遗址，不仅自身结构遭到严重破坏，而且其功能没有得以延续，另外，为充分发挥街区的商业价值，政府强拆政策驱动下原住民已经完全搬迁，导致街区社会空心化及生活价值的消失。由此，在建设项目对历史街区影响途径的分析时，应从物质与非物质层面进行全面而系统的分析。

4.4.4 影响评估

"影响评估"是历史街区影响评估技术流程的核心环节，通常按照"确定影响源"

"确定影响受体""设定影响等级""开展影响评估""判断影响结果"等五个环节开展，综合应用矩阵分析法、调查分析法、叠图法、层次分析法、视觉影响分析法开展影响评估。

1. 确定影响来源

"确定影响源"，即对建设项目（影响主体）进行确定。若建设项目规模较大，类型复杂，则需要通过化整为零将影响源分解为若干因子。若建设项目离影响受体较远，则需要分析是否对历史街区环境具有潜在影响，进一步判断是否需要将其纳入作为影响源。

以建设项目（历史街区保护整治方案）对历史街区物质属性影响的评估为例，"影响源"，即历史街区保护整治方案，采取因子分解法将影响源分解成若干因子，以字母 B 分别按序号对每个因子进行命名，每个影响因子分别为：B_1 对历史街区核心保护范围的建筑进行修缮、整治；B_2 绿化环境进行整治；B_3 为满足街区文化活动需求，改善公共空间，通过拆除部分现代建筑在历史街区中心区域规划 1 处大型文化广场；B_4 为满足历史街区的消防需求，在其中一条 2m ~ 3m 不等的历史街巷基础上，拆除部分现代建筑，拓宽建设一条 4m 宽的消防通道；B_5 为满足停车需求，在历史街区主入口规划 1 处大型社会停车场；B_6 为了充分利用历史建筑的经济价值，将所有历史建筑的功能置换为展示性功能。

2. 确定影响受体

"确定影响受体"，这一环节包括"分析与综合判断历史街区影响属性""建立影响评估的指标体系""确定影响指标体系的权重构成"三个步骤。"分析与综合判断历史街区影响属性"，即从历史街区所有价值属性中选择影响的价值属性，如物质属性、环境属性、景观属性等；"建立影响评估的指标体系"，需要将确定受影响的价值属性作为影响评估指标的依据，然后运用层次分析法建立影响评估指标体系；"确定影响指标体系的权重构成"，即根据历史街区价值等级对应的属性数据作为确定影响评估指标权重的依据，然后通过德菲尔法对影响评估指标的权重通过层次分析软件进行处理，从而确定影响评估指标权重。

前文尽管建立了历史街区影响评估的指标体系，但是并非任何建设项目都对街区所有价值属性具有负面影响，可能部分属性并未受到影响，因此，影响受体并非街区所有价值属性及其相应的因子、指标，应视建设项目的空间分布、规模大小、数量多少等因素而定，当建设项目位于历史街区外部环境时，影响受体主要包括历史街区景观属性与环境属性，当建设项目位于历史街区内部时，影响受体主要包括历史街区物质属性、功能属性、文化属性。这里假定的建设项目（保护整治方案）对历史街区价值属性影响，包括物质属性、功能属性、文化属性，以物质属性影响为例，物质属性影响受体包括"整体空间""建筑物""历史街巷""环境要素""历史场所"等 5 项因子层以及 13 项指标层（表 4.6）。

影响受体及其因子、指标　　　　　　　　表 4.6

影响受体（某价值属性）	因子层	指标层
物质属性	整体空间	空间格局的延续性
		空间结构的延续性
		空间形态的延续性
	建筑物	文物建筑的真实性与协调性
		历史建筑的真实性与协调性
		传统风貌建筑的协调性
	历史街巷	街巷空间的真实性
		街巷尺度的延续性
	环境要素	古树名木的真实性
		历史文化要素的真实性
		绿化环境的改善程度
	历史场所	历史场所的真实性
		历史场所的完整性

资料来源：作者自绘

3. 设定影响等级

"设定影响等级"，即根据建设项目的具体类型、街区保护目标综合设定影响等级。通常，公益建设项目（非盈利性的建设项目）设定的影响等级比开发建设项目要高，而基于保护整治或保护规划的项目设定的影响等级最高，并根据条件分别设定单个影响指标、单个价值属性、综合价值属性的影响等级。

在历史街区影响评估指标体系中，一般对各指标权重确定后，需要设置评分标准，这是针对多个对象或多个目标层设置的。在对某单一历史街区保护的影响评估中，需要用"影响等级"代替"评分标准"，即建设、保护活动对历史街区价值属性的影响等级。为便于直观比较影响受体层、因子层、指标层的相对重要性，可将各项指标权重值换算成分值，即将历史街区目标层总分以 100 分计，各项指标实际分值 = 权重 * 100。以"物质属性影响受体—因子层—指标层"为例，准则层、因子层、指标层实际分值如下表（表 5.6）。然后，引入"影响损益度"作为影响等级的定量判断标准，以"−50% ~ +50%"作为影响损益度的区间，以"没有损益"（+10% ~ −10%）为基准，"增益影响"（+11% ~ +50%）、"损害影响"（−11% ~ −50%）作为影响的正反两级，以"影响损益度"绝对值 10% 作为一个影响等级，从而划分 9 个影响等级，分别为第 1 级"增益大"（+41% ~ +50%）、第 2 级"增益一般"（+31% ~ +40%）、第 3

级"增益较小"（+21% ～ +30%）、第 4 级"增益微弱"（+11% ～ +20%）、第 5 级"没有损益"（+10% ～ -10%）、第 6 级"损害微弱"（-11% ～ -20%）、第 7 级"损害小"（-21% ～ -30%）、第 8 级"损害一般"（-31% ～ -40%）、第 9 级"损害大"（-41% ～ -50%）。因此，历史街区影响评估指标体系中"目标层—准则层—因子层—指标层"都是通过这 9 个影响等级标准判断影响等级的。

4. 开展影响评估

"开展影响评估"，即建立矩阵评估表，通过叠图、视线分析等方法进行评估，判断影响等级，综合影响评估结果判断。

1）建立矩阵评估表

通过矩阵评估法开展影响评估，根据建设项目或开发计划的规模大小、复杂程度以及初步评估的结论选择"简单矩阵评估"或者"定量的分级矩阵"（即相互作用矩阵，又叫 Leopold 矩阵）。即以矩阵表格作为影响评估的平台，将建设项目（保护整治方案）要点分解成若干影响因子（影响源），并作为矩阵的行，将影响评估指标视为影响受体，作为矩阵的列，从而建立影响源与影响受体的影响因果关系。以字母 A 表示影响源（影响因子）、字母 B 表示影响受体（指标层），字母 C 表达影响等级，则第 j 项影响因子对第 k 项指标的影响表达为 A_jB_k，影响等级为 C_n，其中 n 值可以取 1 ～ 9 中的其中一个数据，即 C_n 代表 9 项影响等级中的某一项，根据实际判断的影响等级确定，因此，$C_n=A_jB_k$（n=1，2，…，9；），影响评估的矩阵评估表如下所示（表 4.7）。

影响源作用于影响受体的矩阵 表 4.7

	B_1	B_2	B_3	…	B_k
A_1	A_1B_1	A_1B_2	A_1B_3	…	A_1B_k
A_2	A_2B_1	A_2B_2	A_2B_3	…	A_2B_k
A_3	A_3B_2	A_3B_2	A_3B_3	…	A_3B_k
…	…	…	…	…	…
A_j	A_jB_1	A_jB_2	A_jB_3	…	A_jB_k

资料来源：作者自绘

以修建性详细规划层面的历史街区保护整治方案对历史街区物质属性指标层（D1 ～ D13）对应的指标影响评估为例，影响源可以分解为 6 个影响因子，即 B_1 ～ B_6 影响因子，分别为"B_1 建筑修缮与整治""B_2 绿化环境整治""B_3 建设大型文化广场""B_4 拆除历史街巷建设消防通道""B_5 规划社会停车场""B_6 历史建筑功能置换"，则矩阵评估表为下表（表 4.8）。

影响源与影响受体的矩阵表　　　　　　　　　　　　　　　　表 4.8

影响受体（物质属性）	影响源（历史街区保护整治方案）					
	影响因子					
	B_1	B_2	B_3	B_4	B_5	B_6
A_1（空间格局的延续性）	A_1B_1	A_1B_2	A_1B_3	A_1B_4	A_1B_5	A_1B_6
A_2（空间结构的延续性）	A_2B_1	A_2B_2	A_2B_3	A_2B_4	A_2B_5	A_2B_6
A_3（空间形态的延续性）	A_3B_1	A_3B_2	A_3B_3	A_3B_4	A_3B_5	A_3B_6
A_4（文物建筑的真实性与协调性）	A_4B_1	A_4B_2	A_4B_3	A_4B_4	A_4B_5	A_4B_6
A_5（历史建筑的真实性与协调性）	A_5B_1	A_5B_2	A_5B_3	A_5B_4	A_5B_5	A_5B_6
A_6（传统风貌建筑的协调性）	A_6B_1	A_6B_2	A_6B_3	A_6B_4	A_6B_5	A_6B_6
A_7（街巷空间的真实性）	A_7B_1	A_7B_2	A_7B_3	A_7B_4	A_7B_5	A_7B_6
A_8（街巷尺度的延续性）	A_8B_1	A_8B_2	A_8B_3	A_8B_4	A_8B_5	A_8B_6
A_9（古树名木的真实性）	A_9B_1	A_9B_2	A_9B_3	A_9B_4	A_9B_5	A_9B_6
A_{10}（历史文化要素的真实性）	$A_{10}B_1$	$A_{10}B_2$	$A_{10}B_3$	$A_{10}B_4$	$A_{10}B_5$	$A_{10}B_6$
A_{11}（绿化环境的改善程度）	$A_{11}B_1$	$A_{11}B_2$	$A_{11}B_3$	$A_{11}B_4$	$A_{11}B_5$	$A_{11}B_6$
A_{12}（历史场所的真实性）	$A_{12}B_1$	$A_{12}B_2$	$A_{12}B_3$	$A_{12}B_4$	$A_{12}B_5$	$A_{12}B_6$
A_{13}（历史场所的完整性）	$A_{13}B_1$	$A_{13}B_2$	$A_{13}B_3$	$A_{13}B_4$	$A_{13}B_5$	$A_{13}B_6$

资料来源：作者自绘

2）判断各评估指标的影响等级

在矩阵评估表建立基础上，对影响受体的各项评估指标判断影响等级。以历史街区保护整治方案对历史街区物质属性指标层的影响评估为例，根据 6 项影响因子对影响受体的 13 项指标的影响等级实际判断来确定影响等级 C_n。在判断各评估指标的影响等级前，应将保护整治方案叠加在现状图上，分别判断对历史街区物质属性各项指标的实际影响，以"空间格局的延续性"指标的影响等级判断为例，各影响因子并未对历史街区空间格局产生影响，因此，B_1 ～ B_6 对 A_1 的影响等级为"没有损益"，其值为 C_5；再以"A_3 空间形态的延续性"指标的影响等级判断为例，"B_3 建设大型文化广场"、"B_4 拆除现代建筑、拓宽历史街巷、建设消防通道"、"B_5 规划社会停车场"都会对"A_3 空间形态的延续性"都有一定影响，影响等级为"损害一般"（−31% ～ −40%），A_3B_3、A_3B_4、A_3B_5 都等于 C_8，以此类推，按照这样的方式对每项指标进行分别判断影响等级，将结果输入矩阵评估表中（表 4.9）。

通过判断 B_3、B_4、B_5 对影响受体的物质性属性指标存在部分负面影响，包括"B_3 建设大型文化广场"对"A_3 空间形态的延续性"的影响等级为 C_8，对"A_{10} 历史文化要素的真实性"的影响等级为 C_7，对"A_{12} 历史场所的真实性"的影响等级为 C_8；"B_4 拆除现代建筑、拓宽历史街巷、建设消防通道"对"A_3 空间形态的延续性"的影

响等级为 C_8，对"A_7 街巷空间的真实性"的影响等级为 C_7，对"A_8 街巷尺度的延续性"的影响等级为 C_9；"B_5 规划社会停车场"对"A_3 空间形态的延续性"的影响等级为 C_8，对"A_8 街巷尺度的延续性"的影响等级为 C_6，对"A_{10} 历史文化要素的真实性"的影响等级为 C_7，对"A_{13} 历史场所的完整性"的影响等级为 C_6。

影响源作用于影响受体的影响等级矩阵表   表 4.9

| 影响受体（物质属性） | 影响源（历史街区保护整治方案） | | | | | |
| | 影响因子 | | | | | |
	B_1	B_2	B_3	B_4	B_5	B_6
A_1（空间格局的延续性）	C_5	C_5	C_5	C_5	C_5	C_5
A_2（空间结构的延续性）	C_5	C_5	C_5	C_5	C_5	C_5
A_3（空间形态的延续性）	C_5	C_5	C_8	C_8	C_8	C_5
A_4（文物建筑的真实性与协调性）	C_2	C_5	C_5	C_5	C_5	C_5
A_5（历史建筑的真实性与协调性）	C_2	C_5	C_5	C_4	C_5	C_5
A_6（传统风貌建筑的协调性）	C_2	C_5	C_5	C_4	C_5	C_5
A_7（街巷空间的真实性）	C_5	C_5	C_5	C_7	C_5	C_5
A_8（街巷尺度的延续性）	C_5	C_5	C_6	C_9	C_6	C_5
A_9（古树名木的真实性）	C_5	C_5	C_5	C_5	C_5	C_5
A_{10}（历史文化要素的真实性）	C_5	C_5	C_7	C_5	C_7	C_5
A_{11}（绿化环境的改善程度）	C_5	$C2$	C_5	C_5	C_5	C_5
A_{12}（历史场所的真实性）	C_5	C_5	C_8	C_5	C_7	C_5
A_{13}（历史场所的完整性）	C_5	C_5	C_5	C_5	C_6	C_5

B_1 ~ B_6 的含义："B_1 建筑修缮与整治"、"B_2 绿化环境整治"、"B_3 建设大型文化广场"、"B_4 拆除现代建筑、拓宽历史街巷、建设消防通道"、"B_5 规划社会停车场"、"B_6 历史建筑功能置换"；

C_n 代表的影响等级，分别为："C_1 增益大"（+41% ~ +50%）、"C_2 增益一般"（+31% ~ +40%）、"C_3 增益较小"（+21% ~ +30%）、"C_4 增益微弱"（+11% ~ +20%）、"C_5 没有损益"（+10% ~ -10%）、"C_6 损害微弱"（-11% ~ -20%）、"C_7 损害小"（-21% ~ -30%）、"C_8 损害一般"（-31% ~ -40%）、"C_9 损害大"（-41% ~ -50%）。

资料来源：作者自绘

3）综合判断影响等级

将各项指标影响等级对应的影响损益度（取中间值，如 +10% ~ -10% 中间值为 0）与对应的指标权重值进行加权计算，得出各单项指标的影响权重值，即 $M_j = \left(\sum_{k=1}^{k} A_j B_k \right)$（$k$ =1，…，k）。以案例为对象，这里的 K=6，$M_i = \left(\sum_{k=1}^{6} A_j B_6 \right)$（$k$ =1，…，6）。然后，对各单项累积加权的值进行累积，求得综合影响等级权重值 W，则 W= $\left(\sum_{j=1}^{j} M_j \right)$，以案例为对象，这里的 j=13，则 W= $\left(\sum_{j=1}^{13} M_j \right)$（表 4.10）。以历史街区保护整治方案对其物质属性的影响评估为案例，计算得出这 13 项指标的综合影响权重值 -7.0335，由此可以计算综合影响损益度（ΔW）=W/ 影响前权重值 W'*100%。这里物质属性的影响前权重值为 55.75 分,故综合影响损益度计算公式为:$\Delta W = (\sum_{j=1}^{13} M_j)/W' * 100\%$ ($j=1,2,3,\cdots13$),通过计算,$\Delta W = -7.0335/55.75 = -12.62\%$,属于"$C_6$ 损害微弱"($-11\% \sim -20\%$)的影响等级。

保护整治方案对其物质属性指标的综合影响等级　　　　　　表 4.10

| 影响受体（历史街区物质属性指标）（A_j） | 影响源（历史街区保护整治方案） | | | | | | 加权累积（M_j） |
| | 影响因子（B_k） | | | | | | |
	B_1	B_2	B_3	B_4	B_5	B_6	
A_1（14.41）	0	0	0	0	0	0	$M_1=0$
A_2（1.51）	0	0	0	0	0	0	$M_2=0$
A_3（3.72）	0	0	−35%	−45%	−45%	0	$M_3=-4.65$
A_4（6.07）	+35%	0	0	0	0	0	$M_4=2.1245$
A_5（2.00）	+35%	0	0	+15%	0	0	$M_5=1$
A_6（0.66）	+35%	0	0	+15%	0	0	$M_6=1$
A_7（15.98）	0	0	0	−35%	0	0	$M_7=-5.593$
A_8（5.33）	0	0	C_6	−45%	−15%	0	$M_8=3.198$
A_9（1.39）	0	0	0	0	0	0	$M_9=0$
A_{10}（4.42）	0	0	C_7	0	−35%	0	$M_{10}=-1.547$
A_{11}（0.59）	0	+35%	0	0	0	0	$M_{11}=0.2065$
A_{12}（3.69）	0	0	−35%	0	−35%	0	$M_{12}=-2.588$
A_{13}（1.23）	0	0	0	0	−15%	0	$M_{13}=-0.1845$
综合影响权重值 W							−7.0335

资料来源:作者自绘

5. 判断影响结果

依据综合影响等级计算结果,建设项目(保护整治)对历史街区综合影响等级为损害微弱,若就建设项目(不包括保护整治)对历史街区的影响为"损害微弱",则是可以接受的,但"保护整治"的目的是为了历史街区遗产价值的增益,"损害微弱"的综合影响结果还远远不能满足提升历史街区遗产价值的要求,因此,需要筛选出具有损害影响的影响源,并对其方案进行调整,才能达到增强历史街区遗产价值的目标。

筛选出具有损害影响(包括"C_6 损害微弱""C_7 损害小""C_8 损害一般""C_9 损害大")的所有影响因子,尤其标示出"损害一般"及"损害大"的影响因子,从是否为"可接受"的影响结果判断,"损害一般"与"损害大"均为"不可接受"的影响结果,"损害微弱""C_7 损害小"为"有条件接受"的影响结果,其他均为"可接受"的影响结果。针对评价为"不可接受"与"有条件接受"影响结果的影响因子，应提出缓解措施，并反馈到建设项目或开发计划的调整。以历史街区保护整治方案对历史街区影响评估为列，共计 11 项影响等级为"损害影响"，其中，"不可接受"影响结果的包括"B_3 建设大型文化广场"对"A_3 空间形态的延续性"的影响等级为 C_8，对"A_{10} 历史文化要素的真实性"的影响等级为 C_7，对"A_{12} 历史场所的真实性"的影响等级为 C_8；"B_4 拆除现代建筑、拓宽历史街巷、建设消防通道"对"A_3 空间形态的延续性"的影响等级为 C_8，对"A_7 街巷空间的真实性"的影响等级为 C_7，对"A_8 街巷尺度的延续性"的影响等级为 C_9；"B_5 规划社会停车场"对"A_3 空间形态的延续性"的影响等级为 C_8，对"A_{10} 历史文化要素的真实性"的影响等级为 C_7。其余为可接受的影响结果。因此，应对"B_3 建设大型文化广场"、"B_4 拆除现代建筑、拓宽历史街巷、建设消防通道"、"B_5 规划社会停车场" 3 项影响因子进行调整。

以上通过建设项目（保护整治方案）对历史街区"物质属性"的影响评估过程，可以类推到对"文化属性""功能属性""景观属性""环境属性"进行影响评估，最后累加各属性的综合影响权重，得出历史街区所有价值属性的影响等级。历史街区的所有价值属性影响权重值 Z= 各属性的综合影响权重 $W= \sum_{n=1}^{5} M_n$（$n=1$，…，5），则可计算得出历史街区所有价值属性的影响损益度 $\Delta Z=Z/Z'*100\%$，其中，$Z'=100$。通过求得影响损益度，找出对应的影响等级，最后判断历史街区价值属性影响的评估结果。

由于涉及的指标较多，计算过程显得较为复杂，但是计算公式较为简单。因此，需要对每项指标的影响损益度、影响权重值进行计算、统计，从而判断影响等级。通过对影响源进行因子分解，对影响受体（属性的每项指标）的影响损益度进行一一计算，影响等级进行一一判断，就是希望通过系统而全面的定量、定性综合评估的方式，使得影响评估的结果更为科学、合理。对于每一项指标的影响，都需要计算不同影响源对其影响权重值，然后累加，这也说明每项指标的影响结果是所有影响源累积影响的结果，然后每项指标影响结果的累加即能体现每项属性的累积影响结果，最后各属性影响结果的累加最终能表征历史街区所有属性的累积影响结果。

以上评估结果显示，历史街区保护整治方案对历史街区价值属性的影响从专家评审或依据管理条例、规范为标准进行评估，或许可以得出类似结果，但是专家评审或依据管理条例、规范为标准的定性评估是不全面的，只能从中观层面把握原则性内容是否满足法定要求，极容易忽略部分细节的详细评估。尤其关于针对规模较大、影响源较多、开发内容较复杂的建设项目或开发计划（如修建性详细规划、保护整治规划方案等）对历史街区影响的评估，特别需要将所有影响因子对所有评估指标开展累积影响评估。基于微观层次的影响因子分解、评估指标体系与权重构建、矩阵平台搭建角度的定量影响评估，可以弥补定性影响评估的遗漏或不足。因此，需要综合专家咨询、公众参与评估的定性评估模式与建立影响评估指标体系为主导的定量评估模式开展综合影响评估，方能使评估结果更为科学、合理。

4.4.5 缓解措施制定

在"影响评估"环节确定各影响评估因子的影响等级并判断是否满足设定要求基础上，筛选出未通过设定要求与需要通

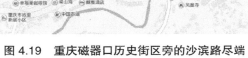

图 4.19 重庆磁器口历史街区旁的沙滨路尽端
资料来源：百度地图

过缓解措施方能通过设定要求的影响评估因子。将未通过设定要求的影响评估因子关联到影响因子（影响源），对影响源关联的建设项目方案要点提出修改建议。需要通过缓解措施方能通过设定要求的影响评估因子对应到影响因子（影响源）提出具体的缓解措施，反馈到影响源对应的建设项目方案要点的修改或优化。缓解措施制定，可以分为"放弃建设项目以彻底消除负面影响""通过恢复或补偿进行缓解负面影响""调整方案"等三种不同类型。"放弃建设项目以彻底消除负面影响"一般是影响评估结果十分严重的情况，如对历史街区安全或空间格局造成致命性的破坏，如道路交通从核心保护区穿越，这种情况较为少见，因为国家保护条例中就有明确规定这一法定性要求，建设项目在申请前通过与法规的协调性就可以得到控制，但实际建设中有类似的案例，如未能将沙滨路从重庆磁器口历史街区东北部的码头区域穿越而过，就是因为沙滨路将对磁器口历史街区空间格局造成严重破坏，通过对沙滨路进行改线，放弃磁器口段滨江路的实施（图 4.19），或将滨江路方案进行调整通过隧道下穿的形式保护历史空间格局 ❶。

"通过恢复或补偿进行缓解负面影响"，往往是对历史街区建设控制地带容积率的严格控制而导致开发与保护的矛盾，但通过政策激励、补偿的方式可以达到缓解开发与保护的矛盾，在国内历史街区邻近地块开发建设实践中有许多类似案例。"调整方案"是影响评估结果较为频繁的类型，通常建设项目在具体方案细节上未能达到相关要求而与设定标准仅有少许的差距，因此，只需要对方案进行适当调整即能通过设定标准，如在建设项目功能定位、建筑风格选取、建筑造型与尺度等方面未能与历史街区历史风貌协调，这些因素完全可以通过人为因素进行控制。通过缓解措施制定对建设项目

---

❶ 重庆晚报 . 新沙滨路串起四座大桥 . 新建的磁器口段沙滨路，是一条呈 V 形水下隧道 .

方案进行调整，有助于下一轮影响评估的开展。倘若缓解措施制定后都不能达到预期效果，则需要考虑建设项目其他方案的选择，如对选址／地点、时机、持续时间及设计等方案的更改。因此，历史街区影响评估必须充分说明缓解措施使用是如何保持历史街区价值属性，包括其真实性与完整性，这个过程应进行充分的说明和阐释，这与遗产影响评估的根本目的即"如何避免、减少这些负面影响，同时如何恢复或补偿？"是一致的。

第5章 历史街区影响评估的保护应用

　　"影响评估"的目的是为进一步避免或缓解保护、开发活动对历史街区遗产价值的负面影响提供决策服务，故"历史街区影响评估的方法"并不是本书研究的最终目的，只是作为保护研究的一个环节。因此，前文关于"历史街区影响评估的理论框架与方法"的研究是为本章"历史街区影响评估的保护应用"服务的，只有厘清并掌握了历史街区影响评估的方法，才能将其应用于解决第2章关于历史街区保护面临的现实问题与矛盾。为此，本章通过历史街区影响评估方法的应用，探讨历史街区创新性保护方法，分别从"规划应用：保护规划方法的改进""管理应用：保护管理程序的优化""保障应用：政策保障制度的改善""参与应用：公众参与机制的完善"等四个方面提出保护策略，以进一步加强历史街区保护规划编制的科学性，从而推动历史街区可持续保护与发展，实现历史街区遗产价值的延续。

5.1　规划应用：保护规划方法的改进

5.1.1　建立历史街区影响评估的整体保护规划框架

　　国内目前保护规划的编制，通常是在国家相关法律法规及技术规范文件指导下开展的，对于保护规划编制的规范性与成果质量的把控具有一定的指导意义。因此，保护规划的出发点与目标就是对历史街区进行积极保护，而不是对历史街区进行破坏。然而，部分修建性实施类的保护规划，更侧重于具体项目的落实，因此在编制历史街区保护规划时更加注重功能结构、空间布置、建筑功能更新、新建筑的设计方案和环境整治或环境改造方案等项目建设与利用性的考虑，这时难免会对历史街区产生破坏影响❶。因此，历史街区保护规划，也会对历史街区保护产生消极影响，而影响源是影响历史街区价值属性关于保护计划或活动的一种特殊类型，故在历史街区保护规划编制过程中开展历史街区影响评估仍是必要的。

　　传统的历史街区保护规划编制步骤，一般按照"现状问题的梳理→价值的挖掘→特征的提取→保护对象与要素的界定→保护措施的提出→保护方案的制定→保护规划成果输出"等环节单向开展的，是以解决自身现状问题，价值挖掘、特征提取为导向

---

❶　周俭，奚慧，陈飞. 上海历史文化风貌区规划与建筑管理方法的探索 [J]. 上海城市管理职业技术学院学报，2006（2）：39-42.

的保护规划编制程序，规划成果通过专家评审的方式进行检测，尽管对于历史街区保护实施效果具有重要指导作用，但是，这样的保护规划编制程序侧重于规划结果的被动干预，由于缺乏"过程—结果"进行系统性主动干预的环节，从而导致聚焦于历史街区遗产价值影响关注的不足，因此，传统保护规划编制过程对遗产价值影响的针对性与主动干预的程度略显不足，从而缺乏一定的科学性，具体表现在：一方面未能将历史街区遗产价值影响变化的关注贯穿保护规划编制的整个过程，规划编制前缺乏对街区遗产价值所处状态的认识，规划成果形成后缺乏对遗产价值影响变化的预测与检测；另一方面，容易对影响历史街区遗产价值所有相关的建设项目或保护计划的遗漏，而且容易局限于对历史街区内部属性（本体）的保护，忽视对历史街区外部属性（历史环境）影响的控制。因此，将历史街区影响评估工具植入历史街区保护规划编制过程中，建立基于历史街区影响评估的整体保护规划框架（图 5.1），能有效解决历史街区传统保护规划方法的不足，能进一步加强历史街区保护规划方法的针对性与系统性，从而提高历史街区保护规划编制的科学性及其保护规划成果对后续具体保护、建设活动的指导意义。

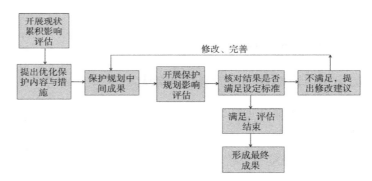

图 5.1　基于历史街区影响评估的整体保护规划框架

资料来源：作者自绘

　　本章提出建立基于历史街区影响评估的整体保护规划框架，实质是将价值属性的影响评估贯穿于历史街区保护规划编制的整个过程，该过程主要包括"开展现状累积影响评估""优化保护内容与措施""开展保护规划影响评估"三个核心环节。其中，"开展现状累积影响评估"的目的，是从所有建设项目（包括建成的、在建的、拟建的）中识别、筛选潜在影响源，并判断历史街区本体空间范围内的历史遗存真实性与完整性保存状况，了解历史街区价值属性面临的脆弱性。"开展现状累积影响评估"，其实质是通过对历史街区现状价值属性影响的评估，科学识别出历史街区遗产价值所处状态，针对影响源的属性及分布情况，为下一步制定有针对性的保护内容及其保护措施提供指导和依据；"提出优化保护内容与措施"是在吸纳现状累积影响评估结果建议基础上，以遗产价值延续为目标，以消除潜在影响源、改善街区遗产价值属性为手段，在此基础上提出保护对象、要素与保护措施的过程，即通过增强保护目标的指向性与保护过程的积极性，有利于提高保护规划内容制定的针对性与合理性，为保护规划成果制定提供决策服务；"开展保护规划影响评估"，是对保护规划内容是否影响遗产价值属性的检测，其评估结果不断反馈于保护规划过程方案的修改，与"开展保护规划影响评估"构成循环关系，直至保护规划影响评估结果达到设定标准（如以"增益较大"为标准）时方能结束，即通过保护规划中间过程方案进行评估、反馈、控制（或称为过程干预），主动提前规避或缓解历史街区保护规划编制中间过程对街区遗产价值属性的负面影响，有利于提高保护规划成果质量的科学性。另外，历史街区影响评估，是保护规划编制单位对现状累积影响与保护规划过程成果关于遗产价值影响的自我评估行为，有利于提高保护规划编制的科学性，缩短第三方机构❶对保护规划影响评估的时间，加快保护规划评审进度，以加强历史街区保护的时效性。

5.1.2　开展现状累积影响评估

现状累积影响评估，即对历史街区真实性与完整性保护状况、价值属性在某些方面的脆弱性以及潜在影响源形成总体认识，是为保护研究机构提供历史街区现状遗产价值的影响情况，为指导保护研究机构提出针对性保护策略，因此属于自评估行为，形成的现状累积影响评估报告作为保护规划成果的附件，作为保护规划成果评审的依据之一。现状累积影响评估的步骤，与历史街区影响评估的一般过程类似，需要开展"现状基础研究""遗产价值分析""影响识别与分析""影响评估""缓解措施制定"五个环节，只不过在"影响识别与分析"环节影响源需要通过全面而系统的梳理，包括历史街区外部与内部影响源，包括拟建的、在建的、已建的影响源等，因此，现状累积影响评估，相当于多个建设项目历史街区影响评估。

"现状基础研究"，是现状累积影响评估的第一步。这一环节除了对历史街区相关历史资料、社会经济资料、建筑及环境资料等全面而系统的梳理外，尤其应加强对潜在影响源相关资料的收集，包括总体规划、控制性详细规划等在内的上位规划、道路交通规划与市政管网规划等在内的专项规划以及已批发件项目资料（地块建设工程方案等），通过汇总、整理后形成保护规划的前置条件。另外，还应进行问卷调查，征集原住民、社会公众等相关利益主体对历史街区相关价值属性的满意与熟知情况、发展建议等，进一步了解历史街区社会属性的潜在影响情况。

---

❶　第三方机构，是指具有一定规划、文物资质等级的保护研究机构，引入第三方机构开展保护规划影响评估，是为了保证保护规划影响评估的公平性，目的是进一步加强对保护规划成果质量的监督.

"遗产价值分析"，这一环节是对历史街区遗产价值及其属性的分析、研究。在对历史街区空间格局、历史遗存及其环境、社会文化等特色进行提炼基础上，进一步总结历史街区的遗产价值，包括普遍价值与地方特色价值❶，并阐述其遗产价值属性，分析价值属性的真实性与完整性的保存或影响状况。

"影响识别与分析"，这一环节既要通过叠图法、视线分析法对保护规划前置条件和历史街区的影响进行可视化分析，识别影响源，还要分析影响源是如何影响历史街区相关价值属性的，以及进行影响的持续性、可逆性分析等，是否产生二次或多次影响，影响是否具有持久性，如邻近区域轨道交通的建设等；另外，有些影响源是无形的，无法通过视觉观察发现，则需要通过历史性方法或宏观视野分析影响源，如历史街区功能退化或社会结构变迁对历史街区功能属性及文化属性的影响，并不能简单识别影响源，尤其应重点分析功能退化与社会结构变迁的间接因素与直接因素，如许多古镇历史街区的衰败大部分都是因为区位或交通优势的丧失而逐渐衰退，最终影响街区社会生活的退化等。又如，中观或宏观区域职能的升级对历史街区产业功能、自然环境的影响，如重庆龙兴古镇，作为未来两江新区龙盛组团的核心区，不仅承担着居住功能，未来还将承担商务、商贸与旅游休闲的职能，如何识别新的职能对既有职能的冲击以及对自然环境特色的破坏，通过提前预判对周边区域规划控制来缓解负面影响具有前瞻性意义。

"影响评估"是将所有确定的影响源对历史街区遗产价值属性及其相应层级影响指标进行影响分析、影响等级判断的过程，依据影响源的性质采用相应的影响评估方法，物质实体的直接影响，可采取叠图法；景观视线的影响，采取透视分析法；持续性影响源，采用网络分析法，如磁器口历史街区500m范围内地铁一号线磁器口站轨道站点的规划建设，应分析轨道站点规划建设对历史街区遗产属性造成二次影响（周边土地价值升值带来的开发影响）、三次影响（土地开发强度提升对街区建筑高度、建筑风貌的影响）、四次影响（建筑高度对街区主要景观视线的影响）等多次的影响分析与评估。

"缓解措施制定"是为影响评估过程得出的影响等级、结果、结论提出对历史街区遗产价值属性具有负面影响的补救措施与缓解建议，或者能增强、改善历史街区遗产价值属性的积极措施。比如，若重庆滨江路的规划建设对历史街区山水格局产生破坏影响，则通过改道或下穿规避滨江路建设带来的价值影响干扰，若邻近地块修建高层建筑对历史街区背景天际线的影响，则控制邻近地块建筑高度，将容积率转移至距离历史街区较远地块，若对历史街区功能升级影响居住功能的比例，则在

---

❶ 普遍价值包括历史价值、艺术价值、科学价值、生活价值、文化价值、社会价值；地方特色价值包括景观价值、环境价值等。

建设控制地带规划居住、商业功能地块，以延续历史街区核心区的居住功能等。通过影响评估提出的缓解措施，应纳入到下一步保护规划方案制定时优化保护内容与保护措施过程中。

5.1.3 提出优化保护内容与措施

保护规划内容是在"现状累积影响评估"环节基础上制定的，将现状累积影响评估环节提供的缓解措施整体纳入，一方面要尽量规避现状所有影响源对历史街区价值属性的影响，如避免外部影响源（包括开发项目、基础设施等）对历史街区山水格局、历史风貌、街巷格局等物质属性的破坏影响；另一方面以历史街区遗产价值的延续为目标，以承载历史街区遗产价值的属性改善或增强为手段，加强历史街区的活态利用，将"消极影响"转化为"积极影响"，如在保持历史街区居住功能及其服务功能基础上，适度对历史建筑进行活化再利用以改善历史街区功能属性，或对历史街区居住环境的改善、场所精神的塑造、社区文化的培育等以促进社区价值增益，从而改善历史街区的文化属性，或通过景观地标、天际线的强化、观景点的增加等以改善历史街区景观属性；另外，若由于城市大型基础设施建设无法避免对历史街区某一属性影响，则可以通过其他属性的补偿，以缓解历史街区整体属性的影响，如历史街区旁轨道交通的建设将拆除部分传统风貌建筑或现代建筑，则可以在拆除区域增加文化休闲场所的塑造，为居民提供户外交流的空间，从而改善街区的文化属性。

5.1.4 开展保护规划影响评估

在开展保护规划编制的过程中，编制单位应将在"提出优化保护内容与措施"环节基础上形成的保护规划阶段性成果开展保护规划影响评估，以确保历史街区遗产价值免遭保护规划或实施项目（含保护、整治、更新等项目）的负面影响，这个阶段的保护规划影响评估，是保护规划编制单位开展"自评"的评估行为，有别于保护规划成果提供给第三方机构开展的影响评估。"自评"的保护规划影响评估，是在"现状累积影响评估"环节对显现的所有影响源已经筛出的基础上对保护规划方案中保护、整治、更新等项目（或保护计划的活动）开展的影响评估，也是关于保护规划涉及的各种保护项目（含保护、整治、更新等项目）是否影响历史街区遗产价值属性的检测，若评估结果对遗产价值属性产生的影响结果未达到设定标准而不能接受的，则需要反馈到保护规划阶段性成果的修改过程中，因此，保护规划影响评估与保护规划成果编制之间形成循环关系。"自评"的保护规划影响评估，有利于提高第三方机构开展保护规划影响评估的效率，也可以避免因第三方机构开展保护规划影响评估结果的不通过而使得保护规划研究机构对保护规划成果修改过程的反复，缩短保护规划编制过程的时间，提高保护规划评审的进度，从而提高保护规划编制的时效性。

保护规划影响评估的一般过程、方法与现状累积影响评估、建设项目历史街区影响评估的一般过程、方法相似，只不过评估过程中的"影响源"与现状累积影响评估、建设项目历史街区影响评估的"影响源"有所不同，这里的"影响源"并不明显，需要通过对保护规划具体内容进行分析（如叠图分析、视线分析等）、识别、筛选等环节推导而得。而现状累积影响评估、建设项目历史街区影响评估的影响源，是评估前能直接梳理或直接提供的。保护规划具体内容，产生了一系列或若干保护、整治、更新等项目，可能部分项目对街区遗产价值产生积极影响或正效应，部分项目对街区产生消极影响或负效应，因此，对历史街区影响评估指标体系中各项指标的影响进行评估，将保护规划具体内容（若干项目或影响因子）与各项指标进行关联，判断具体影响作用关系或影响过程，然后分别计算物质属性、功能属性、景观属性、文化属性、环境属性对应指标的影响损益度，从而得出综合影响评估结果。评估结果中某些价值属性及指标体系影响结果未达到设定标准的，需要提出相应的缓解措施，并对保护规划具体内容或各保护项目提出修改建议。关于保护规划影响评估的具体评估方法，前文第4章第4.4节"历史街区影响评估的技术流程"之"影响评估"环节已详细阐述，只不过该环节不需要重复开展，在"现状累积影响评估"环节已完成的"现状基础研究""遗产价值分析""影响识别与分析"等三个环节后，应直接进入到"影响评估"环节，分别开展"保护规划方案要点分解""确定影响受体""设定影响等级""开展影响评估""判断影响结果"等五个环节，并综合应用矩阵分析法、调查分析法、叠图法、层次分析法、视觉影响分析法等。

5.1.5　核对结果是否满足设定标准

"核对结果是否满足设定标准"是对保护规划方案是否需要修改或调整判断的条件，也是保护规划影响评估结果应用的必经环节。通常，保护规划影响评估的"设定标准"比建设项目历史街区影响评估的"设定标准"要高，历史街区保护规划的出发点与目的都是为了如何更好的"积极保护"历史街区，提升或增强历史街区各项价值属性，而建设项目通常对历史街区具有一定破坏影响，因此，建设项目历史街区影响评估，是为了如何降低建设项目对历史街区的负面影响，故保护规划影响评估的"设定标准"，一般以各项指标影响评估结果为"较大增益影响"为基本要求，针对每项指标影响评估显示的正效应（增益影响）与负效应（损害影响），判断各项指标影响评估结果是否均满足"较大增益影响"的标准，若部分指标影响评估结果未满足此标准，则需要进一步识别、确定对应的影响因子或影响源，然后反馈到"保护规划方案修改反馈建议"环节。因此，"核对结果是否满足设定标准"，也是对影响因子或影响源进行识别、判断的环节，然后，针对影响源提出改善、增强的积极措施，或者放弃某一方案，从而使得各项评估指标都满足"设定标准"的要求。

5.1.6 保护规划方案修改建议

保护规划方案编制不是一蹴而就的单向工作流程，保护规划除了在方案形成前通过持续的自我检讨对方案进行不断修改、完善，而且还需要通过以指标体系为核心开展保护规划影响评估的形式提出修改建议。"保护规划方案修改建议"是在"核对结果是否满足设定标准"环节基础上识别出影响源，并针对影响源提出缓解、改善、增强等积极的保护措施，使得各项指标评估结果大部分都为"较大增益影响"，直到下一轮保护影响评估中的该项指标达到"设定标准"结束。当所有指标影响评估结果达到"设定标准"时，保护规划影响评估环节才能终止，"保护规划方案修改建议"环节才能结束。因此，"保护规划方案修改建议"是与前文"优化保护内容与措施""开展保护规划影响评估""核对结果是否满足设定标准"等环节构成循环关系，一般情况下没有评估一次即通过而形成保护规划最终成果的现象，通过"影响评估"的植入，使得保护规划方案日趋完善，缩短第三方机构评估的时间，进而推进规划编制、审批进度，提高历史街区保护的时效性与科学性。

5.2 管理应用：保护管理程序的优化

5.2.1 建立历史街区影响评估的动态保护管理框架

"实施评估"作为历史街区保护实施管理的一种方式，在历史街区保护管理实践过程中取得了显著效果。然而，在历史街区既有保护实施管理过程中，"实施评估"通常应用于历史街区保护实施绩效的评估，即对历史街区保护实施取得成绩或效果进行评估，是对既定保护实施目标的完成情况进行检验，属于事后的实施评估行为，仍局限于对保护实施项目层面的关注，并没有围绕历史街区的内核即遗产价值的影响进行评估，缺乏对历史街区保护实施关于事前的"影响评估"环节。因此，传统事后的"实施评估"方式对历史街区遗产价值影响的动态监测具有一定滞后性，从而导致历史街区保护管理缺乏一定的时效性；另外，在既有的历史街区保护实施管理实践中，事前的"影响评估"一般是以专家咨询或评审的方式出现，专家根据保护法规对保护规划成果从规范性、合理性等方面进行综合的评审，偏重于定性评估，由于评审关注的面较宽，而关注历史街区遗产价值属性影响的针对性还较弱，因此，既有的保护规划管理评审机制缺乏一定的针对性。历史街区影响评估，作为历史街区有效的保护实施管理工具，若应用于历史街区保护管理过程中，能有效解决历史街区既有保护管理因其滞后性、针对性弱而带来的保护管理科学性不足的现实问题，故具有必要性。

关于"遗产影响评估"应用于遗产（含历史街区）保护管理过程，国际遗产界自《西安宣言》《会安草案》等关于世界遗产应用"影响评估"作为管理工具的两项国际文件，《实施世界遗产公约操作指南》（2019）中将世界遗产地的影响评估作为管理世界遗产变化的工具。国际古迹遗址理事会于 2005 年颁布的《西安宣言》第 8 条和第 9 条都特别强调需要管理、监控古建筑、古遗址和历史区域周边环境的影响❶。足见，《西安宣言》（2005）第一次明确提出了在历史区域及其周边环境遭受到新的施工建设的影响时，必须应用遗产影响评估工具进行管理，这意味着历史街区作为历史区域的遗产单元或类型，也需要开展影响评估。

《会安草案—亚洲最佳保护范例》（2005）明确提出了运用遗产影响评估工具对历史街区进行保护管理的相关规定，指出"在历史街区内部或其周围建设规模不恰当的建筑""不适当 / 不真实的活动和历史环境利用"等情况下都要采取文化遗产影响评估，因此，历史街区遗产价值的影响不仅来源于自身的改造再利用，还来自于街区外部各种开发建设活动❷。内部不恰当的改造再利用（如"居"改"非"），或对街区功能、风貌等产生重要影响，或对传统居住方式、非物质文化等产生影响，需要进行影响评估。外部环境的开发建设活动，将对与历史街区有机共生的历史（或场所）环境产生重大影响，如对历史街区山水环境的蚕食或承载历史街区历史信息的外部场所环境的铲除等。足见，历史街区外部开发建设项目与历史街区内部保护、整治、发展计划都需要开展影响评估。

《实施世界遗产公约操作指南》（2019）在对世界遗产地的"管理体制"方面提出了影响评估的相关规定与要求❸。可见，"影响评估"工具对于世界遗产地的影响管理至关重要，尤其通过建立规划、实施、监测、评估和反馈的循环机制，对于历史街区保护管理具有重要的借鉴意义。

---

❶ 联合国教科文组织世界遗产中心，国际古迹遗址理事会，国际文物保护与修复中心，中国国家文物局 . 国际文化遗产保护文件选编 [M]. 北京 : 文物出版社，2007. 第 8 条"对任何新的施工建设都应当进行遗产影响评估，评估其对古建筑、古遗址和历史区域及其周边环境重要性会产生的影响"、"在古建筑、古遗址和历史区域的周边环境内的施工建设应当有助于体现和增强其重要性和独特性"，第 9 条"古建筑、古遗址和历史区域的周边环境发生的变化所产生的个别的和积累的影响，以及这种变化的速度是一个渐进的过程，这一过程必须得到监控和管理"。

❷ 联合国教科文组织世界遗产中心，国际古迹遗址理事会，国际文物保护与修复中心，中国国家文物局 . 国际文化遗产保护文件选编 [M]. 北京 : 文物出版社，2007.

❸ 联合国教育、科学及文化组织，保护世界文化与自然遗产政府间委员会，世界遗产中心 . 实施《世界遗产公约》操作指南 .2015. 第 110 条"对所有提议的干预措施进行影响评估，对世界遗产地是至关重要的。"，第 111 条还提出了世界遗产地采取"b）规划、实施、监测、评估和反馈的循环管理机制"、"c）评估遗产可能受到的来自社会、经济、其他方面的压力，监测时下各种趣事和建议干预活动活动对遗产的影响"、"d）建立相应机制，以有效吸纳并协调各类合作伙伴与利益相关方的活动"等 .

　　综上，为解决传统的历史街区保护实施管理的滞后性与缺乏遗产价值属性影响管理针对性等问题，将遗产影响评估工具创新性融入到历史街区保护管理程序中，具有重大的价值和意义。历史街区保护管理的对象应是影响历史街区遗产价值属性变化的内部人工活动（包括保护、整治、维修、修缮、更新等）与外部人工活动（如旧城改造或城市更新等）。结合历史街区保护管理的一般程序，将"历史街区影响评估"作为一项管理工具植入到历史街区"规划、实施、监测和反馈"的保护管理框架中，主要形成"保护规划管理""保护整治管理""实施许可管理""实施监测管理"等四个环节，通过历史街区影响评估管理工具的植入对历史街区保护管理程序进行优化，以进一步加强历史街区保护管理的时效性与遗产价值属性影响管理的针对性。另外，这四个环节并不是按线性关系进行的，而是关于历史街区循环影响评估的动态管理过程，因此，也是关于历史街区保护进行动态管理的循环机制，在历史街区影响评估管理工具的干预下，历史街区内部系统（保护系统）与外部系统（发展系统）呈现出动态平衡的协调关系（图 5.2）。

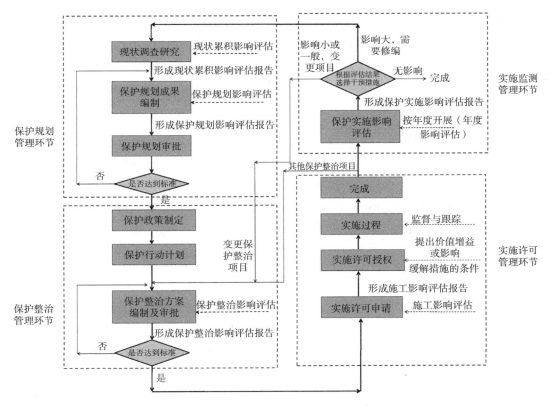

图 5.2　基于历史街区影响评估的动态保护管理框架

资料来源：作者自绘

5.2.2　保护规划环节的管理优化

在历史街区保护规划审批管理过程中，通常由规划行政主管部门组织专家依据相关技术标准对成果编制的规范性与规划内容的合理性进行定性评估，专家评审也是基于个人经验对保护规划成果进行主观判断，因此这样的评审机制缺乏一定的合理性。为此，引入历史街区影响评估工具，对既有评审机制遗漏进行弥补，也是保护规划成果质量提升、保护规划管理机制健全的重要保障。

保护规划管理是指对历史街区保护规划成果审批的管理。通常保护规划编制需要在现状调查研究基础上开展，现状调查研究的质量决定了保护规划成果编制的质量，因此，现状调查研究是保护规划成果编制的前提和基础，开展现状调查研究是极其必要的。对现状调查研究开展现状累积性影响评估，是保护规划编制关于保护对象界定、保护措施提出等方案制定的基础，只有开展现状累积影响评估，才能全面而系统的梳理历史街区遗产价值现状面临的问题和潜在负面影响，从而才能针对性地提出保护方案。

保护规划的管理是历史街区保护管理的第一步，是对历史街区编制保护规划编制的管理，在传统的保护规划编制流程上增加了现状累积影响评估和保护规划影响评估环节。现状累积影响评估，是在现状调查研究基础上开展的现状影响评估，是保护规划开展的前提和基础，重点对历史街区遗产价值进行识别，并分析现状的影响来源，包括街区外部相关规划建设活动，内部正在开展与拟开展的保护整治活动以及其他对街区遗产价值有影响的人工活动进行影响评估，为保护规划重点和难点的把握以及有针对性地确定保护对象与保护要素提出保护措施提供科学指导。现状累积影响评估是由历史街区保护研究机构在现状调查研究环节进行的自评估，形成的现状累积影响评估报告作为保护规划成果评审的必备材料。

保护规划影响评估形成的报告，是规划行政主管部门对保护规划成果审批的主要依据，即由第三方机构对保护编制单位提交的最终保护规划成果开展的影响评估汇总，当评估结果达到设定标准时即为通过，若未通过，则需要对保护规划成果进行修改，最终提交达到标准的保护规划影响评估报告，同第三方机构影响评估通过后形成的保护规划成果一并进行评审，直至保护规划成果与保护规划影响评估报告通过时方能向上级政府提交成果报批申请。保护规划成果通过审批后，当地政府应及时制定历史街区保护政策，以管理和指导建设项目、保护计划的具体行动。

5.2.3　保护整治环节的管理优化

历史街区保护整治❶的管理是在保护规划成果已审批基础上，通过制定保护政策及保护行动计划，并在此框架下对保护规划范围内具体保护整治项目（包括核心保护区内改建、修缮、维修等项目以及核心保护区外改造、更新等项目）以及保护规划范围外其他相关（如遮挡景观视线）的保护整治项目（改造、更新、开发等整治项目）审批的管理（图 5.3），故是针对保护整治的管理。因此，保护整治环节的管理包括保护政策制定、保护行动计划制定、保护整治方案编制与审批三个环节的管理过程。

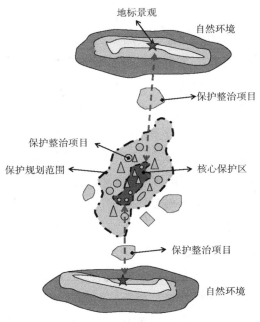

图 5.3　保护整治项目分布示意

资料来源：作者自绘

保护政策制定环节，是保护规划成果实施的第一步，也是将保护规划成果转化为政策以加强其法定效力的重要手段。历史街区的保护政策，是为缓解历史街区现状的累积影响，结合保护规划成果关于缓解措施的内容综合制定的。通常，保护政策是在保护规划基础上根据相关法律法规依据制定的，对于指导保护行动计划、具体保护整治项目的实施等后续环节具有纲领性作用。

保护行动计划环节，是保护规划与具体建设项目实施的过渡环节，是根据保护规划内容、保护整治项目实施的轻重缓急以及对现状各种影响缓解的重要性进行科学、合理制定的，因此，对于具体保护整治项目的实施具有引导性作用。特殊情况下，在保护规划成果未得以正式获批或未启动保护规划编制时，为加强历史街区保护的时效性与主动性，需要及时制定保护政策与保护行动计划，以及时缓解历史街区现状的负面影响。待保护规划成果获批时，再进一步完善保护政策与保护行动计划。这类负面现象在国内历史街区保护案例中较多，开发商与地方政府为提前发挥历史街区的经济价值，通常会采取提前干预的手段对街区原住民进行搬迁，并对经济价值发挥利用有约束的建筑、环境等要素进行拆除。因此，面对这样的特殊情况，需要主动、及时采

---

❶　在历史街区保护实践中，许多城市都开展了保护整治活动，保护整治方案编制是位于保护规划与施工方案层级之间的过渡环节，保护整治方案包括修建性详细规划层面的保护整治规划方案与建设工程层面的保护整治设计方案。

取规划管理措施，制定保护政策与保护行动计划，建立预保护机制，从而及时缓解历史街区遭受的各种负面影响。

综上，历史街区保护政策与保护行动计划，是保护规划重要补充的纲领性文件，也是为缓解历史街区现状累积影响而制定的政策性措施，因此，保护政策与行动计划制定的环节，是历史街区保护规划实施的重要保障。

保护整治方案编制及审批环节，开展保护整治方案的影响评估，可以提高保护整治的科学性，这个阶段的影响评估称为"保护整治影响评估"，其评估方法与建设项目历史街区影响评估方法相似，只不过影响源是具体的保护整治项目，类型较为单一，而影响受体一般是历史街区单个属性或某一指标，因此，不需要对历史街区整体属性或所有指标进行评估，通过判断项目类型及与历史街区影响评估指标的对应性选择相应的评估指标，然后应用矩阵分析法开展保护整治影响评估。保护整治影响评估的对象，包括位于历史街区内部与外部的建（构）筑物、历史环境、基础设施等进行修缮、改造、拆除、新建的保护整治与建设活动，通过评估判断是否达到设定标准（可以影响较小或缓解措施执行后无影响为标准），若未通过则需要对保护整治方案进行修改，重新提交保护整治方案进行审批，直至影响评估通过时方能结束。

5.2.4 实施许可环节的管理优化

历史街区保护项目的实施许可管理环节，包括项目实施许可的申请、项目实施许可的授权、项目实施的监督与跟踪三个环节。项目实施许可申请需要项目承建方提交项目的施工影响评估报告，若评估报告的评估结果对街区某一属性存在一定影响的，应在项目实施许可授权时对实施过程提出遗产增益或影响缓解措施的条件，或者通过修改施工方案，重新开展施工影响评估，当评估结果满足要求时则授权建设工程许可证。另外，在历史街区外部地块用地规划许可申请阶段，还需要承建商提交用地规划对街区的影响评估报告，作为规划主管部门授权用地规划许可证的附加条件。在项目实施后期的监督与跟踪阶段，所有保护调查、保护计划、现场检查记录，竣工后的记录图纸与照片，以及未来工程变更的任何记录，应汇编成文件递交给规划行政主管部门归档。同时，对影响评估报告中缓解措施的执行情况进行检查，核对缓解措施执行后街区遗产价值影响的效果，并实时跟踪项目实施过程中产生的意外影响，以防在施工过程中施工建设活动对街区遗产价值产生的负面影响，因为施工实施后对历史街区的遗产价值产生的影响是不可逆的、永久性的，如施工过程中对临近区域历史场所或历史建筑发生物理上的沉降，或建设控制地带地下空间的挖掘导致核心范围内历史建筑的物理振动等。

5.2.5 实施监测环节的管理优化

英格兰遗产风险评估制度在对遗产监测方面取得了显著成效，这对历史街区遗产影响监测经验的探索具有一定借鉴意义。因此，借鉴英格兰遗产风险评估制度，对历史街区的保存与使用状况、人口变化、破坏因素、产权情况以及遗产价值的真实性、完整性和生活延续性进行监测，提出年度报告，并以此制定针对性的保护行动计划、编制修缮方案，有助于定期及时发现历史街区遗产价值属性保护面临的突发、剧变的情况，也能更好地发现其遗产价值影响的长期变化趋势，有助于提升长期跟踪和动态监测的能力，同时也能从长期监测的数据库中发现某一区域、某一类型价值属性保护面临的共性问题（如潜在影响源识别），为下一步保护措施的科学制定及其相关工作开展提供翔实的基础 ❶。

为此，为更好的及时跟踪、监测历史街区遗产价值的影响变化，科学制定保护措施，本章提出保护实施影响缓解的管理优化，是历史街区保护整治实施完成后（事后）的一段时期内（可以按年度开展）对其遗产价值影响进行监测，也是下一步开展保护整治活动的直接依据，因此，该环节的影响评估也属于事前的"现状累积影响评估"类型。历史街区作为活态历史遗产，受市场机制干预较明显，其运行的不可预测性决定了其遗产价值潜在变化的未知或不可控，如功能业态的持续置换活动、商业门面租金上涨现象等是否对历史街区生活性价值造成影响等，以及建筑使用过程中导致的人为破坏等，这些影响源都有可能累积形成对历史街区遗产价值产生较大影响，因此，需要开展保护实施影响评估，即"保护实施影响评估"。通过开展保护实施影响评估，若其影响评估结果较小或一般，则需要对影响源提出修改或调整措施，如建筑风貌的影响，则通过对风貌修复措施进行管控，居住功能大部分置换为商业功能，则需要对功能业态进行调整，历史建筑使用过程中出现结构性的损害，则需要抢救性修复等。若影响评估结果大，通过影响源的调整以缓解对街区遗产价值属性的影响，如外部条件变化（土地功能改变、交通条件改善等）对历史街区建设控制地带、核心保护范围提出了新的控制要求。由此，有必要开展"保护实施影响评估"，根据影响评估结果判断选取是否需要对影响源采取修改、调整、放弃或对保护规划进行修编等方式。

---

❶ 胡敏，张帆.英格兰遗产风险评估制度及其启示 [J].国际城市规划，2016（03）：49-55.

5.3　保障应用：政策保障制度的改善

5.3.1　建立历史街区影响评估的政策保障框架

遗产影响评估被纳入到《西安宣言》《会安草案》《实施世界遗产公约操作指南》等国际遗产保护文件中，其目的是以加强遗产影响评估在国际遗产保护政策中的法定地位。许多国家或地区也是通过制定相关政策性文件以达到管理遗产变化的目的，如澳大利亚遗产影响声明、英国历史环境管理、加拿大遗产影响评估、我国香港地区文物影响评估、南非文化遗产影响评估等，以保障遗产影响评估的法律地位。同亚洲地区甚至世界许多发展中国家一样，我国现阶段遗产保护与城市发展的矛盾在未来快速城镇化过程中都将持续面临而难以回避，而且这种矛盾将逐渐加剧。因此，为缓解二者的矛盾，迫切需要在法律法规层面建立遗产影响评估的保障制度。

我国目前对历史街区的管理，主要依据《文物保护法》《城乡规划法》与《历史文化名城名镇名村保护条例》等法律法规，但由于历史街区是城市规划管理体系与文物保护管理体系共同管理的对象，而规划行政主管部门与文物行政主管部门尽管在空间管理上存在部分交叉区域，但与历史街区相关建设活动的管理过程中仍是以规划行政主管部门管理为主，文物行政主管部门管理为辅，这在一定程度导致两部门在职能运行上发生冲突的可能性，如在对历史街区范围内文保单位及其保护范围内建设活动的管理时，两部门需要相互协作，共同管理这部分建设活动。当前我国遗产影响评估仅限于文物考古领域对文物影响评估有直接的规定要求。城乡规划法律法规体系中并没有直接涉及"影响评估"管理的内容，因此，要实现历史街区"双系统"（特指历史街区内部环境与外部环境）的影响评估管理，还必须依托政策作保障，将历史街区影响评估纳入到城乡规划与遗产保护法规体系中，加强历史街区影响评估的法定性地位，从而实现对影响历史街区价值属性的相关建设项目的主动干预，即将"影响评估"工具纳入到遗产保护体系中以改善现行城乡规划中遗产政策体系，从而加强历史街区影响评估的法定地位，最终目的是通过历史街区影响评估的开展以加强历史街区的保护管理。因此，建立历史街区影响评估的政策保障制度，既是开展历史街区影响评估的重要保障，也是通过改善保护政策以加强历史街区保护管理的重要方式。本节以历史街区影响评估的工作流程为基础，建立影响评估关于"价值保障→评估保障→实施保障→监督保障"为主要工作流程的政策保障框架（图5.4）。依据该框架，历史街区影响评估的政策保障制度主要包括"建立遗产价值档案管理制度""建立影响评估的规划审批制度""建立行政许可的实施管理制度""建立动态影响的风险监测制度"四方面内容。

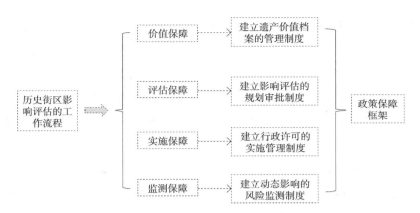

图 5.4　基于历史街区影响评估的政策保障框架

资料来源：作者自绘

5.3.2　建立遗产价值的档案管理制度

历史街区遗产价值的现状调查、资料收集、记录与分析、信息归档等工作是历史街区影响评估的基础工作，也是分析、识别历史街区本体属性及其关联环境的所有历史信息的前提，因此，建立关于真实性（包括过程变化的真实）、完整性（包括物质属性及关联属性）遗产价值的档案管理政策是历史街区影响评估政策保障的首要策略，也是提高历史街区影响评估效率与及时缓解历史街区保护与城市发展矛盾的重要保障。建立历史街区遗产价值的档案管理政策包括建立历史街区档案信息管理系统与建立遗产价值识别系统。

1. 建立历史街区档案信息管理系统

我国目前还没有建立统一的遗产登陆制度，但是部分城市（南京、广州）应用城市规划信息平台已经开展遗产信息入库的相关工作。尽管各地开展了文物普查工作，而且当前正在全面开展历史文化街区划定、历史建筑确定的工作 ❶，但大部分是基于各保护规划编制单位在保护规划编制管理过程中现状资料的收集与整理，并没有应用较为成熟的遗产档案信息管理系统，包括遗产信息的入库与变化管理。历史街区档案信息管理，可以借鉴世界文化遗产档案管理经验 ❷，建立历史街区的档案信息管理系统，可以为历史街区影响评估提供基准和方法，故首先要收集和整理街区各方面信息和属性关联信息（包括物质与非物质信息），一方面记录历史街区的历史沿革、背景、环境和价值等级，尤其重点记录街区遗产易受提议变化影响的薄弱点以及在提议项目建设

---

❶　住房和城乡建设部办公厅关于印发《历史文化街区划定和历史建筑确定工作方案》的通知，中华人民共和国住房和城乡建设部办公厅，2016.[EB/OL].http://www.mohurd.gov.cn/wjfb/201608/t20160802_228390.html.

❷　世界文化遗产档案：是用于对文化遗产及其相关活动的物质信息、发展演变以及保存状态，进行各种文字、图标、声像等不同形式的捕获，尤其以文化遗产的突出普遍价值、真实性和完整性为核心对象，记录遗产构成单体以及承载和体现遗产价值的载体变化的信息。

过程中发生的影响变化，即对历史街区所有影响变化进行真实性记载，用以评估提议项目并及时制定保护措施发挥积极作用❶；另一方面，对历史街区遗产信息收集时，应采用系统性、连续性的方法，在遇到复杂的情况时，如有必要应采用 GIS 绘图、3D 建模、数据库建立、地形建模、视廊建模、系统抽样、预测建模、视觉仿真分析、情景模拟、视频归档等方法。对于历史街区外部环境，如自然环境、视线廊道、景观点等，需要应用地形建模，或视景模拟等技术手段记录或模拟外部关联的不同时期的历史信息。对于历史街区非物质文化信息的收集，应以文字清晰表达，分析哪些是实体要素能体现非物质遗产的属性。口述历史或证据的收集也可能是有效的和有用的。对于历史街区重要建筑遗存，还需要应用遥感测绘技术，对建筑内部结构与外部特征进行扫描、测绘❷。

2. 建立历史街区遗产价值识别系统

历史街区的遗产价值分析与识别是在其信息管理系统提取现状资料基础上，对历史、文化、艺术、科学等遗产价值的分析与识别，是历史街区影响评估的重要环节，历史街区遗产价值的大小与影响作用的大小直接相关。通过对历史街区遗产价值的分析与识别，可以直接关联到承载历史街区遗产价值的整体或个体属性。但由于各地历史街区因地域特色的不同而存在价值特色的差异，因此，目前我国历史街区并没有统一的遗产价值评估标准，需要在各地开展具体价值评估过程中单独构建。历史街区遗产价值的识别，需要在历史、艺术、科学等核心价值基础上，结合地域特色，提炼适宜于该区域的地方特色价值，尤其需要通过对历史街区周边环境的时空演进分析，挖掘历史街区关联的环境价值及其属性，这是挖掘承载历史街区特色价值属性的关键环节。因此，通过各地历史街区遗产价值识别系统的构建，将有助于历史街区普遍价值与地方特色价值及其属性的科学识别，为历史街区影响评估的对象、范围选择提供科学依据。

5.3.3 建立影响评估的规划审批制度

历史街区影响评估的关键任务是对影响到其遗产价值属性的保护、建设活动进行管理，因此，历史街区影响评估是城乡规划管理体系中规划、建设项目审批的必备环节。可以在城乡规划与遗产保护体系中增加建设项目历史街区影响评估制度❸，如在

---

❶ 李瑞. 档案信息系统在世界文化遗产影响评估指南中的应用 [J]. 山西档案，2016（06）：51-54.

❷ ICOMOS. Guidance on Heritage Impact Assessments for Culture World Heritage Properties[R].2011.

❸ 中华人民共和国文化部. 大运河遗产保护管理办法 [R].2012.《大运河遗产保护管理办法》第八条规定 "大运河遗产保护规划应当明确大运河遗产的构成、保护标准和保护重点，分类制定保护措施。在大运河遗产保护规划划定的保护范围和建设控制地带内进行工程建设，应当遵守《中华人民共和国文物保护法》的有关规定，并实行建设项目遗产影响评估制度。建设项目遗产影响评估制度，由国务院文物主管部门制定。"

《城乡规划法》《历史文化名城名镇名村保护条例》等法律法规中，增加"建设项目历史街区影响评估"的相关内容，并提出"对历史街区具有潜在负面影响的保护或建设活动都需要开展历史街区影响评估，在规划管理环节，建立严格的规划审批制度"等内容的强制性要求。通过颁布历史街区保护条例，建立历史街区影响评估的规划审批制度，即提出"对历史街区外部规划与建设活动、历史街区内部保护、整治、更新等活动等需要开展历史街区影响评估，将《历史街区影响评估报告》作为历史街区保护规划与各级保护范围的建设项目审批的依据与补充性文件。对《现状累积影响评估报告》《保护规划影响评估报告》《建设项目历史街区影响评估报告》等影响评估报告编制提出具体的编制内容、编制机构、编制要求、审批程序等。

5.3.4 建立行政许可的实施管理制度

历史街区相关项目的规划、建设方案通过审批后，项目实施时建设单位需要向规划行政主管部门提交项目许可（包括用地规划许可与建设工程许可）申请，凡涉及到对历史街区具有影响的应提交遗产影响评估报告，作为项目许可申请的必备材料。待规划行政主管部门审核通过后，若遗产影响评估结果有一定影响的，在项目许可授权时，应提出遗产影响的缓解措施，作为项目许可的条件函，为下一步规划实施或建设项目实施的附加条件。以历史街区周边地区控制性详细规划（简称控规）的行政许可管理为例，在控规审批阶段，需要编制关于控规对历史街区的遗产影响评估报告，作为控规审批的依据。控规审批通过后，建设单位就某一开发地块需要办理用地规划许可证，若该地块对历史街区具有影响的，应编制该地块的遗产影响评估报告，作为用地规划许可申请的必备材料，规划主管部门审核通过后，应将对历史街区具有影响的缓解措施作为该地块出让条件，若影响严重的，还应组织专家论证。因此，在用地规划许可证中明确下一步建设工程方案应采取缓解措施。在以往的控规编制中，常常与城市设计导则的编制结合，将空间形态、建筑风貌、环境要素等控制作为控规地块出让的指导性要求，这样的做法与将影响缓解措施作为地块出让的强制性要求的做法类似，只不过将影响缓解措施作为用地许可的条件具有较强的法律地位，而城市设计导则从空间意向上提供了设计指引，但是在具体管理过程中很难落实。综上，将"影响缓解"纳入项目许可申请与授权的条件中，有助于对历史街区影响评估规划审批机制的微观落实，但项目实施过程中仍待监督影响缓解措施的执行情况。

5.3.5 建立动态影响的风险监测制度

历史街区受建设项目或保护活动的"动态影响"，主要包括周边动态发展的规划建设项目对历史街区外部历史环境的持续影响，以及内部持续的保护活动对历史街区本体价值属性的累积影响，具有不可预测、复杂、综合的特点。然而，我国目前并没有建立历史街区动态影响的管理制度，因此，要建立动态影响管理制度也是当前名城保护的重点和难点。鉴于此，应尽快建立历史街区风险监测制度，对历史街区的保存与使用状况、人口变化、破坏因素、产权情况以及真实性、完整性和生活延续性进行动态监测，提出年度报告 ❶。建立动态影响的风险监测制度，就是为了缓解历史街区价值属性的持续累积影响，以保持历史街区动态平衡发展。历史街区风险监测制度，主要是对历史街区外部的规划建设项目与内部保护活动的实时监测。外部规划建设项目的实时监测，则需要通过实施场地内进行定期观察、记录，必要时采取控制措施。历史内部保护活动的实时影响监测，一方面，应检验缓解措施执行后对历史街区影响的实际效果是否达到预期要求，另一方面，则需要制定年度计划对历史街区保护实施效果开展影响评估，实时监测历史街区价值属性影响状况，如存在较大影响，有必要对保护规划进行修编，若影响较小或一般，只需要对影响源提出变更或修改措施，并开展影响评估，按照调整方案实施。因此，面对历史街区量大、面广、问题复杂、动态影响变化的困境，对各城市的历史街区保护制度进行全面、持续、动态的监测是保障保护管理工作能够科学、规范开展的关键内容。由此，以历史街区风险监测制度为基础，针对历史街区遗产价值属性的动态影响逐步建立一套长期的全面跟踪监测体系，有利于对历史街区遗产价值属性动态影响变化的实时监测，从而实现历史街区遗产价值、真实性与完整性保存状况的全方位监测。

5.4 参与应用：公众参与机制的完善

5.4.1 建立历史街区影响评估的公众参与框架

历史街区影响评估与各利益相关者（特别是原住民）具有密切的关联，决定了在目标选择、评估过程等整个流程中存在产生社会影响或社会价值影响的可能，因此，历史街区影响评估表现出较强的社会影响属性，故对历史街区社会价值影响的敏感度远大于一般历史遗产，特别需要公众或利益相关者参与到历史街区影响评估过程中，通过公众参与提供影响评估程序公正的机会，将社会价值纳入到影响评估分析决策中，以表达公众或利益相关者对于决策和决策者的信任和信心，通过公众对评估机构、专家、专业学术团体评估的质疑和挑战，使得影响评估过程质量更高，从而体现评估的公正性与公平性，以增强评估的合理性与科学性 ❷。因此，历史街区影响评估并不局限于保

---

❶ 胡敏，张帆. 英格兰遗产风险评估制度及其启示 [J]. 国际城市规划，2016（03）：49-55.

❷ 法兰克·范克莱，安娜·玛丽亚·艾斯特维丝编，谢燕，杨云枫译. 社会影响评价新趋势 [M]. 北京：中国环境出版社，2015.

护规划编制单位、保护研究机构、规划行政主管部门等主体的专业评估活动，也是关于公众参与的一种社会影响评估活动❶，尤其鼓励原住民参与历史街区保护与更新的全过程，参与评估对原住民的生活环境的改善、居住品质的提升、社会结构与功能业态的延续等因子的影响。因此，社会或社区层面的历史街区影响评估与参与式的社会影响评估活动在外延上存在一定交集，公众是历史街区影响评估主体不可或缺的重要组成部分（图5.5）。

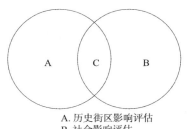

A. 历史街区影响评估
B. 社会影响评估
C. 公众参与评估

图 5.5　历史街区影响评估与社会影响评估的关系

资料来源：作者自绘

　　历史街区传统的公众参与形式，一般局限于前期现状调查环节公众意愿的调查与后期保护规划结果公示环节的意见征求两个环节，而忽略了保护规划编制与审批、保护实施、实施监测等中间过程的参与。历史街区影响评估，是初审、评估、审批、实施、监控等连续的过程，若公众仅参与前期与后期的环节，是不够公平、公正的，尤其缺乏评估程序的公正，从而导致历史街区影响评估缺乏一定公平性与公正性，进而影响历史街区保护的合理性。本节建立历史街区影响评估的公众参与框架，将公众参与植入到历史街区影响评估体系中，并通过建立全程参与机制、利益协商机制、参与保障机制，从而加强历史街区影响评估的公平性、公正性、合法性，从而提升历史街区保护的合理性与科学性，因此，历史街区影响评估的公正参与机制主要包括全程参与机制、利益协商机制、参与保障机制（图5.6）。

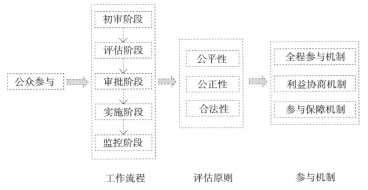

工作流程　　　　评估原则　　　　参与机制

图 5.6　基于历史街区影响评估的公众参与框架

资料来源：作者自绘

---

❶ 社会影响评估，国际影响评价协会界定的社会影响评估（Social Impact Assessment，SIA）指"包括分析、监测和管理由预计干预措施（政策、项目、计划、工程）所引发的，任何社会变化过程的社会影响，包括预期的和预期之外的，正面和负面的社会影响"。社会影响评估的基本目标，是促进一个可持续的和公平的自然和人类环境。

5.4.2　全程参与机制

公众参与应尽早介入到历史街区影响评估的整个工作流程（包括初审、评价、审批、实施、监控等五个环节）与影响评估的整个技术流程，主要包括前期现状基础调查、项目方案的编制、影响评估的开展、项目方案的审批、项目实施过程的跟踪、项目实施后的监督、保护实施的影响评估等环节。前期现状基础调查环节，公众参与主要通过主动咨询并提供遗产信息（如口述历史）给项目编制单位或行政管理部门，使得遗产价值档案资料的收集更为全面；项目方案的编制环节，编制单位应主动记录、听取原住民的诉求，如涉及原住民切身利益的公共服务设施、基础设施等改善的需求，应反馈到项目方案的编制中；影响评估的开展环节，是将项目方案对历史街区价值属性的影响评估结果反馈给各利益群体，并征求各方意见，如涉及影响社区原住民居住环境的需要征求原住民的意见，涉及影响到市政基础设施的，需要征求市政管理部门的意见，涉及影响到文物及历史风貌保护的，需要征求文物及规划行政主管部门的意见等；项目方案的审批环节，项目方案审核通过后，应通过多种方式主动告知相关利益群体，并吸纳公众意见；项目实施过程的监督环节，公众对项目实施过程中影响缓解措施执行效果的监督，以及项目实施是否按照原方案执行的监督。保护实施的影响评估环节，即项目在运行过程中应听取公众对历史街区保护实时影响情况的反映，由此为下一步保护工作开展的方向和思路提供决策。

5.4.3　利益协商机制

历史街区不同于一般城市历史遗产，涉及的利益群体较为广泛，产权关系复杂，在保护管理过程中产权所有者、产权使用者以及管理者、建设单位、社会群体等更容易发生冲突，因此，平衡多方利益是确保历史街区保护得到有效实施的前提条件，尤其是建设项目对历史街区影响评估的开展阶段，项目是否顺利实施主要取决于公众意见是否最终达成一致，若未取得某一方赞同，则项目不能顺利开展。在国外历史街区保护过程中，公众参与在项目实施过程中具有主导决策权，甚至具有一票否决权。因此，需要建立多方利益协商机制，尤其是当原住民的基本利益、承建商的开发利益与历史街区保护之间发生冲突时，可以通过补偿机制进行平衡处理，如在缓解历史街区遗产价值的负面影响，通过原住民、开发商利益进行货币或政策补偿，使得受损的利益在物质或其他方面上可以得到补偿，以保障总体价值不受较大影响。另外，为避免历史街区遗产价值的负面影响，还需要对各利益群体通过遗产教育、社区增能等方式倡导理性、组织化的参与❶。

---

❶ 钟晓华，寇怀云.社区参与对历史街区保护的影响——以都江堰市西街历史文化街区灾后重建为例[J].城市规划，2015，07：87-94.

5.4.4　参与保障机制

我国历史街区保护管理环节的公众参与立法体系还不健全，需要对既有立法体系进行修订，以保障公众参与的顺利开展。如在《文物保护法》《城乡规划法》《历史文化名城名镇名村保护条例》《环境影响评价法》等法律法规中应增补公众参与遗产保护及历史街区影响评估过程的相关内容。进一步明确赋予公众参与历史街区保护及历史街区影响评估的权利，确定公众参与的时空范围、具体权利、参与途径等内容，以确保法律可操作性强，实现公众在历史街区保护领域的知情权、参与权、表达权和监督权 ❶。如在项目开展前期"项目建议书、可行性研究、初步设计"增加公众参与环节，项目开展中期项目方案编制、审批环节以及后期公众有权力对项目建设活动导致历史街区的动态影响进行跟踪、监督 ❷。

---

❶ 李伟芳.基于环境立法价值理念下的文化遗产保护研究 [J] 武汉大学学办（哲学社会科学版），武汉 .2015，06：111-118.

❷ 肖洪未，李和平 .我国香港地区遗产影响评价及其启示 [J]. 城市发展研究，2016，08：82-87.

第6章 基于历史街区影响评估的保护规划研究：以同兴老街为例

第4章和第5章的内容是对历史街区具有普适性借鉴意义的保护方法，由于国内历史街区所处的历史、文化和环境的不同，其价值特色也不尽相同，因此，前文探讨的评估方法与保护方法在具体应用于各地历史街区影响评估与保护过程中，应结合街区所处地域特色进行修正，比如评估指标体系与权重应结合历史街区自身价值特色进行优化。另外，历史街区具体面对不同类型、不同规模、不同数量的影响源时，选取的评估方法也会存在较大差异，比如当修建道路工程对历史街区山水环境造成影响时，只需要通过简单矩阵法即可判断道路建设对历史街区的影响；当历史街区外部修建高层建筑时，则需要采取视线景观影响评估对历史街区外部环境造成的负面影响；当街区内部开展建筑、环境、空间的综合整治时，则需要系统建立完整的评估指标体系与权重；当外部控制性详细规划、基础设施建设、内部综合环境整治等多个项目同时开展时，则需要对不同影响源进行识别，开展累积影响评估等。因此，历史街区影响评估类型多样，尽管第5章从历史街区保护管理流程将其分为"现状累积影响评估""保护规划影响评估""保护整治影响评估""保护实施影响评估"四种类型，但也未能涵盖历史街区影响评估的所有类型，其评估的方法亦不尽相同。

历史街区影响评估，主要应用于保护与建设活动（包括保护规划与保护整治等）对历史街区影响的评估，尤其应用于建设活动对历史街区影响的评估，但建设活动这类影响源比较单一，其评估方法要相对简单，而从保护活动中的保护规划方案识别其中的影响源则要相对复杂，评估方法也相对较难，因此，本章以保护活动中的保护规划为例，对历史街区保护规划编制的历史街区影响评估进行实证研究。以山地型历史街区的保护规划影响评估实践为示范，通过遗产影响评估工具的应用，为其他历史街区影响评估方法探索提供借鉴。以重庆同兴传统风貌区 ❶ 的保护规划为例，在现状累积影响评估基础上，提炼现状面临的负面影响与关键问题，在此基础上提出缓解策略，为同兴传统风貌区保护规划的研究提供指导；同时，对同兴传统风貌区保护规划开展影响评估，检验保护规划成果对街区遗产价值的影响。因此，本章结合历史街区影响

---

❶ 传统风貌区，是重庆主城区中价值等级仅次于历史文化街区（包括磁器口历史文化街区、湖广会馆及东水门历史文化和街区、金刚碑历史文化街区、慈云寺—米市街—龙门浩历史文化街区等）的街区类型，同兴传统风貌区是重庆主城区确定的14个传统风貌区之一，根据历史街区的定义，同兴传统风貌区也属于历史街区。

评估的技术流程，通过"现状累积影响评估→保护规划内容制定→保护规划影响评估"等环节展开研究，探索历史街区影响评估应用于同兴传统风貌区保护规划实践中，为其他类型的历史街区保护规划研究提供参考。

6.1 保护规划框架建立

第 5 章阐述基于历史影响评估的保护规划方法的改进内容，即通过"建立历史街区影响评估的整体保护规划框架""开展现状累积影响评估""提出优化保护内容与措施""开展保护规划影响评估"等主要环节，以提高保护规划编制的科学性。本章以同兴传统风貌区保护规划为实证研究对象，从"现状累积影响评估""保护规划内容制定""保护规划影响评估"等环节层层递进展开研究（图 6.1）。

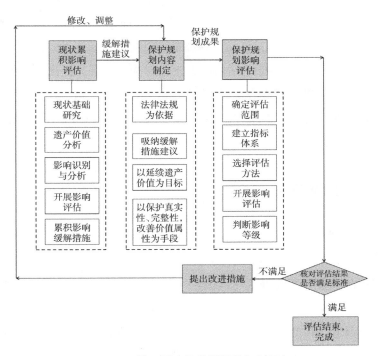

图 6.1 基于影响评估的保护规划框架

资料来源：作者自绘

"现状累积影响评估"是保护规划编制的第一步，也是在现状调查阶段完成的，其开展过程与历史街区影响评估方法类似，主要包括现状基础研究、遗产价值分析、影响源识别、开展影响评估、累积影响缓解措施五个主要环节，最后形成的缓解措施建议为保护规划编制提供依据。

"优化保护规划与措施"在以法律法规为依据的基础上，吸纳现状累积影响评估提出的缓解措施建议，以延续遗产价值为目标，以保护、改善街区价值属性的真实性、完整性为手段，在此基础上制定保护规划内容，包括保护区划、保护对象确定、保护措施制定、保护设计方案制定等。

"保护规划影响评估"是保护规划内容影响自评的环节，在现状累积影响来源消除的情况下，保护规划作为较为复杂而综合的影响主体，真正影响源并不明确，需要通过建立系统而全面的指标体系进行评估，方可识别。因此，通过从保护规划具体内容中识别影响源，判断影响源与各项指标的作用关系以及影响等级，计算单项指标影响损益值、单项属性影响损益值和综合影响损益值；然后，通过核对评估结果是否满足标准，即根据设定标准对单项属性影响等级、综合属性影响等级进行比对，如以单项属性影响等级"无影响"且综合影响等级"增益较大"为标准。一般情况下，保护规划影响评估比建设项目历史街区影响评估设定的标准要高，因为保护规划出发点是保护而不是发展建设，保护的效应是"增益"或"积极"，而建设项目的效应一般是"损害"或"消极"，若"损害小"或"无影响"等都是可以接受的。因此，通过判断影响等级是否满足标准，确定是否需要持续评估或者评估结束；最后，提出改进措施，若评估结果未满足设定标准，则需要对各影响因子（影响源）提出调整建议，以进一步指导保护规划成果的调整与修改，直至评估结果满足设定标准时方能结束，最后完成成果，提交至第三方机构开展专业评估。

6.2 现状累积影响评估

6.2.1 现状基础研究

1. 区位关系

同兴老街所在城市片区地处北碚区南端中梁山麓东面至嘉陵江岸的狭长地带，位于北纬 29° 41′ ~ 29° 43′、东经 106° 26′ ~ 106° 27′ 之间。东临嘉陵江，与北部新区隔江相望；南与沙坪坝区井口镇接壤；西与重庆大学科技园毗邻；北靠北碚风景旅游城市。主城区西北部是重庆市实施"退二进三"发展战略中承接第二产业的区域；同兴老街位于北碚区童家溪工业园区北部、蔡家组团西南部、212 国道东侧，处于北碚区与沙坪坝区交界区域，也是两个行政区的生态缓冲区（图 6.2）❶。

2. 历史沿革

同兴老街历史悠久，始建于明末清初，到清朝中期，因场侧小溪属童姓家族所有，

---

❶ 北碚区童家溪镇人民政府 . 童家溪镇志 [M].2004.

图 6.2　同兴老街的位置

资料来源：作者自绘

故名童家溪。地处嘉陵江畔，当地土特产品靠船只外运，形成了较为热闹的水运码头。清朝末期，这里的商人、绅士集资，在周围修建"川主庙"一座，以"共同集资兴建"之义，取名"同兴场"，后来逐渐发展形成了现在同兴老街范围的格局❶。

　　3. 社会环境

　　同兴老街现状常住人口约为 3800 人，职业结构以退休人员和小商户为主，产业构成较单一，多为小型零售商业。老龄化现象比较突出，以 40～60 岁及 60 岁以上中老年人为主。老街内大部分居民的居住年限超过 20 年，对老街的本土生活有着深厚的体会，老街内建筑老化严重，公共服务设施及基础设施严重匮乏，环境条件亟待改善，绝大部分居民要求改善自身的生活环境状况（图 6.3）。

图 6.3　同兴老街现状实景

资料来源：作者自摄

---

❶　北碚区童家溪镇人民政府 . 童家溪镇志 [M]. 2004.

4. 街区保护的民意调查

保护规划的编制除了基于保护法规、规范要求等方面满足相应的条件外，还需要在编制过程中征求原住民的意愿，尤其涉及原住民切身利益的居住、环境等因素，需要通过公众参与其中，并通过社会影响的征集，进一步检验保护规划方案的社会影响。因此，保护规划编制前，应对原住民进行一次民意调查。这里主要从"未来居所意愿""保护更新态度""保护关注要点"三方面随机选取了老街范围内 100 余名居民进行问卷调查，通过老街社区居委会统一发放问卷并集中回收。调查结果统计显示，"未来居所意愿"统计中，绝大部分居民希望依然住在老街，因老街现状居住建筑老化严重，公共服务设施匮乏，绝大部分居民渴望更新改造，大部分居民较为关心老街的整体风貌整治及设施配套（图 6.4）。

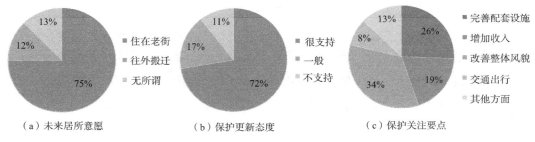

（a）未来居所意愿　　　　（b）保护更新态度　　　　（c）保护关注要点

图 6.4　同兴老街民意调查结果

资料来源：作者自绘

5. 周边建成环境及影响

随着城镇的发展，同兴老街周边土地性质发生了较大变化，尤其在同兴老街北侧、南侧区域的土地，既有的山水自然林地逐渐置换为城镇建设用地。北侧为中等专业学校用地和居住用地，南侧为二类工业用地，东侧为农林用地和水域，西侧为医院用地、行政办公用地、居住用地、中小学用地、公共设施营业网点用地等。南侧工业用地对老街的整体风貌具有较大影响，另外，频繁的货运交通对老街居民的出行造成了一定的干扰（图 6.5）。

6. 相关规划及影响

（1）《北碚区控制性详细规划》

根据《北碚区控制性详细规划》（全覆盖），远景规划的轨道交通线 13 号线从同兴老街西侧穿越，并于街区北侧约 0.7 公里处规划了一处轨道站点。根据轨道交通设施保护要求，轨道交通保护线侵占了街区西部的一部分。同兴轨道交通站点将导致周边区域土地价值的提升，将带来周边土地高强度的开发建设。另外，规划的滨江路从街

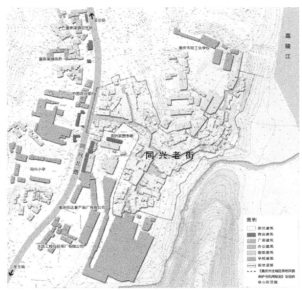

图 6.5　老街周边用地分布图

资料来源：作者自绘

图 6.6　同兴老街区域道路交通规划图

资料来源：作者自绘

区核心区的东部穿越，将破坏街区空间格局的完整性 ❶（图 6.6）。

（2）《重庆市主城区传统风貌保护与利用规划》

同兴老街历史街区（法定概念为传统风貌区，其价值等级仅次于重庆历史文化街区）是《重庆市主城区传统风貌保护与利用规划》确定的 20 个传统风貌区之一，是典型的巴渝历史街区。该规划对街区价值特色进行了提取，对保护区划、保护要求提出了相应的规定要求。该规划对街区遗产价值的真实性与完整性保存具有积极影响，但也存在着一定的负面影响 ❷。

①价值特色

同兴老街作为一个居住型历史街区，明清时期曾是嘉陵江上游一个比较繁荣的水码头，两街三巷沿地形自由分布，街巷空间蜿蜒曲折，丰富多样，尺度宜人，现状保存完好。

②保护区划

保护范围为北至重庆市轻工业学校，南至重庆同兴机电厂，西至同兴北路，东至嘉陵江畔，总用地面积 4.37 公顷，其中，核心保护范围约 4.37 公顷。该规划未划定建设控制地带，不利于街区周边区域历史风貌的控制，对街区历史风貌具有一定的潜在

---

❶　重庆市规划局北碚分局 . 北碚区控制性详细规划全覆盖成果 [Z].2014.

❷　重庆市规划设计研究院等 . 重庆市主城区传统风貌保护与利用规划 [Z].2015.

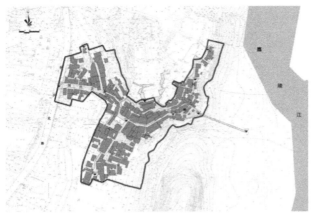

图 6.7 同兴老街核心保护区范围图

资料来源：重庆市规划设计研究院等. 重庆市主城区传统风貌保护与利用规划 [Z]. 2015.

图 6.8 E19-5/01 地块分布图

资料来源：作者自绘

影响（图 6.7）❶。

③保护要求

整体风貌保护呈台地式，保持了传统山地街区肌理特征、传统巴渝建筑类型及高度特征。

历史环境要素：保护东西向自然高差坡地，保护同兴正街眺望嘉陵江的视线通廊和开敞面以及街巷老黄桷树对景。

传统街巷：保护 Y 字形的同兴正街为主街的树枝状传统街巷体系。

（3）北侧控规规划地块

同兴老街北侧 E19-5/01 地块紧邻街区核心保护区范围，用地性质为 R2B1B2，容积率为 2.35，建筑限高 50 米。该地块处于北侧较高台地上，若不对建筑高度加以控制，则有可能影响到同兴老街历史街区北部背景天际线与空间格局（图 6.8）。

6.2.2 遗产价值分析

1. 特色识别与分析

（1）整体空间格局与风貌

同兴老街是典型的山地型历史街区，老街范围地形高差及起伏较大，整体呈北部和东北部陡峭、南部较平缓的地势特征。在总体布局上，老街依山傍水，山、水、街交融于一体，形成以"一江一溪两街二山"的空间格局（图 6.9）。

"一江"：老街东临嘉陵江，是老街发源的航运河道，同兴码头是老街历史沿革的

---

❶ 重庆市规划设计研究院等. 重庆市主城区传统风貌保护与利用规划 [Z].2015.

起源，依托此码头向老街内部延伸出正街
与横街的空间格局。嘉陵江宽阔的水面既
是老街的自然背景，形成同兴"依水而生"
的格局，也是老街历史上以漕运作为主要
交通方式（图 6.10）。

"一溪"：即童家溪，历史上属童姓家
族所有，也是童家溪镇名称的来源，位于
老街东南侧，与东南侧山体一起环绕着老
街，为老街创造了一条具有历史文脉的自
然环境廊道。

"二山"：指老街北侧与老街东南侧山
体，从南北两侧夹住老街，老街以 Y 字形
的空间格局与山体契合，形成良好的"相
地而建"的环境关系。

老街传统建筑风貌以清末巴渝民居为
主，其中点缀着民国风貌建筑与现代民居，
整体风貌较为协调（图 6.11）。老街外部
建设了大量的现代民居与工业厂房，对老
街历史风貌具有重要影响❶。

（2）空间肌理与形态

同兴老街空间具有重庆山地型历史街
区的典型特征，整体呈现鱼骨状、街巷院
空间层次分明的空间肌理，主要街道形成
Y 字形格局。街道分为正街和横街，正街
由西向东延伸至码头，是街区商贸和生活
出行的重要通道（图 6.12）；横街由北向南
生长，沿线分布着戏台等重要节点空间。
老街整体坡度较大，形成了错落有致、台
地分布的山地建筑群落。老街以巴渝传统
建筑为单元，结合山地地形，通过自由组
合、有机拓展的方式，形成错落、疏密有

图 6.9　同兴老街空间格局

资料来源：作者自绘

图 6.10　同兴老街传统风貌

资料来源：作者自摄

图 6.11　老街外围建筑

资料来源：作者自摄

❶　重庆大学规划设计研究院有限公司 . 北碚区同兴传统风貌区保护与利用规划成果 [Z].2017.

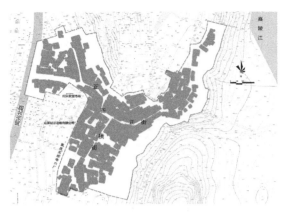

图 6.12　同兴老街空间肌理

资料来源：作者自绘

图 6.13　同兴老街建筑群落

资料来源：作者自摄

致的台地式空间形态（图 6.13）。

（3）建筑特色

同兴老街历史街区形成了以传统巴渝建筑风格为主导的建筑特色，巴渝建筑特色空间多为四合院、排院、U 形院、L 形院的院落平面组合，悬山、歇山为主的屋顶类型以及重屋累居、吊脚台院的山地建筑接地关系。另外，沿主街出挑而形成的凉亭子成为居民遮雨、娱乐的公共空间❶。

（4）文化特色

同兴老街因其特殊的历史沿革、特殊的历史区位等综合因素，综合积淀了深厚的历史文化，主要包括码头文化、民俗文化、作坊文化。

①码头文化

明末清初，因地处嘉陵江滨，当地人在此开行设栈，吸引很多过往船只在江边停泊，当地产的煤炭、粮食、蔬菜等货物也多靠船只外运，形成了较为热闹的水运码头。抗战时期，伴随着重庆成为战时首都，同兴因为自身的工业基础，使得同兴码头再一次成为嘉陵江上的重要码头，向重庆折成与前线输出铁、钢等军工材料。

②民俗文化

同兴老街也有赶场的习惯，除了童家溪镇本地的居民，也有许多外来人来赶场，甚至包括嘉陵江对岸的礼嘉镇。同兴赶场的周期是五天一场，1981 年11 月 1 日起改为每逢公历 1、4、7 为

❶　重庆大学规划设计研究院有限公司 . 北碚区同兴传统风貌区保护与利用规划成果 [Z].2017.

赶场期。另外，老街的茶馆与川主庙的戏台为居民聚集文化娱乐的场所，由此积淀了浓厚的茶馆文化与戏台文化。

③作坊文化

同兴码头促进了老街的形成，老街的发展使其从单一的货运中转功能变为集居住、集市、货运与于一体的传统聚落，并产生了各类生活所需的业态，各种作坊应运而生，包括油坊、酒坊、纳鞋铺、缝纫铺、铁炉铺等，地域生活气息浓郁❶。

2.遗产价值识别与描述

同兴老街是典型的山地型历史街区，同许多山地历史街区一样，除具有历史价值、艺术价值、科学价值、文化价值、社会价值等普遍价值外，还具有特殊的环境价值、景观价值，尤其是同兴老街"一江一溪二山"的山水格局使得其山地景观价值与山地环境价值突显。

历史价值：在以巴渝文化为主线的历史潮流下，形成了当前老街多元化的历史环境要素与传统巴渝建筑风格交融的建成环境，并见证了重庆开埠时期、民国时期、抗战与陪都时期的历史事件，因此具有较高的历史价值。

艺术价值：现状街区肌理基本保有传统历史格局，具备典型的山地历史街区肌理，空间较为丰富，街巷肌理顺应山地地形，注重天井院落、街院结合的街巷结构，有较强的中心感和聚落感。建筑古朴、特色鲜明，街巷构成完整，具有典型的巴渝民居特色。老街空间尺度宜人，风土文化深厚，建筑与环境、地形有机结合，集中体现山地建筑艺术。

科学价值：同兴老街选址于背山面水又临溪的带状区域，整体布局因地制宜，体现出人与自然的和谐共生。建筑利用木结构、砖木结构，结合地形、气候，折射出巴渝建筑营建经验。各典型的结构类型在街区建筑中的运用，反映出巴渝建造技术的历史发展过程。

文化价值：同兴老街 Y 字形街道格局和巴渝建筑形式体现了巴渝传统文化内涵。老街现状保存着较多的历史遗存，能够相对全面地表达历史街区的历史信息，展示老街发展的历史脉络和文化特色，体现同兴老街居民的生活方式和社会形态。

环境价值：同兴老街所依存的山水环境是街区外部历史环境的重要组成部分，因此具有较高的环境价值。街区外部山水环境一般相对敏感和脆弱，因其具备复杂的地形地貌、地质构成等自然要素，并经过一定程度的人工改变形成适宜人类生活居住的生态环境，如对地形的分台处理、室外台阶的交通连接、自然堡坎的加固、道路铺装对古树木根系的有意避让等。另外，老街外部生态植被条件极其优越，不仅为居民创造了相对安静的居住环境，而且还提供了冬暖夏凉且通风采光俱佳的宜居气候条件。

---

❶　重庆大学规划设计研究院有限公司.北碚区同兴传统风貌区保护与利用规划成果 [Z].2017.

景观价值:同兴老街与山水相依、依山就势、因地制宜,充分体现了巴渝历史街区"天人合一"的营建思想,其街巷空间构成以及所依存的山水环境具有独特的山地景观价值,如从二维到三维的山地环境独有的景观意象,可以形成眺望景观、视廊景观、纪念物及其环境景观、农地山林等区域景观,这些景观与老街浑然一体。同时,老街也因地形变化而形成丰富多变的街巷景观,与诸多景观节点有机串联(如转折空间、交往空间等),形成宜人的步行景观体系,达到步移景异的景观效果。

3. 价值属性判断

历史街区影响评估的关键在于评估承载历史街区价值属性的影响,普遍价值与地方特色价值构成了遗产价值的主要内容。同许多历史街区一样,同兴老街历史街区也具有物质属性、功能属性、文化属性、景观属性、环境属性五大属性。结合前文对街区特色及价值的梳理,同兴老街具有体现巴渝地域特色的物质属性、文化属性、功能属性、景观属性、环境属性,这也是同兴老街较为突出的价值属性(表6.1)。

价值属性与构成要素、特征一览表　　　　　　　　　　表 6.1

价值属性	构成要素	特征描述
物质属性	整体空间	一江一溪二山的山水空间格局,Y字形空间结构,台地院落式的空间形态
	建筑物	以传统风貌建筑为主的巴渝传统民居建筑
	历史街巷	以正街、横街及三条巷道构成Y形街巷体系
	环境要素	古树名木、室外台阶、门楼、山地地形地貌、绿化环境
	历史场所	川主庙的戏楼、院落、码头、茶馆等场所
文化属性	地方民俗文化	民俗文化浓厚且丰富,包括茶馆文化、戏楼文化、作坊文化
	地域生活文化	码头运输、赶集、棋牌活动等
	社会结构	三代同堂,老年人口占主导,前店后宅、下店上宅的居住方式
功能属性	居住功能	以院落居住单元为主,排屋式居住为辅
	服务功能	文化娱乐、商铺、社区服务、医疗等公共服务齐全,供水及排污、垃圾处理设施较差
景观属性	景观背景	两座山体作为主要山体背景,与嘉陵江面相生相应
	景观廊道	沿江一侧观赏性强
	景观点与观景点	沿江一侧观赏性场所多,周围山体及嘉陵江及其对岸都市景观可作为观赏对象
	街道景观	Y字形街巷景观连续、自由,外挑的凉亭子构成街巷特色景观
环境属性	自然环境	山水环境保存完好
	外部环境的协调性	与山水环境整体协调性好,周围现代民居及工业厂房与街区风貌协调性差

资料来源:作者自绘

6.2.3 累积影响识别与分析

累积影响识别与分析包括累积影响来源识别、影响类型分析、影响过程分析三个环节。

1. 累积影响源识别

累积影响源是开发建设活动在时间、空间上的叠加产生的持续影响。同兴老街历史街区的潜在影响源包括新街区域建成的现代建筑与街区西南侧工业厂房（A）、拟开展的建设活动（北侧已出让的E19-5/01地块的建设）（B）、远期规划的滨

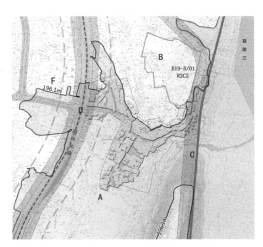

图 6.14　累积影响源叠加图（除 E 外）

资料来源：作者自绘

江路（C）、远景规划轨道 13 号线及其保护线（D）、远景规划的同兴轨道站点（E）、将淹没街区大部分区域的嘉陵江 20 年一遇设计水位线 196.1 米（F）六个影响源。尽管这六个影响源是在不同时期、不同空间区域发生的，但是累积叠加后对历史街区遗产价值具有重大影响（图 6.14）。

2. 影响类型与影响途径分析

（1）影响源 A

影响源 A，即位于新街区域已建成的现代民居建筑与工业厂房，处于正在影响的状态，具有持久性特点，对老街历史风貌具有间接影响，因此，影响源 A 属于对街区环境属性中外部环境协调性的环境影响类型（图 6.15）

图 6.15　影响源 A 现状实景

资料来源：作者自摄

（2）影响源 B

影响源 B，指即将开展的街区北侧已出让的 E19-5/01 地块（容积率 2.35，建筑限高 50 米）的建设可能产生负面影响，原用地性质为重庆市轻工业学校用地，学校搬迁

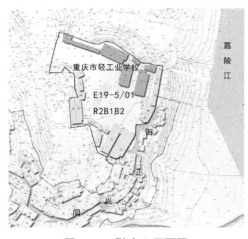

图 6.16 影响 B 平面图

资料来源：作者自绘

后置换为居住兼容商业、商务用地（图 6.16）。该地块位于老街北侧较高台地上，且濒临嘉陵江，景观条件极其优越，土地价值较高，若不控制开发强度与建筑高度，将对街区北侧背景天际线及空间格局造成负面影响。因此，影响源 B 属于对街区景观属性中的背景天际线、物质属性中的整体空间的影响。

（3）影响源 C

影响源 C，通过叠图法将远期规划的滨江路与街区核心保护区范围线叠加，可能导致三方面的负面影响。一方面，规划的滨江路从街区东部穿越，破坏了街区空间格局的完整性与真实性，同时，也割裂了街区与码头之间的历史路径。为避免 50 年及 20 年一遇洪水的淹没，滨江路将被整体抬高，导致道路竖向将大于街区整体标高，通过景观视线分析法分析，将使街区与嘉陵江之间的视线通廊受到阻碍，严重破坏到街区的景观属性（图 6.17）。另外，滨江路的建设还将破坏街区自然环境的完整性。因此，影响源 C 属于物质属性、景观属性、环境属性的永久性性、不可逆影响类型。

图 6.17 影响源 C 将穿越的现状实景

资料来源：作者自摄

（4）影响源 D

影响源 D，通过叠图法将远景规划的轨道 13 号线及其保护线与街区核心保护区范围线叠加，图面显示出 13 号轨道线及其保护线与街区核心保护区范围线在街区西部入口区域存在部分重叠，可能导致这部分区域传统风貌建筑的整治、改造活动受到限制，或通过拆除的方式保护轨道的运行，这时的影响是对街区物质属性的影响。另外，未来在轨道施工以及运营过程中可能会对老街街区声环境造成一定的影响。

（5）影响源 E

影响源 E，远景规划位于街区北侧约 700 米处的同兴轨道站点。轨道站点对周边土地的影响范围与距离城市中心区或中心商业区的距离有关，通常 500 米是土地价值的影响临界点[1]，此外，所在区域板块的土地价格也会产生一定的影响，同兴传统风貌区位于重庆沙坪坝区与北碚区交界区域，也是北碚蔡家组团最南部地段，因此对该区域土地价格较低。根据正常行人步行舒适性规律，500 米是步行较舒适的空间尺度，因此对轨道站点 500 米范围以外的土地价值影响较小。同兴老街北部入口距离轨道站点约 700 米，轨道站点对老街北侧 200 米范围以内的土地价值几乎没有影响，从而推导出轨道站点对老街风貌影响较小。

（6）影响源 F

影响源 F，即 20 年一遇洪水淹没线，将淹没街区大部分及其周边区域，对同兴老街历史街区及其周边区域的安全造成影响。历史资料显示街区 Y 字形大部分区域曾被洪水淹没过两次，只有街区北部高地区域未被淹没，但影响持续时间较短。

6.2.4 开展影响评估

判断各影响源对街区各属性造成的影响程度，以及历史街区各属性受到所有影响源的累积影响及其影响程度，目的是了解从规划、管理上可以避免哪些影响源或通过缓解措施减小对街区各价值属性的影响。

1. 确定指标及其权重

根据影响源的空间分布以及对历史街区属性的影响类型与影响途径的初步判断，以上六个影响源主要是对历史街区物质属性、文化属性、功能属性、景观属性、环境属性及其构成要素的影响。在物质属性、景观属性、环境属性的重要性比较中，通过随机选取五名专家进行打分，综合确定各属性权重，以总分 100 分计，物质属性为 62.49 分，环境属性为 13.79 分，景观属性为 12.78 分，功能属性为 6.55 分，文化属性为 4.39 分（表 6.2）。

价值属性、构成要素及其权重 表 6.2

影响受体		权重	
价值属性	构成要素		
物质属性	整体空间	19.53	62.49
	建筑物	20.32	

[1] 王伟，谷伟哲，翟俊，熊西亚．城市轨道交通对土地资源空间价值影响 [J]. 城市发展研究，2014，6：117-124.

续表

影响受体		权重	
价值属性	构成要素		
物质属性	历史街巷	11.18	62.49
	环境要素	6.32	
	历史场所	5.13	
文化属性	地方民俗文化	0.88	4.39
	地域生活方式	0.88	
	社会结构	2.64	
功能属性	居住功能	5.73	6.55
	服务功能	0.82	
景观属性	景观背景	5.40	12.78
	景观廊道	2.23	
	景观点与观景点	1.75	
	街道景观	3.39	
环境属性	外部自然环境	8.94	13.79
	外部建筑风貌	1.68	
	外部历史文化要素	3.10	

资料来源：作者自绘

2. 建立矩阵评估表

通过前文对影响类型与影响途径进行的初步分析，可知晓影响源对影响受体的作用类型、作用方式和作用时间，为了更加全面地分析影响源对街区价值属性（物质属性、文化属性、功能属性、景观属性、环境属性）的影响，首先建立简单矩阵表格，为影响源与影响属性之间作用的因果关系判断建立平台（表6.3）。

影响源与影响受体矩阵表　　　　　　　　　表 6.3

影响受体		影响源					
价值属性	构成要素	A	B	C	D	E	F
物质属性	整体空间						
	建筑物						
	历史街巷						
	环境要素						
	历史场所						
文化属性	地域民俗文化						
	地域生活方式						
	社会结构						

续表

影响受体		影响源					
价值属性	构成要素	A	B	C	D	E	F
功能属性	居住功能						
	服务功能						
景观属性	景观背景						
	景观廊道						
	景观点与观景点						
	街道景观						
环境属性	外部自然环境						
	外部建筑风貌						
	外部历史文化要素						

备注：A：新街区区域已建成的现代建筑与街区西南侧工业厂房；B：拟开展的建设活动（北侧已出让的 E19-5/01 地块的建设）；C：远期规划的滨江路；D：远景规划的 13 号轨道线及其保护线；E：远景规划的同兴轨道站点；F：将淹没街区大部分区域的嘉陵江 20 年一遇设计水位线 196.1 米

资料来源：作者自绘

3. 设定影响等级

设定五个影响等级，分别为"非常大""大""一般""较小""可忽略"，给每一个等级赋权重，分别为 7 分、5 分、3 分、1 分、0 分。

4. 开展影响评估

通过影响源与价值属性、构成要素的影响作用分析，选择相应的影响等级并计分，然后将构成要素的权重与影响等级权重进行加权平均处理，从而求得影响分值，即："影响程度分值 = 构成要素权重 × 影响等级权重 / 各权重之和"的加权平均计算公式，计算出构成要素的影响程度分值，进而计算出各影响源对各价值属性的影响程度，即单项综合分值。通过叠图法、视线分析法、社会调查法对影响源、影响受体之间直接或间接、长期或暂时、不可逆或可逆影响的关系进行分析（表6.4）。

价值属性、构成要素、影响源、影响程度一览表 表 6.4

影响受体及其权重		影响等级权重						影响程度分值					
属性	构成要素	A	B	C	D	E	F	A	B	C	D	E	F
物质属性	整体空间 19.53	0	3	5	0	1	0	0	6.51	10.85	0	2.17	0
	建筑物 20.32	0	0	3	1	0	1	0	0	12.19	4.06	0	4.06
	历史街巷 11.18	0	0	1	0	0	1	0	0	5.59	0	0	5.59
	环境要素 6.32	0	0	1	0	0	0	0	0	6.32	0	0	0
	历史场所 5.13	0	0	1	0	0	0	0	0	5.13	0	0	0

影响受体及其权重		影响等级权重						影响程度分值					
属性	构成要素	A	B	C	D	E	F	A	B	C	D	E	F
文化属性	地域民俗文化 0.88	0	0	1	0	0	3	0	0	0.22	0	0	0.66
	地域生活方式 0.88	0	0	7	3	0	3	0	0	0.47	0.20	0	0.20
	社会结构 2.64	0	0	3	0	0	1	0	0	1.98	0	0	0.66
功能属性	居住功能 5.73	0	0	5	0	0	3	0	0	3.58	0	0	2.15
	服务功能 0.82	0	0	1	0	0	1	0	0	0.41	0	0	0.41
景观属性	景观背景 5.40	0	5	5	0	3	0	0	2.08	2.08	0	1.27	0
	景观廊道 2.23	0	3	7	0	0	0	0	0.67	1.56	0	0	0
	景观点与观景点 1.75	0	0	5	0	0	0	0	0	1.75	0	0	0
	街道景观 3.39	1	0	0	3	0	0	0.85	0	0	2.54	0	0
环境属性	外部自然环境 8.94	0	1	7	1	0	1	0	0.89	6.23	0.89	0	0.89
	外部建筑风貌 1.68	5	3	0	0	0	0	1.05	0.63	0	0	0	0
	外部历史文化要素 3.10	0	0	5	3	0	1	0	0	1.72	1.03	0	0.34
综合分值（100）								1.90	10.78	60.08	8.72	3.44	14.96

资料来源：作者自绘

5. 判断影响结果

通过以上矩阵表格分析评估，可以计算各影响源对物质、景观、环境等价值属性的影响程度，并进行相应排序。从以上六个影响源对影响程度的得分统计显示，影响源 C 影响程度最大，得分 60.08，影响源 F 次之，得分 14.96，影响源 B 排名第三，得分 10.78，影响源 D 排名第四，得分 8.72，影响源 E 和 A 得分较低，分别为 3.44 和 1.90（表 6.5）。

各影响源对街区各属性影响的结果一览表　　　　　表 6.5

		C	F	B	D	E	A	累积	排名
总体影响程度分值		60.08	14.96	11.40	8.94	3.51	1.57	100.46	
其中	物质属性	40.08	9.65	8.17	5.1	2.72	0	65.72	1
	文化属性	2.67	1.52	0	0.20	0	0	4.39	5
	功能属性	3.99	2.56	0	0	0	0	6.55	4
	景观属性	5.39	0	1.73	1.62	0.79	0.54	10.07	3
	环境属性	7.95	1.23	1.50	2.02	0	1.03	13.73	2

续表

	C	F	B	D	E	A	累积	排名
影响排名	1	2	3	4	5	6		

备注：A：新街区域已建成的现代建筑与街区西南侧工业厂房；B：拟开展的建设活动（北侧已出让的 E19-5/01 地块的建设）；C：远期规划的滨江路；D：远景规划的 13 号轨道线及其保护线；E：远景规划的同兴轨道站点；F：将淹没街区大部分区域的嘉陵江 20 年一遇设计水位线 196.1 米

资料来源：作者自绘

以上表格显示，滨江路建设对街区的物质属性影响最大，对环境属性的影响次之，对景观属性也存在着一定的影响，这些影响都是永久性的、不可逆的，有必要采取缓解措施。20 年一遇洪水对街区的物质属性影响最大，但只是暂时性影响，是可逆的。北侧 E19-5/01 地块的建设对街区整体空间格局、景观背景天际线等有一定影响，需要采取控制措施。规划的 13 号轨道保护范围线对街区西侧入口区域部分建筑也有一定的影响。新街区域已建成的现代建筑与街区西南侧工业厂房对街区景观及环境属性同样存在一定影响，但可以采取措施进行缓解。另外，根据各影响源对各价值属性影响权重累加，可以对各价值属性的影响程度进行排序，得出物质属性影响程度最大，得分 65.72；其次为环境属性，而景观属性，功能属性与文化属性影响程度较小，得分分别为 6.55 和 4.39。实际上，功能属性与文化属性受到的影响，属于间接的影响，尤其是滨江路的建设导致街区居住功能规模的缩减，对传统生活出行的影响较大，此外洪水淹没对居民居住的安全也有一定影响，但在街区民意调查中，多数居民反映洪水淹没只是暂时的，主要还是滨江路的建设对居民步行生活出行的影响以及割裂居民与码头之间交通联系的负面影响。以上结果表明，影响程度与属性权重、影响等级呈正比关系，即若属性权重较大，其影响程度也较高，或者当属性的影响等级较高时，其影响程度也较高，这也检验了第 3 章关于"矩阵分析法"中的影响程度矩阵的一般性规律，即"价值属性重要性等级或变化规模越大、越高，总体影响就越大，反之越小"。

矩阵分析评估法可以较清晰地识别影响源与街区价值属性之间的影响因果关系，这也是影响结果的最终显示，具体影响途径可以通过空间的叠图、视线景观、社会调查等分析判断。本节通过累积影响评估对矩阵分析法的应用，目的就是通过系统地对街区价值属性、构成要素的影响进行较为全面的分析，厘清累积影响源与影响结果的关系，为下一步缓解措施的制定奠定基础，因此，通过定量的分析有助于定性的判断，定性的判断需要定量分析的支撑，二者是相辅相成的，由此形成"定性影响类型、途径初步判断→筛选街区价值属性作为评估对象→矩阵定量分析影响因果关系→定性总结与修正影响结果"的逻辑。

6.2.5 累积影响缓解措施

通过现状累积影响评估得出影响结论，然后针对具有重大影响、一般影响或较小影响的影响源提出缓解措施。重大影响（影响程度最大、永久性、不可逆的影响）的影响源属于不可接受的，应选择"放弃建设项目以彻底消除负面影响"和"调整方案"两种不同类型，缓解负面影响至可接受程度范围；一般影响属于制定缓解措施可接受的，可选择"通过恢复或补偿进行缓解负面影响""调整方案"两种同类型，减小负面影响至最低；较小影响属于可接受的，可选择"优化调整方案"，彻底消除负面影响。

通过影响评估结论显示，同兴传统风貌区存在的六个影响源，其中，影响源 C（规划滨江路）为重大影响；影响源 F（嘉陵江 20 年一遇洪水）、影响源 B（北侧已出让的 E19-5/01 地块建设）、影响源 D（远景规划的 13 号轨道线及其保护线）属于一般影响；影响源 E（远景规划的同兴轨道站点）、影响源 A（新街区域已建成的现代建筑与街区西南侧工业厂房）属于较小影响，应针对以上影响源提出相应的缓解措施建议（表 6.6）。

<table>
<tr><td colspan="4">影响源、影响结论、缓解措施对应一览表　　　　　　　　表 6.6</td></tr>
<tr><td></td><td colspan="3">影响结论与缓解措施建议</td></tr>
<tr><td>影响源</td><td>影响程度</td><td>可接受程度</td><td>缓解措施</td></tr>
<tr><td>影响源 A</td><td>较小影响</td><td>可接受</td><td>风貌整治、功能引导</td></tr>
<tr><td>影响源 B</td><td>一般影响</td><td>制定措施可接受</td><td>控制开发强度与建筑高度</td></tr>
<tr><td>影响源 C</td><td>重大影响</td><td>不可接受</td><td>放弃项目 / 调整方案</td></tr>
<tr><td>影响源 D</td><td>一般影响</td><td>制定措施可接受</td><td>恢复 / 补偿</td></tr>
<tr><td>影响源 E</td><td>较小影响</td><td>可接受</td><td>控制周边区域开发强度与风貌</td></tr>
<tr><td>影响源 F</td><td>一般影响</td><td>制定措施可接受</td><td>制定应急避难措施</td></tr>
</table>

资料来源：作者自绘

1. 已建成地块风貌整治与功能引导策略

针对新街区域现代建筑风貌对街区传统风貌的景观属性、环境属性的影响，可采取沿街立面整治的方式进行缓解，使街道两侧景观协调，现代建筑的风貌与街区传统历史风貌整体协调。针对工业厂房对街区传统风貌和交通的影响，应采取对工业厂房区域的功能与空间进行引导的措施，如新街对老街功能的疏散与拓展，空间结构、肌理与老街整体风貌的协调。

2. 邻近规划拟建地块的高度控制与功能引导策略

根据街区北侧地块 E19-5/01 容积率为 2.35、建筑限高 50 米的规定要求，将可能导致建筑高度达到 50 米，以嘉陵江岸为观景点进行视线景观分析，E19-5/01 地块建设可能对街区空间格局、街区北侧背景天际线影响较大，因此，应对建筑限高提出控制要求，以建筑高度不大于现状轻工业学校建筑高度（多层建筑高度）为宜，延续街区空间格局与北侧背景天际线；在功能引导方面，通过对轻工业学校历史文化的挖掘与展示，植入轻工业相关的创意产业，与老街场镇文化形成功能互补，不仅能增强同兴老街的历史文化价值，而且能促进老街整体价值的发挥。

3. 规划滨江道路的调整策略

鉴于滨江路的穿越将对历史街区的物质属性、环境属性、景观属性、文化属性、功能造成一定的破坏性影响，建议对滨江路的线型进行调整，通过两个方案对街区属性的负面影响进行比较，选择负面影响最小的线型方案。

（1）方案一：滨江路从南侧沿童家溪穿出接国道 G212

为避免滨江路从街区东部穿越，建议滨江路从街区南侧沿童家溪穿出接国道 G212（图 6.18）。

优点：避免了对街区东部区域的穿越，保证了街区物质属性的完整性。

缺点：南部山体是同兴老街"一江一溪二山"空间格局的山体环境要素，滨江路对南部山体的破坏性较大，对街区环境属性以及空间格局的影响较大，破坏了环境属性、景观属性的完整性。

（2）方案二：滨江路从南部山体的南侧穿出接国道 G212

为避免滨江路对街区空间格局、山体环境的负面影响，建议滨江路从街区南部山体的南侧边缘穿出，接国道 G212（图 6.19）。

优点：延续了街区的山水环境，有效保护了街区物质属性、环境属性、景观属性的完整性。

缺点：未来仍依托国道 G212 组织对外交通，因此，街区的外部交通条件未得以改善，街区交通环境影响较大。

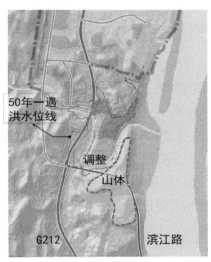

图 6.18　同兴老街滨江路调整方案一

资料来源：作者自绘

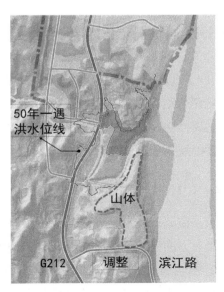

图 6.19　同兴老街滨江路调整方案二

资料来源：作者自绘

4. 轨道交通影响的补偿策略

按照轨道线保护控制的要求，轨道 13 号线保护线应拆除范围内的部分现状建筑，将对街区物质属性、景观属性、环境属性产生一定的影响，因此，可采取恢复或补偿的措施进行缓解。轨道与轨道保护线区域可用于街区环境属性、景观属性的加强，如增加开敞空间，或绿化环境的改善，为居民提供游憩、交流的场所，即通过对其他属性的增强以补偿物质属性的损失，从而减缓街区整体属性的影响。

5. 轨道站点与老街之间区域建筑风貌与高度的控制策略

未来同兴轨道站点的建设将提升周边土地价值，因而带来土地的高强度开发，从而对街区外部环境产生一定的影响，通常轨道站点 500 米范围以内为土地价值发挥最敏感区域，因此，轨道站点对街区邻近地块的建设强度与风貌提出控制要求，可缓解轨道站点对街区的负面影响。

6. 20 年一遇洪水的应急避难策略

嘉陵江 20 年一遇洪水对街区居民居住的社会安全影响、物质与环境的实体破坏性影响，前者属于暂时性影响，否则属于永久性影响。为缓解洪水对街区产生的负面影响，可考虑建设防洪堤工程以避免洪水对街区的淹没影响，但防洪堤工程将对街区的空间格局、环境属性、整体历史风貌带来重大影响，这种负面影响远远大于洪水带来的暂时性影响。因此，可采取防洪应急措施以缓解洪水对街区带来的影响，应急预案按相关专业措施执行，特别针对 20 年洪水期开展重点设防，建立防汛指挥机构，制定洪水监测网络及预警措施，加强防汛专业机动抢险队伍的建设。

6.3 保护规划内容制定

应以上位规划、法律法规为依据，以延续街区遗产价值为目标，在现状累积影响评估结果基础上提出缓解措施，以保护、改善街区价值属性（包括物质属性、文化属性、功能属性、景观属性、环境属性）为主要手段，指导开展老街传统风貌区保护规划编制。

6.3.1 规划定位

在《重庆市主城区传统风貌保护与利用规划》确定的巴渝历史传统风貌区定位框架下，进一步延续居住功能，保护生活价值，通过对老街历史文化展示，使街区的文化属性得以改善，从而提升街区历史文化价值；结合街区山水环境、景观特色，彰显环境、景观价值，将巴渝传统风貌区定位成以居住功能为主导，集商贸、文化、休闲观光等功能于一体。

基于历史街区影响评估的保护规划研究：以同兴老街为例

6.3.2　保护区划

保留上位规划对老街核心保护区的划定范围，核心保护区占地面积4.37公顷，在此基础上，划定街区风貌影响敏感区域为建设控制地带和环境协调区。其中，建设控制地带包括轨道交通西侧邻近地块、新街及建成的厂房区，老街北侧200米范围区域；环境协调区，即老街视线感知的环境区域，是与老街遗产价值关联的历史环境要素，包括南部山体、老街与嘉陵江之间的滩涂区域等（图6.20）。

图6.20　同兴老街保护区划控制图

资料来源：作者自绘

6.3.3　保护措施

1.价值属性的保护策略

（1）整体风貌的控制：保护街区整体空间格局，维护街区巴渝民居风貌。保护街区与童家溪、嘉陵江及南部山体的景观格局。

（2）街巷空间的延续：维持现有的街巷格局和空间，包括街道的走向、宽度及其与原有建筑高度的比例，延续街巷肌理。重点保护同兴正街、横街两条主要历史街道，以及与两条街道连接的三条支巷。

（3）推荐历史建筑的保护：保护推荐历史建筑的结构、高度、外观特征及其周围环境。

（4）典型历史环境要素的保护：保护街区历史场所（包括滨水码头、戏台、街巷转折空间等）、古桥、古树名木、周围农田景观、周边自然山体生态环境以及特殊观景点。

2.价值属性的改善策略

（1）街区内部价值属性的改善

对各类建筑遗存按照"维修改善、整治维修、更新改造"的方式进行分类保护整治；为满足未来旅游接待需求对主要入口、主要观景空间的拓宽，强化节点的聚集性与标志性；将所有推荐历史建筑原有居住功能置换为展示馆、陈列馆功能，增强街区的旅游接待能力，提升街区文化内涵，从而提升街区的社会、文化影响；结合街区场镇文化特色，将沿街部分底层空间进行商业置换，提升街区活力。

（2）街区外部价值属性的改善

将街区北侧与西南侧建设控制地带进行整体规划设计，对其功能与空间进行整合。

北侧 E19-5/01 地块以轻工业创意产业为主题，东南侧新街与工业厂房区以商贸文化为主题，作为街区未来功能的拓展区，两区域通过步行系统进行有机衔接，并延续街区传统空间肌理，改善街区功能属性与环境属性；为加强老街与东南侧山体之间的联系，增加步行路径，从而加强老街与河滩、码头之间的联系，强化既有步行路径；结合街区东部与南部山水资源，沿老街临溪一侧规划连续步道，增加若干处观景点，改善街区景观属性。

6.3.4 规划方案

1. 空间布局

在以上保护策略基础上，对街区空间环境进行设计构思。在总体布局上，依山傍水，山、水、城、相互交融，形成以"一江一溪二山"的空间格局。梳理其街巷空间，形成两街九巷的整体街巷格局。在延续原有 Y 字形街巷空间的基础上，恢复原有的北部步行入口和历史上相关的手工作坊，并在主入口设置老街牌坊，作为入口景观地标。主街恢复青石板传统铺装，横街重建戏台景观地标。重点整治码头区域，新增沿江栈道及观景平台，沿江滩涂区域进行分台处理，并进行消落带景观绿化。核心保护区沿街恢复凉亭子，保持历史真实性。山体公园内部设置景观地标（如景观亭、景观塔等）与观景台，增加山体公园与老街、嘉陵江水体之间的视线廊道，从而增强街区的景观属性（图 6.21、图 6.22）❶。

图 6.21 保护规划设计总平面

资料来源：重庆大学规划设计研究院有限公司. 同兴传统风貌区保护与利用规划 [Z]. 2017.

---

❶ 重庆大学规划设计研究院有限公司. 北碚区同兴传统风貌区保护与利用规划成果 [Z].2017.

图 6.22　沿嘉陵江一侧透视意向

资料来源：重庆大学规划设计研究院有限公司.同兴传统风貌区保护与利用规划 [Z].2017.

2. 功能分区

街区总体功能划分为"一带五片"的结构，即以老街文化体验为核心，依托资源特色，由核心区向周边历史环境拓展，形成童家溪滨水休闲观光带、老街文化体验区、滨江生态休闲区、老街商业拓展区、新街生活拓展区、滨江生态公园休闲区（图 6.23）❶。

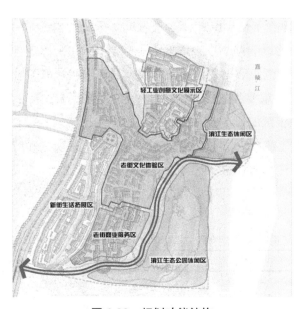

图 6.23　规划功能结构

资料来源：重庆大学规划设计研究院有限公司.同兴传统风貌区保护与利用规划 [Z].2017.

---

❶　重庆大学规划设计研究院有限公司.北碚区同兴传统风貌区保护与利用规划成果 [Z]. 2017.

6.4 保护规划影响评估

保护规划影响评估是关于保护规划方案（而非文本）对街区遗产价值及其属性影响程度（包括损害、增益）的检验，即评估保护规划实施后与实施前的遗产价值及其属性的变化影响。由于保护规划是在现状累积影响评估基础上开展的，以法律法规为依据，以遗产价值延续为目标，以价值属性的改善为手段，因此，保护规划影响评估的目的有别于建设项目遗产影响评估，保护规划影响评估是以正效应（或积极影响）为基本出发点开展的，而建设项目遗产影响评估是以建设项目不影响街区遗产价值为基本出发点开展的，二者在影响等级标准设置上存在一定的差异。

6.4.1 确定评估范围

保护规划影响评估范围，不同于建设项目影响评估范围，是以街区本体及其关联的环境为整体评估范围，包括周围风貌影响敏感区以及景观关联的自然山水区域，这里以保护规划方案研究范围为评估范围，即包括轨道线东侧的部分建设控制地带与风貌协调区。

6.4.2 建立指标体系

第 4 章第 4.3 节建立了历史街区影响评估的影响评估指标体系及其权重，但并非适用于所有历史街区的影响评估中，需要根据各历史街区的价值特色进行优化。结合同兴老街的山水环境特色及历史文化资源构成，通过随机选取三名专家对各价值属性、因子层、指标层的相对重要性进行打分，进一步对指标体系及权重进行验证、修正，从而建立同兴传统风貌区的影响评估指标体系（表 6.7）。相对于一般历史街区，同兴传统风貌区缺少文物建筑、古树名木，而且其环境属性、景观属性较一般历史街区突出，因此，通过专家打分法对各属性、因子、指标权重进行优化，从而生成同兴传统风貌区影响评估指标体系。

同兴老街影响评估指标体系及其权重   表 6.7

	准则层 B	因子层 C	指标层 D
目 标 层 A	B1 物质属性 0.5693	C11 整体空间 0.1846	D1 空间格局的延续性 0.1176
			D2 空间结构的延续性 0.0193
			D3 空间形态的延续性 0.0477
		C12 建筑物 0.0903	D4 推荐历史建筑的真实性与协调性 0.0723
			D5 传统风貌建筑的协调性 0.0181

续表

准则层 B	因子层 C	指标层 D
B1 物质属性 0.5693	C13 历史街巷 0.1839	D6 街巷空间的真实性 0.1598
		D7 街巷尺度的延续性 0.1379
	C14 环境要素 0.0658	D8 历史文化要素的真实性 0.0564
		D9 绿化环境的改善程度 0.0094
	C15 历史场所 0.0492	D10 历史场所的真实性 0.0335
		D11 历史场所的完整性 0.0112
B2 文化属性 0.0536	C21 地方民俗文化 0.0091	D12 民俗文化展示性场所营造程度 0.0060
		D13 民俗文化展示性场馆的数量 0.0030
	C22 地域生活方式 0.0208	D14 生活性场所的延续性 0.0069
		D15 生活性场所的改善程度 0.0138
	C23 社会结构 0.0238	D16 居住空间单元的真实性 0.0079
		D17 居住空间单元的延续性 0.0158
B3 功能属性 0.1981	C31 居住功能 0.1651	D18 居住用地规模比例的延续性 0.0825
		D19 居住建筑规模比例的延续性 0.0825
	C32 服务功能 0.0330	D20 公共服务设施的改善程度 0.0110
		D21 基础设施的改善程度 0.0220
B4 景观属性 0.0803	C41 景观背景 0.0368	D22 背景天际线的协调性 0.0245
		D23 背景风貌的协调性 0.0123
	C42 景观廊道 0.0152	D24 原有景观廊道的延续性 0.0127
		D25 景观廊道的增加程度 0.0025
	C43 景观点与观景点 0.0174	D26 原有景观点与观景点的延续性 0.0130
		D27 景观点与观景点的增加程度 0.0043
	C44 街道景观 0.0109	D28 主要街巷景观的延续性 0.0073
		D29 主要街道景观的协调性 0.0036
B5 环境属性 0.0987	C51 自然环境 0.0658	D30 自然环境的真实性 0.0439
		D31 自然环境的完整性 0.0219
	C52 与外部环境的协调性 0.0329	D32 与外部建筑风貌协调性 0.0389
		D33 与外部建筑高度协调性 0.0105
		D34 与外部自然环境的视线可达性 0.0040

（目标层 A 贯穿整个表格左侧）

资料来源：作者自绘

6.4.3 选择评估方法

评估方法，即评估保护规划方案对街区影响评估指标影响的过程选取的方法，这里主要选取"叠图法""视线分析法""调查法"进行过程分析，然后选取加权法、矩阵分析法进行结果分析，对各项指标影响程度进行统计、计算。"叠图法"的应用主要通过图形绘制，分析空间格局、空间结构、空间形态、街巷空间、街巷尺度、建筑遗存、历史场所、生活性场所、景观廊道与景观点等指标在规划前后的变化情况，规划前与规划后相互叠合，即能通过目测观察影响变化；"视线分析法"主要基于人视点角度（如沿嘉陵江、内部与外部主要观景点、街道行人视线等角度），分析背景天际线、风貌协调性、街巷景观、视线可达性等指标的影响。这里不再对叠图法、视线分析法的具体分析过程进行论述，仅对结果采用加权法、矩阵法的应用过程进行阐述；"调查法"，即征求原住民对于保护规划方案的意见，评估保护规划是否满足了他们的意愿，如居住环境是否改善、生活性场所是否延续、社会结构是否影响等。

6.4.4 开展影响评估

开展影响评估，即通过叠图法、视线分析法、调查法等方法，综合识别影响源，并判断各影响等级，计算影响损益度。通过核心区范围街巷肌理的规划前后对比，规划后核心区范围虚空间的覆盖面积较大，因此对"街巷空间真实性""历史场所的真实性"两项指标影响较大；通过核心区各功能建筑面积的前后对比发现，由于较多的传统风貌建筑置换为商业建筑，规划后导致居住建筑规模所占比例较小，对"居住空间单元的真实性""居住空间单元的延续性""居住用地规模比例的延续性""居住建筑规模比例的延续性"四项指标影响较大；外部环境规划前后对比显示，东侧嘉陵江沿岸的自然环境遭到一定的破坏，人工痕迹过多，尤其对街区东侧滩涂用地通过砖石材料分台处理，并通过笔直的室外台阶进行连接，对"自然环境的真实性""自然环境的完整性"两项指标具有一定的影响；通过沿江视线分析，老街沿嘉陵江一侧传统风貌建筑进行"吊脚楼"处理，人工痕迹较重，导致对"传统风貌建筑的协调性"指标影响较大；通过调查分析法即公众参与征求原住民对于保护规划方案的意见；对文化属性中"生活性场所的延续性""生活性场所的改善程度""社会结构"的影响进行分析，认为部分沿街建筑商业功能的置换以及部分推荐历史建筑植入陈列展示性功能，对居民居住、日常交往功能等干扰较大，尽管保护规划对于同兴老街在旅游品牌推广与文化旅游提升方面具有一定的积极意义，但是这样反而不利于原住民居住环境的改善，与保护规划过程中对原住民开展民意调查的结果相矛盾（绝大多数居民依然希望住在老街，并希望老街的建筑得到更新改造，他们更关注老街的风貌整治及配套设施的改善），还有一些原住民想要搬迁，因此并不希望对街区功能进行大幅度的更新（表6.8）。

同兴老街指标体系影响权重

表 6.8

准则层 B	指标层 D	影响损益值	影响等级（取中间值）	影响共计
B1 物质属性 0.5693	D1 空间格局的延续性 0.1176	0	5级（0）	−0.03401
	D2 空间结构的延续性 0.0193	0.002895	4级（15%）	
	D3 空间形态的延续性 0.0477	0	5级（0）	
	D4 历史建筑的真实性与协调性 0.0723	0.010845	4级（15%）	
	D5 传统风貌建筑的协调性 0.0181	−0.002715	6级（−15%）	
	D6 街巷空间的真实性 0.1598	−0.03995	7级（−25%）	
	D7 街巷尺度的延续性 0.1379	0	5级（0）	
	D8 历史文化要素的真实性 0.0564	0	5级（0）	
	D9 绿化环境的改善程度 0.0094	0.00329	2级（35%）	
	D10 历史场所的真实性 0.0335	−0.008375	7级（−25%）	
	D11 历史场所的完整性 0.0112	0	5级（0）	
B2 文化属性 0.0536	D12 民俗文化展示性场所营造程度 0.0060	0.0021	2级（35%）	0.006255
	D13 民俗文化展示性场馆的数量 0.0030	0.00105	2级（35%）	
	D14 生活性场所的延续性 0.0069	0.001035	4级（15%）	
	D15 生活性场所的改善程度 0.0138	0.00207	4级（15%）	
	D16 居住空间单元的真实性 0.0079	0	5级（0）	
	D17 居住空间单元的延续性 0.0158	0	5级（0）	
B3 功能属性 0.1981	D18 居住用地规模比例的延续性 0.0825	−0.028875	8级（−35%）	−0.052675
	D19 居住建筑规模比例的延续性 0.0825	−0.02875	8级（−35%）	
	D20 公共服务设施的改善程度 0.0110	0.00165	4级（15%）	
	D21 基础设施的改善程度 0.0220	0.0033	4级（15%）	
B4 景观属性 0.0803	D22 背景天际线的协调性 0.0245	0.006125	3级（25%）	0.01855
	D23 背景风貌的协调性 0.0123	0.003075	3级（25%）	
	D24 原有景观廊道的延续性 0.0127	0.001905	4级（15%）	
	D25 景观廊道的增加程度 0.0025	0.000625	3级（25%）	
	D26 原有景观点与观景点的延续性 0.0130	0.00325	3级（25%）	
	D27 景观点与观景点的增加程度 0.0043	0.001935	1级（45%）	
	D28 主要街巷景观的延续性 0.0073	0.001095	4级（15%）	
	D29 主要街道景观的协调性 0.0036	0.00054	4级（15%）	

续表

准则层 B	指标层 D	影响损益值	影响等级（取中间值）	影响共计
B5 环境属性 0.0987	D30 自然环境的真实性 0.0439	−0.010975	7 级（−25%）	−0.009175
	D31 自然环境的完整性 0.0219	0	5 级（0）	
	D32 与外部建筑风貌协调性 0.0389	0	5 级（0）	
	D33 与外部建筑高度协调性 0.0105	0	5 级（0）	
	D34 与外部自然环境的视线可达性 0.0040	0.0018	1 级（45%）	
影响权重共计				−0.16983

影响等级分为 9 个等级，分别为"1 级：增益大"（+40% ～ +50%）、"2 级：增益一般"（+30% ～ +40%）、"3 级：增益较小"（+20% ～ +30%）、"4 级：增益微弱"（+10% ～ +20%）、"5 级：没有损益"（−10% ～ +10%）、"6 级：损害微弱"（−10% ～ −20%）、"7 级：损害小"（−20% ～ −30%）、"8 级：损害一般"（−30% ～ −40%）、"9 级：损害大"（−40% ～ −50%）

资料来源：作者自绘

通过各价值属性影响损益值、价值属性影响损益度、综合影响损益度计算，得出各价值属性影响等级与综合影响损益等级，物质属性（5 级）、文化属性（4 级）、功能属性（7 级）、景观属性（3 级）、环境属性（6 级），综合影响等级为 5 级（表 6.9）。因此，除文化属性、景观属性影响等级较低外，其余影响等级都较高，综合影响等级也并未达到理想的评估结果。

各价值属性影响等级

表 6.9

价值属性	影响损益值	影响损益度	影响等级	排名
物质属性	−0.03401	−5.9%	5 级（没有损益）	3
文化属性	0.006255	11.7%	4 级（增益微弱）	2
功能属性	−0.052675	−26.6%	7 级（损害小）	5
景观属性	0.01855	20.5%	3 级（增益较小）	1
环境属性	−0.010795	−10.9%	6 级（损害微弱）	4
综合	−0.071055	−7.1%	5 级（没有损益）	

资料来源：作者自绘

6.4.5 评估结果判断

评估结果判断，即根据评估标准判断各价值属性影响等级是否满足要求。一般情况下，保护规划影响评估结果的评估标准较高，不能以影响等级为"没有损益"为评估标准。若以各价值属性影响等级不低于 3 级且综合影响等级不低于 4 级为评估标准，则需要对保护规划方案进行调整。

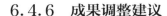
6.4.6 成果调整建议

从影响评估过程中识别出影响较大的影响源，包括"街巷节点放大""居住功能置换""滩涂区域人工整治""吊脚楼标准化处理"等规划方案要点，故需要对保护规划设计方案进行调整。街区内部街巷节点应尊重现状空间尺度，延续街巷肌理，减少居住功能置换比例，滩涂区域应结合自然地形地貌进行保护，减少人工痕迹，而沿江吊脚楼，应避免标准化处理，结合山地地形，尽量保持原始建筑风貌与细部特征，减少吊脚楼符号的拼贴、复制等，后续环节的方案调整内容不在这里赘述，方案调整达到设定评估标准时保护规划方案才能结束。

第7章　总结与展望

虽然遗产影响评估与历史街区保护是两个较为独立的系统，但是在应对我国历史街区保护面临的现状问题与矛盾方面，两者可以通过交叉、融合，即应用遗产影响评估工具解决历史街区保护面临的问题与矛盾存在可能。同时，遗产影响评估方法应用于历史街区这一具体、特殊历史遗产类型中探索我国历史街区保护理论与方法具有重要的学术价值与现实意义。遗产影响评估与历史街区保护的结合也正是借助国际遗产影响评估工具普遍推广的契机以及当前我国历史街区保护面临的现实问题与矛盾的特殊背下开展的，是普遍与具体、共性与个性的关系统一，也是理论与实践的辩证统一。

本书试图以历史街区这类活态遗产类型为突破口，以遗产影响评估理论与方法为基础探索历史街区影响评估理论与方法，并将此方法应用于历史街区保护进行了新的思考，旨在通过创新性探索保护方法来解决我国历史街区面临的现状问题与矛盾，也回应了遗产影响评估推广应用于我国遗产保护应用实践的初衷。基于此，本书最后从主要结论、主要贡献、尚存不足方面进行总结，并对未来遗产影响评估应用于我国其他遗产类型（历史文化名城、名镇、名村等）进行展望。

7.1　主要结论

针对历史街区保护面临的现实问题，从紧迫性、重要性、可行性方面总结本书的主要结论，包括以下三个方面：

（1）历史街区保护亟待遗产影响评估工具的有效介入

当前，我国历史街区保护理论与方法在应对快速城市化与快速开发进程的背景略显不足，由于缺乏遗产影响评估工具而导致相关规划编制价值影响针对性较弱、相关建设活动影响控制动态性较弱、相关保护实施引导系统性不足、相关保护管理时效性不足等现实问题与矛盾，因此，亟待遗产影响评估工具对历史街区保护进行主动、积极干预，以缓解既有保护与开发的尖锐矛盾。

（2）历史街区保护引入遗产影响评估具有重要的价值与作用

从遗产影响评估缘起与概念产生、意义与内涵、工作流程、技术流程等方面总结可知，遗产影响评估就是为缓解或避免遗产在城市发展过程中遭到负面影响的有效管理工具，虽然各国具体操作方式、管理制度等存在诸多差异，但目的都是为了缓解或避免城市建设活动对遗产的不良影响。本书论述了历史街区保护引入遗产影响评估工具的价值和意义，即它可以提高历史街区保护方法的科学性与保护管理的时效性，从而进一步缓解历史街区遗产价值遭受的负面影响，因此，历史街区保护引入遗产影响评估工具具有重要的价值与作用。

（3）历史街区影响评估能有效解决历史街区保护面临的现实问题与矛盾

本书在遗产影响评估的方法概述基础上，针对我国历史街区遗产价值的多样性与活态保护特点，探索了历史街区影响评估理论框架与方法，然后从规划、管理、保障、参与等层面探索了具体保护方法，最后结合同兴老街规划案例进行实证研究，因此，历史街区影响评估对于解决历史街区保护面临的现实问题与矛盾具有可操作性，故具有可行性。

7.2　主要贡献

本书以《世界文化遗产影响评估指南》内容为基础，借鉴其他国家和地区的评估经验，总结遗产影响评估的一般方法，用于避免或缓解历史街区保护与相关整治、更新、开发等人工活动之间的尖锐矛盾，也是填补遗产影响评估应用于我国城市历史遗产保护研究的空白。因此，本书结合历史街区价值多样性与活态保护特点，初步探索了以历史街区影响评估为主体的历史街区保护方法，主要贡献体现在以下四个方面：

（1）初步构建了基于活态保护的历史街区影响评估的方法体系

以遗产影响评估理论与方法为基础，结合历史街区活态保护特点，初步搭建了历史街区影响评估的理论框架；结合历史街区保护工作开展的动态性特点与影响源时空动态分布特点，总结了历史街区影响评估的工作流程与技术流程。

（2）初步构建了以价值属性为基础的历史街区影响评估指标体系

为提高历史街区影响评估结果的针对性，并加强评估的科学性，本书在历史街区价值的基本构成总结与基本价值属性判断基础上，依据历史街区活态保护特点，以真实性、完整性、延续性、协调性等属性特征为核心，初步构建了历史街区影响评估指标体系，为具有针对性的历史街区影响评估开展奠定了基础。

（3）初步探索了基于历史街区影响评估的整体保护规划框架

针对传统保护规划编制价值影响针对性弱与主动干预的系统性不足而导致规划编制科学性不足的问题，将历史街区影响评估纳入到传统保护规划编制程序中，探索了基于历史街区影响评估的整体保护规划框架，从而使得对价值属性的影响关注贯穿保护规划编制的全过程，以加强保护规划编制的针对性与科学性。

（4）初步探索了基于历史街区影响评估的动态保护管理框架

针对历史街区传统保护管理程序因其滞后性、针对性弱而带来的保护管理科学性不足的现实问题，将历史街区影响评估纳入到历史街区传统保护管理程序中，探索了基于历史街区影响评估的动态保护管理框架，使得内部保护与外部发展呈现出动态平衡的协调关系，以加强历史街区保护管理的主动性与灵活性。

7.3　尚存不足

遗产影响评估应用我国历史街区的保护过程中，需要在普遍与具体、共性与个性的辩证指导下开展。我国历史街区是历史文化名城体系中的重要类型与保护单元，各历史文化名城的地域特色差异必然导致历史街区价值特色的差异，因此，历史街区影响评估指标体系的权重构成并没有统一的标准，本书建立历史街区影响评估指标体系的权重并不能应用于所有类型的历史街区中，建立影响评估指标体系的权重并不是本书的最终目的，而是通过对历史街区各子项价值属性在整体价值属性中的相对重要性进行界定，进一步明确各子项价值属性影响等级，从而更加清晰准确地判断各子项价值属性及整体价值属性的影响结果，为下一步决策计划提供依据。

由于作者学术水平有限，对历史街区影响评估的理论基础论述较弱，还需要在未来研究中结合评估理论与遗产保护前沿理论进一步完善。本书只是从理论层面初步探索了历史街区影响评估的理论框架及方法，并以此从保护实践与管理层面探讨了历史街区保护改进方法，尽管以同兴老街为对象进行了实证研究，但是影响评估并未通过规划管理部门、规划设计部门、第三方评估机构等部门的真实性检验，因此，未来将遗产影响评估工具真正融入到遗产保护实践与管理工作中任重而道远。本书初步构建的历史街区影响评估方法体系，还有待结合历史街区具体管理工作与应用实践进行修正。

7.4　未来展望

本书将遗产影响评估工具应用于我国城市历史遗产体系中矛盾最尖锐、现实问题最为复杂且亟待解决的历史街区保护实践的探索性研究，是为其他遗产类型（历史文化名城名镇名村、历史建筑、文化线路、文化景观、工业遗产等）开展遗产影响评估提供一种保护思路或方法指引，因此，遗产影响评估应用于其他遗产类型保护的研究具有广阔的空间，从遗产的点（文物建筑）延伸到线（历史街区），拓展到面（历史文化名城）的影响评估的研究有待探索。

　　尤其快速城镇化进程与乡村振兴背景下，针对乡土文化景观人文与生态脆弱性特点，乡土文化景观与旅游开发建设活动、人居环境整治之间的矛盾将逐渐加剧，可借助遗产影响评估管理工具与保护理念方法，采取改善、修复和控制等多样手段，以真实性、整体性与最小干预为保护原则，降低乡土文化景观及其环境衰败的速度，促进乡土文化景观保护与发展取得平衡。

　　另外，针对我国丰富的历史遗产类型，如何将遗产影响评估结合我国既有的遗产保护管理体系，从法规、管理、技术维度自上而下建立遗产影响评估体系的任务十分艰巨，或者由点及面、自下而上通过某一城市对某特定遗产类型开展遗产影响评估进行试点，以此逐渐影响并推广到其他城市的开展，也是值得探索的。

附录　世界文化遗产影响评估指南（中文版）（2011）

该文来源于对中国古迹保护协会翻译的《世界文化遗产影响评估指南》（中文版）的整理．源文件下载地址：http：//www.icomoschina.org.cn/download.php?class=108.

宗旨

本指南旨在为开展世界文化遗产影响评估提供指导，目的是有效地评估潜在的开发项目对世界文化遗产的突出普遍价值可能造成的影响。

本指南适用于世界文化遗产的管理人员、开发商、咨询人员和决策制定者，并与世界遗产委员会和缔约国有关。

突出普遍价值这一概念是《世界遗产公约》和在世界遗产地开展活动的基础。

《世界遗产公约》诞生于 1972 年，旨在保护世界文化和自然遗产。公约旨在确认具有"突出普遍价值"的遗产，它们是"人类世界遗产整体"的构成部分，需要"加以保护并传递给下一代"。这些遗产由世界遗产委员会批准列入《世界遗产名录》。世界遗产委员会由 21 个缔约国代表构成。

世界遗产地的突出普遍价值是世界遗产委员会将其列入《世界遗产名录》时确定的，且自 2007 年以来成为突出普遍价值声明的一部分。因此在列入《世界遗产名录》时遗产地的突出普遍价值既已形成不可改变。

加入《世界遗产公约》意味着缔约国同意通过保护其境内具备突出普遍价值的遗产，为保护人类共有遗产做出贡献。这意味着，应通过保护反映突出普遍价值的遗产属性，持续维持遗产的突出普遍价值。

世界遗产地是一类具有公认国际价值的遗产地。遗产地内并非所有要素均承载突出普遍价值，但反映突出普遍价值的特征必须得到良好的保护。

本指南规定了开展遗产影响评估的方法论，将每个世界遗产视为独立的个体，采用系统和综合的方法评估对突出普遍价值属性所造成的影响，以适用于世界遗产地的需要。

本指南在国际古迹遗址理事会 2009 年 9 月份在巴黎召开的国际研讨会结束之后编制完成。

目录

附件 1：遗产影响评估程序

附件 2：范围界定报告的内容

附件 3A：评估遗产地的价值指南 - 示例

附件 3B：评估影响量级指南 - 示例

附件 3C：清单明细 - 示例

附件 4：遗产影响报告的内容

1　背景

近年来联合国教科文组织世界遗产委员会审议了大量保护状况报告，这些报告均与大规模开发项目对世界遗产造成的威胁有关。这些开发项目包括：道路、桥梁、高层建筑物、"方盒型"建筑物（如商场），不适当的、与环境格格不入的或不协调的开发、改造、拆除、新型基础设施（如风力发电厂），土地利用政策的改变以及大规模城市布局等。世界遗产委员会还分析了过度旅游或不适当旅游行为给遗产造成的威胁。上述大部分项目都对遗产外观、天际线、主要视廊以及其他构成遗产突出普遍价值的属性造成负面影响。

为便于国际古迹遗址理事会和世界遗产委员会充分评估这些潜在的威胁，有必要明确这些负面改变对遗产突出普遍价值造成的影响。尽管很多国家都开展遗产影响评估，但对世界遗产而言不够权威。

在进行遗产影响评估时，许多项目采用了环境影响评估（EIA）的程序。借鉴环境影响评估的经验固然有益，但如不做调整，则不适用于遗产影响评估。环境影响评估常将文化遗产的潜在属性进行分解，如保护建筑、考古遗址、具体景观及其视域等，然后单独评估每一属性可能受到的负面影响。这种做法缺乏从突出普遍价值的角度对遗产属性的整体进行评估。为此需要建立更综合的与遗产地突出普遍价值的表达直接相关的方法，加强对遗产地的评估。

环境影响评估直接用于世界文化遗产地评估时，结论常常令人失望，因为这些评估缺乏与遗产突出普遍价值属性的直接关系，且常常忽略累积性的影响和渐进式的（负面）改变。最近，在评估拟建大桥对世界遗产莱茵河中游河谷的潜在影响时就出现了上述问题。

目前关于评估对象认定和影响评估的手段还比较有限，也鲜有优秀范例可供借鉴。3D虚拟再现技术和其他数字化手段为遗产影响评估的实施提供了新的方式。

a）遗产影响评估实施的世界遗产框架

应将世界遗产视为反映突出普遍价值的单一实体。突出普遍价值反映在一系列遗产属性中，因此，要维持遗产的突出普遍价值，必须保护这些遗产属性。所以，遗产影响评估要评估拟开展的项目和改变对遗产属性造成的所有影响，既包括对单一属性的影响，又包括对遗产整体的影响。

按照《实施世界遗产公约操作指南》（联合国教科文组织，2008年）第154-5段规定，在编写世界遗产突出普遍价值声明时，必须清晰地列出所有反映突出普遍价值的属性特征及其相互联系。完整性和真实性声明也是一个有益的起点。

对"可接受的变化极限""吸收能力"等概念如何用于评估对遗产突出普遍价值的影响进行了讨论，但目前就这些概念是否有用且如何实施尚未形成一致意见。对如何恢复已遭到破坏的遗产价值也未形成一致意见。

目前已对大量视域评估手段进行了改进，用于评估拟开展的项目对世界遗产（特别是位于不断变化的城市环境中的世界遗产）突出普遍价值可能造成的影响。但这些工具很少深入评估对突出普遍价值所有属性的影响。在记录非物质文化遗产及描述遗产不同层次的属性特征方面也出现了新的手段，但尚未开发并用到世界遗产的评估中。

世界遗产多种多样，对其造成的潜在影响也呈现出不同的特征。尽管在可预见的未来对新手段的研制肯定会有益处，但目前在进行遗产影响评估时，必须利用所有现有的手段，而不应仅仅依赖于其中某一个手段。

第二轮世界遗产定期报告为国际古迹遗址理事会提供了与上述问题相关的新的数据材料。到2012年，所有世界遗产都应制定突出普遍价值声明，这将为国际古迹遗址理事会制定指南提供重要基础。

b）多样的规范、规划及管理制度框架

并非每个拥有世界遗产的国家必须开展环境影响评估和遗产影响评估。目前很多国家尚未形成相应的国家层面的规定。

各国遗产管理机构千差万别，有些在政府中属于弱势部门。有些国家虽已建立了良好的环境系统，为开展环境影响评估奠定了基础，但遗产方面（包括世界遗产）却欠发达，或缺项。另外还有些国家要求开展遗产影响评估，但触发评估机制的条件很简单，如只规定对某些活动进行评估或对达到一定年代的遗产地开展评估。

本指南旨在支持对遗产影响评估的实施应用，强化其影响力，将其推广到尚未有足够的法律法规来支持环境影响评估或遗产影响评估程序的地方。

各国应制定强有力的行业法规来推进遗产影响评估，所使用的方式方法也应符合国际标准。然而，许多国家允许一些认为是国家利益的特殊行业凌驾于环境影响评估或遗产影响评估之上，无视相关要求。

世界遗产管理规划是非常重要的。应纳入国家、区域及地方规划体系，并着力规定如何评估对遗产的改变。促进遗产的可持续发展极其重要，而保护遗产的突出普遍

价值要素尤为重要。如果遗产管理规划制定的非常合理，且制定过程中进行了充分的咨询和沟通，一些潜在问题和风险就有可能在管理规划框架内采取合作方式加以解决。管理体系中对风险的预估应具体情况具体分析，不应"一以概全"。其中的保护政策也可用于评估这些风险的潜在负面影响。

许多世界遗产地都缺乏运行良好的管理体系，甚至一些有管理规划的遗产地也是如此。这也是造成许多遗产地提交保护状况报告的潜在原因。

c）开展遗产影响评估所需的手段、资源和能力

许多国家都有世界一流的技术，而其他国家的技术水平、知识能力和资源则很初级。

本指南旨在适用于所有的情形。遗产影响评估中能够使用现代 IT 及高新技术手段的只有少数人，当然十分有用，特别是在复杂情形下；但遗产影响评估不应依赖于这些高精尖技术，而应鼓励推广已经实践证明行之有效的新技术。

有些评估项目进行了深入的研究和分析，耗资很高但成果却晦涩难懂，且难以实施。问题的关键是要明确完成任务所需的最佳资源配置，省却不必要的浪费。

为确保遗产影响评估正常开展，且成果能够得到全面有效的利用，所有级别的政府审批机构和世界遗产管理人员和工作人员接受培训十分重要。

参与遗产影响评估的人员知识背景及专业技能各不相同，有必要通过培训提升工作能力。通常来说，仅依靠某一名专家是无法完成一项遗产影响评估工作的，因此有必要组建一个团队，具有一定的分析技巧，以完成某特定项目或遗产地的评估。许多专业的环境管理机构可帮助数据存档或提供其他评估工具。某些情况下，相互之间的合作机会由此产生。

尽管规定在提名世界遗产时，提案中应有充分的数据佐证和文件资料，且应进行可行的监测管理，但实际上常常缺乏基础的文件资料。地理信息系统（GIS）是有效的工具，但却并不是文件管理的必要要求。所有的工具方法都应是系统化的，且遵循合理化原则。

2　遗产影响评估程序

2-1　简介

2-1-1　本章节旨在帮助缔约国、遗产管理人员以及世界遗产管理方面的决策制定者或其他人员处理可能影响遗产地突出普遍价值的改变。这些改变可能带来有益的影响，也可能会带来负面影响，但都应尽可能地给予客观评估。

2-1-2 本指南作为一个工具，旨在鼓励遗产管理人员和政策制定者在 1972 年《世界遗产公约》框架内思考遗产管理的关键内容、从而制定相应决策。同时也鼓励潜在开发商或其他对遗产进行改变的机构在适当时机对遗产关键要素给予足够充分的思考。利用遗产影响评估可整合特定时间段的相关信息，从而有助于世界遗产的全面管理。

2-1-3 评估对遗产造成的影响有多种方式，有些已形成法律规范，有些具有较强的技术特征，比较复杂，有些则较为简单。本指南对一些原则和选择进行了规定。无论选择何种方法，评估必须"适用"，既适用于世界遗产地，对拟做的改变有针对性，同时还应符合遗产所在地的环境特征。必须提交有力证据，以做出清晰、透明且可行的决策。

2-1-4 在提议做出改变时需考虑各种因素。能否形成均衡合理的决定，取决于对谁珍视遗产地和为什么珍视的了解。只有经过充分了解，才能有一个对遗产地重要性的清晰陈述，进而才能理解改变对遗产地重要性有何影响。

2-1-5 对于世界遗产，其国际重要性在列入《世界遗产名录》时就已认定，并写入突出普遍价值声明。缔约国应采取措施保护和保存反映突出普遍价值的遗产属性，以维持和保护遗产突出普遍价值。突出普遍价值声明阐述了为什么遗产具有突出普遍价值、以及哪些遗产属性反映了突出普遍价值，因而是遗产影响评估的核心。应尽量采取措施减缓对遗产造成的负面影响。然而，最终可能需要权衡可得的公共利益和可能给遗产造成的负面影响。因此，弄清楚改变会使哪些人受益以及改变背后的原因，对开展遗产影响评估有重要意义。在此情形下，保护遗产价值的权重应与其重要性和改变造成的影响成比例。事实上世界遗产具有全球性价值，因此从理论上讲，它们的价值比其他国内或当地的遗产价值更高一级。

2-1-6 如果提出的改变可能影响世界遗产的突出普遍价值，提案考虑的核心内容应是文化（和／或自然）遗产的属性，且应在对提案进行总体评估（如环境影响评估）的早期阶段提出。管理人员及决策制定者必须考虑，与利用和开发相比，遗产保护是否应置于更重要的地位。另外，遗产的改变是否会威胁其作为世界遗产的地位，或带来一定风险十分关键，这应在遗产影响评估中给出明确结论。

2-1-7 如某世界文化遗产应进行环境影响评估，则评估时应参照国际古迹遗址理事会的评估指南。在这种情况下，遗产影响评估是环境影响评估的组成部分，而不是作为环境影响评估的附属内容。遗产影响评估应采用与环境影响评估不同的方法，重点关注遗产的突出普遍价值以及反映突出普遍价值的遗产属性。环境报告前面部分就应有遗产影响评估结论的概述，而遗产影响评估报告全文则应作为附录中的技术文件。在项目筹划和提出工作内容时就必须明确这些要求。国际古迹遗址理事会和世界遗产中心鼓励缔约国采取措施确保遗产影响评估符合本指南的规定，并做到最好。如环境影响评估中的文化遗产部分没有将重点放在遗产突出普遍价值属性上，则达不到对世界遗产改变进行管理的标准。

2-2　在开始遗产影响评估前明确哪些是需要开展的事项

2-2-1　本质上来讲评估程序很简单：

• 处于风险中的遗产要素是什么，为什么如此重要－它对遗产突出普遍价值有何贡献？

• 对遗产所做的改变或提议的开发项目对遗产的突出普遍价值有何影响？

• 如何避免、减轻、弥补这些影响？

2-2-2　附件1是对整体程序的概述。在正式评估前应尽早与相关方保持联系和沟通，目的是使各方对遗产影响评估的范围和预期目标达成一致，这也是整个工作程序的重要一环。在工作开始初期应及早确认对遗产可能造成的负面影响，以便能积极主动地将相关信息反馈开发设计和规划的相关人员，而非被动参与。

2-2-3　管理遗产和制定决策必须要对世界遗产及其重要性、突出普遍价值、属性特征和存在环境有良好认知和理解。为有足够能力开展有效的影响评估，管理规划作为实施评估的第一步，非常重要。建立有关世界遗产及其环境特征的基础数据非常关键。

2-2-4　一旦遗产开发或改变用途的设想初步形成，则开展遗产评估时，首先应明确工作范围，这将为决策制定提供支持。同时早期阶段还应与相关方展开讨论磋商，包括任何将受影响的社区等。遗产影响评估还有助于有序整理不易获取的世界遗产信息。对所有利益相关方来说，遗产影响评估都将是一个有用的合作工具。

2-2-5　范围界定报告（或遗产影响评估招标文件）应征得各相关方一致同意，包括缔约国、区域政府或当地政府、遗产顾问或管理人员、当地社区或其他团体等。范围界定报告应明确规定应做哪些事情、为什么要这样做、以及如何做、什么时候通过什么方式能产生预期的效果、预期效果有哪些。应将所有利益相关方达成一致的工作进度表和开发项目附在文后（附件2）。

2-2-6　范围界定报告应简要描述世界遗产的基本情况及其突出普遍价值。应介绍拟做的改变或开发项目，包括做出改变或开发项目的原因、遗产的现状、可供选择的其他开发方案、遗产影响评估的方法体系和参考信息等。方法体系应包括待咨询的组织机构或人群，由此可以确定谁是利益相关方、谁构成了遗产所在地的社区，收集到的基础信息资料（包括研究方法、合适的研究区域、可能敏感的遗产受体、拟进行的调查、评估方法等）。这一阶段一个重要方面是要明确开发项目是否位于世界遗产及其缓冲区范围内，或者在遗产环境中但位于其缓冲区外。范围界定报告应突出说明重大或关键的影响－遗产影响评估报告可评估修改后的开发项目对这些影响的正面反应。

2-2-7 范围界定报告还应尽量清晰阐述目前已有的遗产地的相关信息以及遗产地存在哪些缺陷 - 信息库的质量如何、评估的信任度多高。这些应贯穿在实际评估过程中。

2-2-8 并非只在对遗产实施大型开发项目时才需要影响评估。政策变迁也可能对世界遗产造成重大影响 - 例如，土地使用和城市规划政策等。旅游基础设施和不断增加的游客数量也可能产生意想不到的结果。考古发掘虽然可能够获得更多的知识，但对遗产的突出普遍价值可能产生负面影响。

2-2-9 在这一阶段应确保开展遗产影响评估的组织机构或个人有足够的能力和经验来承担该项目，他们所具备的专业知识和能力应能胜任评估遗产地，遗产的物质和非物质文化内容、突出普遍价值等方面的需要，还应对遗产改变的性质和程度进行分析。单靠某个专家无法完成整个遗产影响评估，组成全面的遗产影响评估团队是非常重要的 - 包括遗产专家及具有其他相关专业才能的人员，应具有对某些特殊项目或遗产地进行分析的技巧。可寻求相互之间的合作机会，这将有助于培养整个遗产影响评估团队的能力，开发最佳实践做法，并分享经验和成果。

3 数据及文件资料

3-1 遗产登录、数据资料审查或现状勘察等的基本标准十分有益，但目前尚未制订这些标准。这些事项应与遗产及其管理需求相适应。遗产影响评估的文件资料阶段应尽可能全面，包括建立资料档案。

3-2 对世界遗产而言，最核心的资料是突出普遍价值声明和确认反映突出普遍价值的遗产属性的文件。本指南重点关注如何判断遗产改变或开发项目对反映突出普遍价值的遗产属性造成的影响。遗产影响评估应在一致认可的研究范围内，收集整理文化遗产各个层面和属性特征的信息，以充分理解遗产的历史发展变化、其存在的环境、以及其他价值（例如国家和地方层面的价值等）。

3-3 记录并管理收集到的资料尽管不是至关重要的评估程序之一，但十分有用。评估程序可能很漫长，取得的资料要在各个阶段不断更新。如果收集的资料处于不断变化的过程中，且评估程序非常冗长，则有必要制订一个类似"数据冻结"的机制，以便于遗产影响评估团队对相似数据进行比较和筛查。

3-4 遗产影响评估报告中还应以表格或索引的形式形成详细的清单目录，作为正文的附件。所收集的基础材料和信息资料形成的基础档案应妥善保管，便于日后查用，其中的参考和引用也应仔细标注，包括位置和出处链接等。无需使用地理信息系统（GIS）和复杂数据库等技术即可实现对文件资料的管理，我们所需要的就是找到适宜于该遗产资料管理需求的系统化的，一致的方法。

3-5　如果情况较为复杂，可考虑采用更为精确的方法。但是，使用数据库、地理信息系统或三维建模技术等会改变开展遗产影响评估的方式。这些系统的应用使得遗产影响评估不断反复循环进行，且能更有效地反馈到设计流程中。当然，这需要遗产影响评估团队提出更多的有关"如果……"情况的假设。范围界定报告中应明确相关原则，以便遗产影响评估团队能更为有效地反复开展遗产评估。

4　用于遗产分析的方式方法 - 优化使用现有工具、技术和资源

4-1　在遗产影响评估过程中收集信息应考虑所有潜在的数据来源。可使用案头研究、历史分析、实地考察等方式来确认遗产的状况、真实性和完整性特征、敏感视角等方法。可利用地表模型、通视性模拟等方式来预测对遗产的影响。要用清晰的文字捕捉并描述物质遗产及非物质文化遗产的特征，在可能的情况下，应将非物质特征与其依存的实物特征联系起来。

4-2　实地考察是遗产影响评估行之有效的方式。技术手段应与开发项目计划相适应，包括非介入性评估，或用地形调查、地理调查、虚拟 3D 模型进行现场勘察，以及一些介入较多的方法，如提取文物、科学调研、开挖探坑或探沟等。有些情况下收集口述历史或录音也很有用。

4-3　所收集的数据必须能量化反映出遗产属性特征及其脆弱性。同时还应分析非连续遗产资源之间的相互关系，以了解遗产的整体。物质层面与非物质层面之间往往存在关联，应研究清楚。

4-4　遗产影响评估中对信息的收集是不断重复循环的过程，这一过程常常会形成开发项目的替代方案和新的可能性。

4-5　遗产影响评估程序的一个关键内容是全面充分地理解世界遗产的突出普遍价值（以及其他遗产价值）。总体影响程度的评估是与遗产价值本身、拟做的改变以及影响程度的评估相关的。

4-6　在描述世界遗产时，应首先描述突出普遍价值的属性。这是衡量遗产改变或开发项目影响的"基础数据"，其中包括物质层面及非物质层面。描述每一个突出普遍价值属性的保存状况十分有用。

4-7　尽管突出普遍价值声明是开展遗产影响评估的关键起点，但有些声明对那些能够直接影响评估过程的遗产属性的描述还不够细致。每一遗产都应被评估，如有必要，还应在遗产影响评估过程中更具体地定义遗产属性特征。

4-8　上述对遗产属性的定义并不是指重新定义突出普遍价值声明，而是帮助拟做的改变进行决策。应注意，突出普遍价值在遗产列入《世界遗产名录》时既已确定，

除非经过完整的评估程序重新申报，否则突出普遍价值不可改变。

4-9 遗产位置图、专项图纸和平面图对于解释调查结果和发现问题是必不可少的。空间效果图对展示属性的分布、不同属性（也可能是过程）之间的关系，以及视觉、历史、宗教、公共、美学或证据等关联性特征很有帮助。应使用清晰易懂的方式将属性与突出普遍价值声明联系起来，不可过于简化，要用综述或图表方式表现出遗产的文化或其他内涵。遗产影响评估团队不应过度依赖于地图，因为人类对于地点的认知是 3D 的，为确认空间关系常常需要现场踏勘。

4-10 附件 3A 提出了价值评估的另一种方法。对遗产属性特征进行价值评估时，应将其与国际或国内的法定身份、国内研究议程中设定的优先顺序或建议、以及价值联系起来。应使用专业判断来确定这些资源的重要性。除了应尽可能客观地使用这一研究方法，同时也不可避免会将专业判断用于定性评估上。通常使用下述分级量表来定义遗产的价值：

- 很高
- 高
- 中
- 低
- 可忽略
- 未知

4-11 遗产影响评估报告中应使用清晰全面的语言描述单一遗产和／或群体遗产的属性特征，包括单一和／或群体遗产的状况、重要性、互动关系和脆弱性特征，可能的话，还应包括改变的余地有多大。还应使用适当的地图进行阐释，以助于读者理解。所有遗产要素都应涵盖在内，但是应将重点放在能反映世界遗产突出普遍价值的部分，为此，可能需要另辟章节，给出更为详细的阐释。详细的目录中应纳入相关支持性附件或报告，以便于读者查看每一要素的评估内容。附件 3C 中含有一个例子。

5 经得起推敲的影响评估／评价系统

5-1 开发项目或其他改变对文化遗产属性的影响可能是正面的，也可能是负面的。因此有必要确认所有改变对所有属性特征的影响，尤其是那些反映遗产突出普遍价值的属性，这也是本指南重点关注的内容。同样重要的是，应确认某项改变对某一属性特征造成影响的规模和严重程度，这些组合在一起，就决定了遗产影响的重要性，或者称之为"效果的严重程度"。

5-2 有时会认为影响基本上是对视线而言的。对视线的影响固然很敏感，但应使用国际古迹遗址理事会《西安宣言》的方法进行更广泛的评估。影响是多种多样的 - 直接的和间接的；累积的、暂时的和永久性的；可逆的和不可逆的；视觉的、实物的；社会的、文化的，甚至经济影响等。影响可能是开发项目的建设造成的，也可能是项目运转造成的。应按照遗产影响评估的相关性分别考虑。

5-3　直接影响指开发项目或遗产用途的改变对遗产造成的直接结果。其表现形式多种多样，如部分或全部实物遗产属性的丧失，和 / 或对遗产所处环境的改变 - 包括遗产的周边环境特征、当地环境、过去及现在与邻近景观间的关系等。在认定直接影响时，必须注意开发商为获得批准而采用的伎俩，即方案中避免出现直接影响 – 刚好"避开"实物资源。这种做法所造成的负面影响与对一处要素、格局、建筑群、环境或地方特色直接造成的负面影响是一样的。

5-4　造成实物损失的直接影响一般都是永久性的和不可逆的；这些通常是建设工程造成的，范围常局限在开发区域内。影响的规模及量级大小主要表现在：受到影响的遗产属性占多大比例、遗产属性的关键特征是否受损、其与遗产突出普遍价值间的关系是否受到影响。

5-5　对遗产属性所处环境的直接影响，可能是建设工程的后果，或是开发项目运转造成的，其影响可能距开发项目有一定距离。评估对遗产环境的影响时，主要包括在特定时间内可感知的视觉和听觉效果。这些影响可能是暂时的也可能是永久性的，可逆的或不可逆的，取决于在多大程度内可以消除造成此类影响的根源。所造成的影响可能是一时性的、零星出现的或者出现时间较短的，例如，可能和运转时间有关，或者与车辆通过的频率有关。

5-6　间接影响主要是指建设工程或开发项目运转带来的次级影响，可能会对开发范围以外的遗产环境造成实际损失或改变，例如，为支撑开发项目而进行的道路和供电线路等基础设施的建设。评估时也要考虑这些建设活动在提供便利方面的效果，如由于这些项目的建设使其他活动（包括第三方的活动）成为可能或得到便利。

5-7　对遗产改变 / 影响的规模大小及严重程度进行评估时，应考虑其影响是直接的还是间接的、暂时的还是永久性的、可逆的还是不可逆的。还应考虑不同影响可能造成的累积效应。遗产改变 / 影响的规模大小及严重程度（不考虑资产价值）可如下排序：

• 没有改变

• 可忽略的改变

• 较小改变

• 中等改变

• 较大改变

5-8　改变影响的严重程度—如总体影响—与某一遗产属性的重要性，以及改变的规模相关。可使用下面量级描述每一属性。由于遗产改变或影响可能是负面的，也可能是有益的，专门设计了九分制等级尺度，其中"无害无益"为中心点，如下：

- 有较大益处
- 有一定益处
- 有较小益处
- 益处可忽略
- 无害无益
- 负面影响可忽略
- 较小负面影响
- 有一定负面影响
- 有较大负面影响

遗产资产价值	遗产改变 / 影响的规模大小及严重程度				
	没有改变	可忽略的改变	较小改变	一定的改变	较大改变
	重大影响或总体影响（负面 / 有益）				
世界遗产非常高 - 反映突出普遍价值的遗产属性	无益无害	轻微	适中 / 较大	较大 / 非常大	非常大
其他遗产或属性特征	影响的严重程度（负面 / 有益）				
很高	无益无害	轻微	适中 / 大	较大 / 非常大	非常大
高	无益无害	轻微	适中 / 轻微	适中 / 较大	较大 / 非常大
中	无益无害	无益无害 / 轻微	轻微	适中	适中 / 较大
低	无益无害	无益无害 / 轻微	无益无害 / 轻微	轻微	轻微 / 适中
可忽略	无益无害	无益无害	无益无害 / 轻微	无益无害 / 轻微	轻微

5-9　例如：

- 为修建公路而完全拆除一座反映世界遗产突出普遍价值的关键建筑物，将造成主要负面影响或总体主要负面影响。
- 如将反映突出普遍价值的主要建筑物旁边后建的，与突出普遍价值无关的公路拆除，则属于主要有益影响或总体影响。

5-10　上表是一份总结，有助于对影响的评估。遗产影响评估报告应展示对每一项突出普遍价值属性的评估结果—如采用列表形式—并展示是如何取得单一或共同属性评估结果的。

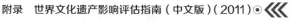

应包括定性及定量的评估结论。

5-11　应在现有政策和遗产及周边区域管理规划框架内对遗产改变或开发项目的提案进行审查。应根据遗产突出普遍价值属性和其他遗产资产来确定相关提案的规模、形式、利用等是否合适。视线、建筑类型、体积、表面状况、聚居形态、功能使用以及耐久度等之间必须有相互联系。因此有必要将开发项目的特征与遗产地特征匹配起来，这样开发建设项目才能对遗产起到补充和映衬的作用，甚至增强遗产属性。

5-12　还应评估开发项目对遗产完整性和真实性造成的影响。按照操作指南第79-88段的要求，在列入《世界遗产名录》或回顾性突出普遍价值声明时就对遗产真实性及完整性特征进行了基础性的描述。应充分理解遗产的突出普遍价值属性、完整性和真实性之间的关系，并体现在遗产影响评估报告中。真实性指遗产突出普遍价值属性得以展示的方式，完整性则指反映遗产突出普遍价值属性是否都存在于遗产中，且有没有受到侵蚀或威胁。

5-13　有益的方面和不利之处 - 或负面影响 - 必须加以慎重考虑。遗产改变可带来一系列益处和不利之处，谁是受益方（或者谁不在受益范围内）是一个非常重要的问题。通常来说，遗产本身和相关社区不会从开发项目中获益。评估影响所造成的资金方面的后果也很重要，这常常会直接影响决策的制定。分析必须能揭示出，而不是掩盖这些复杂性。在分析项目收益时必须考虑遗产保护的内容，支持保护遗产的内容应得到更大的权重。

6　能否避免、减少、修复或补偿 - 减缓这些影响？

6-1　影响评估是不断重复循环的过程。数据的收集和评估的结果应在项目开发的设计阶段、进行遗产改变的提议中或进行考古调查的过程中加以利用。

6-2　遗产保护意味着管理可持续改变。应采取任何可能的措施来避免、消除或减少对遗产突出普遍价值属性及其他重要部分造成的负面影响。必须平衡遗产改变带来的公共利益及其所造成的危害之间的关系。这对世界遗产来说至关重要。

6-3　遗产影响评估应明确减缓或抵消开发项目或其他改变所造成影响的原则和方法，包括对选址、时间安排、时长以及设计等方面。遗产影响评估应充分说明缓解措施符合保护突出普遍价值及世界遗产真实性和完整性的框架。可参考操作指南中对定期报告的相关规定。

6-4　遗产影响评估完成之前应适当增加互相之间的讨论和磋商。

7 为缔约国、咨询机构和世界遗产委员会提供有益的、且符合世界遗产总体框架和遗产地具体情况的评估

7-1 附件4对遗产影响评估报告的内容给予了指导。这是在进行适当讨论和界定、明确具体要求之后得出的专家意见。

7-2 遗产影响评估报告所提供的证据应使决策的制订清晰透明、切实可行。报告的详细程度取决于遗产地本身和拟做的改变。突出普遍价值声明是遗产影响及风险评估的核心。

7-3 遗产影响评估报告应显示：

• 对世界遗产及其突出普遍价值、真实性和完整性、保护状况、所处环境（包括其他遗产属性）和相互关系有全面的理解；

• 清楚开发项目或其他改变所造成的影响范围；

• 客观评估对遗产要素造成的影响（有益影响和负面影响），尤其是遗产地的突出普遍价值、完整性和真实性；

• 评估对维持遗产突出普遍价值的风险，以及遗产处于潜在或实际危险状态的可能性；

• 一份遗产改变带来的利益声明，包括对遗产地更多的知识，更好的理解和知名度的提升；

• 有关如何减缓或避免影响的清晰的指导方针；

• 支持性证据清单，包括突出普遍价值属性和其他遗产属性、影响、调查或科学研究、图表和照片的详细清单等。

7-4 遗产影响评估报告应出具非技术性的概要，清晰地阐述所有相关事项、详细的文字描述和分析、对影响评估结果的文字综述，并应佐以表格来帮助读者理解。

附件1：遗产影响评估程序

遗产影响评估各阶段
初期开发和设计
早期咨询
确认并招募合适的机构来开展工作
明确研究区域
明确工作范围
收集数据

整合数据

提炼遗产资源的特征，尤其是确认反映遗产突出普遍价值的属性特征

建立直接及间接影响模型并进行评估

编制影响减轻草案 – 避免、减少、修复或补偿

报告草案

咨询

中和评估结果并减轻损失

最终报告及插图例证 – 为决策提供信息

减缓

传播结果及获取的知识

附件 2：范围界定报告的内容

在开展影响评估之初应就工作范围达成一致意见，以"符合目的要求"，且有助于制定决策。早期咨询必不可少。

应与所有相关方协商确认评估的范围，包括缔约国、区域和当地政府或其代理机构、法定顾问和当地社区代表、公众等。在某些情形下，有必要向世界遗产委员会或其咨询专家、国际古迹遗址理事会或国际自然保护联盟进行咨询。

"开发商"有责任出具范围界定报告。内容应包括：

• 概述拟提议的遗产改变或开发项目，提供在撰写时所获得的尽可能多的详细资料；

• 根据撰写时整理的信息资料概述遗产地及其环境当时的状况；

• 突出普遍价值声明；

• 详述曾考虑过的遗产改变的其他方案；

• 概述遗产影响评估的方法论和工作范围；

• 已咨询的组织机构 / 人员以及未来要咨询的组织机构 / 人员；

• 对开发项目造成的主要影响的分项评估，包括：

– 详细的基础状况介绍（已知）；

– 开发项目中对整体影响或后果不严重的部分，因而可"排除"在评估范围以外的项目和理由；

– 如对遗产地所造成的影响较大，应详细介绍所收集到的资料（包括研究方法及研究领域）、有可能较为敏感的遗产地，尤其是那些反映遗产突出普遍价值的部分、所提议使用的调查及评估方法。

· 经协商后确定的涵盖整个评估过程的进度表，包括报告及咨询的截止日期等。

附件3A：评估遗产地的价值指南 - 示例

对世界遗产地进行遗产影响评估应考虑其所具有的国际遗产价值、其他当地价值或国家价值、以及国家研究规划中做出的优先顺序和建议。同时还应考虑到世界遗产所反映出的国际价值，例如作为国际自然遗产的名号等。应依托专业判断来确定资源的重要性。遗产地的价值可划分为下述分级量表：

· 非常高

· 高

· 中

· 低

· 可忽略

· 未知

下表并未穷尽所有的内容。

分级	考古学	建成遗产或历史城市景观	历史景观	非物质文化遗产或相关内容
非常高	1. 已被公认为具有国际重要性且列入《世界遗产名录》的世界遗产地； 2. 反映世界遗产突出普遍价值的单一属性特征； 3. 对已公认的国际研究目标有重要作用的遗产资产	1. 已被公认为具有国际重要性且以普遍意义为标准列入《世界遗产名录》的遗产地或构筑物； 2. 反映世界遗产突出普遍价值的单一属性特征； 3. 其他被认为具有国际重要性的建筑物或城市景观	1. 被认为具有国际重要性且列入《世界遗产名录》的景观； 2. 反映世界遗产突出普遍价值的单一属性特征； 3. 具有国际价值的历史景观，无论是否得到认定； 4. 保存极好的历史景观，有极好的整体性、时间深度或其他关键因素	1. 在国家注册的、存在非物质文化遗产活动的区域； 2. 具有特别的创新、技术或科学进步或与全球重要运动相关联； 3. 与全球重要性人物相关
高	1. 国家级且受到缔约国国内法律保护的考古遗迹； 2. 具有一定的质量及重要性特征，有待公布的遗产地； 3. 对公认的国内研究目标有重要价值的遗产地	1. 国家级地上遗构； 2. 其他可视为拥有特殊的构筑物或历史特征的建筑物，但未公布为保护单位； 3. 具有非常重要建筑物的保护区； 4. 尚未公布的但具有明显国家级重要性的构筑物	1. 国家级具有突出价值的历史景观； 2. 具有突出价值但未公布为保护单位的景观； 3. 具有较高质量和重要性和显而易见的国家价值、但未公布为保护单位的景观； 4. 保存极好的历史景观具有极好的整体性、时间深度或其他关键因素	1. 国家级与全球重要非物质文化遗产活动相关的地区或活动； 2. 具有特别的创新、技术或科学进步或与国家重要性行动相关联； 3. 与国家重要性人物相关

续表

分级	考古学	建成遗产或历史城市景观	历史景观	非物质文化遗产或相关内容
中	对区域研究目标有重要价值的已公布或尚未公布为保护单位的遗产地	1. 已公布为保护单位的建筑物。未公布，但反映出特别品质或历史的建筑物； 2. 拥有对历史特征有重要贡献的建筑物的保护区； 3. 含有重要历史完整性特征的建筑物或建成环境的历史城镇景观或建成区域	1. 已公布为保护单位的特殊历史景观； 2. 尚未公布但能证实具备特殊历史景观特征的历史景观； 3. 具有地区价值的景观； 4. 得到较好保存的历史景观，有一定的整体性、时间深度或其他关键因素	1. 与地方注册的非物质文化遗产活动相关； 2. 与区域或地方意义的特定创新，技术或科学发展运动有关； 3. 与区域意义特定个体有关
低	1. 已公布或尚未公布为保护单位的具有地区重要性的遗产； 2. 保存状况较差和/或相关环境未能完好存续的遗产地； 3. 具有较少价值但却可能为当地研究目标做出贡献的遗产地	1. 列入地方名录的建筑； 2. 未列入地方名录，结构或历史关联性特征较为一般的历史建筑物； 3. 筑物或建成环境具有较小历史完整性的历史城镇景观或建成区域	1. 未公布为保护单位的较好的历史景观； 2. 对当地利益群体有重要作用的历史景观； 3. 因保存状况较差和/或相关环境未能完好存续而导致价值降低的景观	1. 具有地方重要性的非物质文化遗产活动场所； 2. 与当地重要性人物相关； 3. 出现过相关活动或与相关活动相关联、但保存较差的区域
可忽略	具有较少或无考古价值的遗产地	1. 不具有建筑学或历史特征的建筑物或城市景观； 2. 具有干扰特征的建筑物	具有较少或没有重要历史价值的景观	具有较少关联性或较少非物质遗产存留部分
未知	资产的重要性尚未确定	具有某些隐含（如无法看到）或潜在历史重要性的建筑物	不适用	对该地区非物质遗产知之甚少或没有保存记录

附件 3B：评估影响量级指南 - 示例

影响分级	考古学属性特征	建成遗产或历史城市景观属性特征	历史景观属性特征	非物质文化遗产属性特征或相关内容
较大	1. 改变了反映世界遗产突出普遍价值的属性特征； 2. 大部分或包括传递遗产突出普遍价值在内的几乎所有的关键考古学要素完全被改变； 3. 对遗产环境造成彻底改变	1. 对反映突出普遍价值的关键历史建筑物要素的改变完全改变了整个资源； 2 对遗产环境造成彻底改变	改变大部分或全部关键历史景观要素、组成部分；极端视觉影响；改变噪声或声音品质；对用途或通达性造成重大改变；导致历史景观特征被完全改变、丧失突出普遍价值	较大地改变了相关区域，影响非物质遗产活动或相关性或视觉联系及文化鉴赏

影响分级	考古学属性特征	建成遗产或历史城市景观属性特征	历史景观属性特征	非物质文化遗产属性特征或相关内容
中等	1. 改变许多关键考古要素，遗产资源因此遭到明显改变； 2. 对遗产环境进行了较大改变，影响了遗产地的特征	1. 改变许多关键历史建筑物元素，遗产因此遭到明显改变； 2. 改变历史建筑物的环境，从而较大地改变了历史建筑物	改变许多关键历史景观要素、组成部分；改变许多历史景观关键部分的视觉特征；明显改变噪声或声音品质；较大改变遗产用途或通达性；导致历史景观特征出现中度改变	相当程度上改变了相关区域，影响非物质遗产活动或相关性或视觉联系及文化鉴赏
较小	1. 改变主要的考古要素，遗产遭到有限的改变； 2. 对遗产环境进行了有限的改变	1. 改变关键历史建筑物元素，遗产因此遭到有限修改； 2. 因改变历史建筑物的环境而造成对历史建筑物的有限改变	改变某些关键历史景观要素、组成部分；较小地改变了一些历史景观关键部分的视觉特征；较小改变了噪声级别或声音品质；较小改变遗产用途或通达性；导致历史景观特征出现较小改变	改变了相关区域，影响非物质遗产活动或相关性或视觉联系及文化鉴赏
可忽略	对关键考古要素或遗产环境进行了细微改变	对历史建筑物元素或环境进行了细微改，几乎没有影响	细微改变了某些关键历史景观要素、组成部分；几乎未改变视觉特征；对噪声级别或声音品质进行了细微改变；对遗产用途或通达性进行了细微改变；导致历史景观特征出现较小改变	细微改变了相关区域，影响非物质遗产活动或相关性或视觉联系及文化鉴赏
没有改变	没有改变	未对结构肌理或环境特征造成改变	未改变相关要素、组成部分；未改变视觉或听觉特征；未改变设施或社区元素	没有改变

附件3C：清单明细示例

下面列出了一组数据，可用于表格或详细目录，目的是整合单一或群组遗产的信息。

独特身份号码

遗产名称

地点（地图索引）

遗产类型（古墓、教堂、堡垒要塞、景观、非物质遗产等）

日期

法定名称（例如，国家或当地公布的名号，世界遗产地）

简要概述

保存状况

真实性

完整性

内在联系（列表）

脆弱性

重要性（非常高、高、中、低、可忽略、未知）

开发项目的影响量级 – 建设（较大、中等、较小、可忽略、没有改变）

开发项目影响的严重程度 – 建设（有较大益处、有一定益处、有较小益处、益处可忽略；没有改变、负面影响可忽略、较小负面影响、有一定负面影响、有较大负面影响）

开发项目运转的影响量级（同上）

开发项目运转影响的严重程度

附件4：遗产影响报告的内容

遗产影响评估报告应提供依据，是决策清晰透明、切实可行。报告的详细程度取决于遗产地和拟做出改变的复杂性。突出普遍价值声明是评估对遗产及其遗产地影响的核心。

遗产影响报告应包括：

• 正确的世界遗产名称；

• 世界遗产的地理坐标；

• 列入《世界遗产名录》的日期；

• 出具遗产影响评估报告的日期；

• 负责制定遗产影响评估报告的组织或实体机构；

• 报告提交对象；

• 声明：是否已对报告进行了外在评估或同行审议。

报告内容大纲：

1　非技术性概述 – 必须包括所有关键点，且能独立使用。

2　目录

3　前言

4　方法论

• 数据来源

• 出版著作

• 未出版报告

• 数据库

• 田野调查

- 影响评估方法
- 评估范围
- 遗产评估
- 特定影响和改变的程度评估
- 整体影响评估
- 界定评估区域

5 遗产地的历史和描述

突出普遍价值声明是这部分的关键内容，此外，还应包括对突出普遍价值属性的描述、对反映遗产真实性和完整性声明的属性的描述，这部分还应涵盖国家或地方公布的遗产地、遗迹或构筑物，以及尚未公布的遗产地。应描绘研究区域的历史发展过程、特征，如历史景观等，包括土地类型、边界、景观及文化遗产的现存的历史要素等。还应描述全部和个别遗产属性和构成要素的状况、物理特征、敏感视点、以及与遗产属性相关的非物质内容。应重点关注受到影响的区域，但对整体的描述也不能缺失。

6 描述拟做出的改变或开发项目

7 对改变造成的总体影响进行评估分析

这一部分应对遗产突出普遍价值属性和其他遗产要素可能出现的变化和受到的影响进行评估。应描述和评估直接和间接影响，包括对单一遗产属性、遗产构成要素和关联特征，以及遗产整体所造成的实物影响、视觉和噪音影响等。通过评估对遗产突出普遍价值属性的影响来评估对突出普遍价值的影响。应考虑对所有遗产属性的各种影响，并将专业判断以适当的形式展示，帮助决策的制定。

还应对影响效果的整体严重程度进行评估，即，改变或开发项目对单一属性或整个世界遗产的影响。同样，还应评估这些改变将如何影响人们对遗产地的认知，从地方层面到国家层面以及国际层面。

8 为避开、减轻或抵消影响而采取的缓和措施

这些措施应包括一般性的措施、针对遗产地的措施、以及针对特定遗产要素的措施：

- 在项目开发或改变开始（如考古发掘等）之前应做的事情
- 在项目建设期间或进行改变时应做的事情（如旁站监理或对遗产地的实物特征进行防护等）
- 改变或开发项目运转时应采取的措施（如阐释或开放、提升知名度、教育、重建提议等）
- 制定建议书，宣传在遗产影响评估和详细案头研究、实地考察或科学研究过程中获取的知识、信息或理解认知等

9　综述和结论，包括

• 改变对世界遗产突出普遍价值、完整性和真实性造成影响的清晰说明；

• 影响该遗产地列入《世界遗产名录》的风险；

• 有益的影响，包括可获取更多的知识，得到更深入的理解，提升认知度等。

10　参考书目

11　所使用的术语表

12　致谢和作者

13　插图和照片，如

• 遗产地的地址和范围，包括缓冲区

• 任何确定的研究区域

• 开发项目或提议的改变

• 可视化或通视条件分析

• 减缓措施

• 主要遗产地及其景观

14　含详细数据资料的附件，如

• 列有单一遗产地或元素、概要描述或影响综述的信息列表

• 案头研究

• 实地调查报告（如物探测量、试验、发掘等）

• 科学研究

• 顾问及咨询回复清单

• 范围界定说明或项目招标书

参考文献

外文书籍、期刊

[1] ICOMOS.Guidance on Heritage Impact Assessments for Cultural World Heritage Properties[R].2011.

[2] John Glasson，Riki Therivel and Andrew Chadwick.Introduction to Environmental Impact Assessment（4th edition）[M]. British Library Cataloguing in Publication Data，2012.

[3] ICOMOS.The Athens Charter for the Restoration of Historic Monuments[R]. Athens，1931.

[4] UNESCO.Recommendation concerning the Safeguarding of Beauty and Character of Landscapes and Sites[R].Paris，1962.

[5] ICOMOS.International Charter for the Conservation and Restoraion of Monuments and Sites.Decision and resolutions[R].Venice，1964.

[6] UNESCO.Recommendation concerning the Safeguarding and Contemporary Role of Historic Areas. Nairobi，1976. ICOMOS.Charter for the Conservation of Historic Towns and Urban Areas[R]. Washington，1987.

[7] The Australia ICOMOS.The Burra Charter[R].Burra，1999.

[8] Patiwael，Groote，Vanclay.The influence of framing on the legitimacy of impact assessment：examining the heritage impact assessments conducted for the Liverpool Waters project[J].Impact Assessment and Project Appraisal，2020，38（4）：308-319.

[9] Seyedashrafi Baharak，Kloos Michael，Neugebauer Carola.Heritage Impact Assessment，beyond an Assessment Tool：A comparative analysis of urban development impact on visual integrity in four UNESCO World Heritage Properties[J].Journal of Cultural Heritage，2020.

[10] Lin，Z. Issues in Underwater Cultural Heritage Impact Assessments in China[J]. Coastal Management. 2019，47（6）：548-569.

[11] Yildirim Yilmaz，Rehab El Gamil.The Role of Heritage Impact Assessment in Safeguarding World Heritage Sites：Application Study on Historic Areas of Istanbul and Giza Pyramids[J]Journal of Heritage Management. 2018，3（2）：127-158.

[12] ICOMOS.Xi'an Declaration ON THE CONSERVATION OF THE SETTING OF HERITAGE STRUCTURES，SITES AND AREAS[R]. Xi'an，2005.

[13] Hong Kong Criteria for Cultural Heritage Impact Assessment，Environmental Impact Assessment and Ordinance（Cap.499）Guidance Notes Assessment of Impact on Sites of Cultural Heritage in

Environmental Impact Assessment Studies[R]. Hong Kong.

[14] Dr.Ayesha Pamela Rogers.Cultural Heritage Impact Assessment：Making the Most of the Methodology[R]. Archaeological Assessments Ltd. Hong Kong.

[15] Alan Bond，Lesley Langstaff，Ross Baxter，Hans-Georg Wallentinus Josefin Kofoed，Katri Lisitzin & Stina Lundström.Dealing with the cultural heritage aspect of environmental impact assessment in Europe，Impact Assessment and Project Appraisal[J].2004，22（1）：37-45.

[16] ICOMOS INTERNATIONAL CONSERVATION CENTER.HoiAn Protocols for Best Conservation Practice in Asia[R].2005.

[17] Planning Policy Guidance 15：Planning and the historic environment，PPG15[R].1994

[18] English heritage.Conservation Principles，Policies and Guidance For the Sustainable Management of the Historic Environment[R].2008：47.

[19] Department for Communities and Local Government（DCLG），Planning Policy Statments5：Planning for the Historic Environment（PPS5）[R].2010.

[20] Department for Communities and Local Government（DCLG）.National Planning Policy Framework（NPPF）[R].2012.

[21] English heritage.Historic Environment Good Practice Advice In Planning Note2：Decision-Taking in the Historic Environment（GP2）[R].2015.

[22] The Environmental Assessment Act，R.S.B.C[S].1996.

[23] Ministry of Municipal Affairs and Housing.The Provincial Policy Statement（PPS）[R].2014.Ontario.ca/PPS.

[24] The Environment Conservation Act[R].1989（Act No.73 of 1989）.

[25] ENVIRONMENTAL IMPACT ASSESSMENT REGULATIONS[R].2014：44.

[26] Office of The President.National Heritage Resources Act[R].1999.

[27] NSW Government Office of Environment and Heritage.STATEMENTS OF HERITAGE IMPACT[R].

[28] Harlow Council.Heritage Impact assessment Templefields North East.[R].2013.

[29] John Glasson，Riki Therivel & Andrew Chadwick.Introduction to Environmental Impact Assessment，4th-edition[M].2012.

[30] Albert Dupagne and Jacques Teller.The application of EIA/SEA procedures to the urban cultural heritage active conservation. Proc. of 5th European Commission Conference on Research for Protection[J].Conservation and Enhancement of Cultural Heritage，2002.

[31] Alan Bond，Lesley Langstaff，Ross Baxter，Hans-Georg Wallentinus Josefin Kofoed，Katri Lisitzin & Stina Lundström Dealing with the cultural heritage aspect of environmental impact assessment in Europe[J]. impact Assessment and Project Appraisal，22：1（2004），37-45.

[32] Naohiro Nakamura.Towards a Culturally Sustainable Environmental Impact Assessment：The Protection of Ainu Cultural Heritage in the Saru River Cultural Impact Assessment[J].Japan. Geographical Research，2013，51（1）：26-36.

[33] Gro B. Jerpasen & Kari C. Larsen.Visual impact of wind farms on cultural heritage：A Norwegian case study[J]. Environmental Impact Assessment Review 31（2011）206-215.

[34] Patiwael，Groote，Vanclay. The influence of framing on the legitimacy of impact assessment： examining the heritage impact assessments conducted for the Liverpool Waters project[J].Impact Assessment and Project Appraisal，2020，38（4）：308-319.

[35] Seyedashrafi Baharak，Kloos Michael，Neugebauer Carola. Heritage Impact Assessment，beyond an Assessment Tool：A comparative analysis of urban development impact on visual integrity in four UNESCO World Heritage Properties[J].Journal of Cultural Heritage，2020.

[36] Patrick R. Patiwael，Peter Groote & Frank Vanclay.Improving heritage impact assessment：an analytical critique of the ICOMOS guidelines,International Journal of Heritage Studies,2019,25（4）： 333-347.

[37] Yildirim Yilmaz，Rehab El Gamil.The Role of Heritage Impact Assessment in Safeguarding World Heritage Sites：Application Study on Historic Areas of Istanbul and Giza Pyramids[J]. Journal of Heritage Management. 2018，3（2）：127-158.

[38] Baharak Seyedashrafi，Mohammad Ravankhah，Silke Weidner，Michael Schmidt. Applying Heritage Impact Assessment to urban development：World Heritage property of Masjed-e Jame of Isfahan in Iran[J].Sustainable Cities and Society，2017，31.

[39] Francesco Bellini，Antonella Passani，Francesca Spagnoli，David Crombie，and George Ioannidis. Maxiculture：Assessing the Impact of EU Projects in the Digital Cultural Heritage Domain.M.Ioannides et al.（Eds.）：EuroMed 2014，LNCS 8740：364-373.

[40] Jayson Orton & Lita Webley. heritage impact assessment for multiple proposed solar energy facilites on the remainder of farm klipgats pan 117，copperton，northen cape [R] . 2013.1-33.

[41] Jaime Kaminski，Jim McLoughlin，Babak Sodagar. Assessing the Socio-economic Impact of 3D Visualisation in Cultural Heritage[J]. M. Ioannides（Ed.）：EuroMed 2010，LNCS 6436，2010： 240-249.

[42] Civic Amenities Act[R].1967.

[43] Steven Tiesdell.Tension between revitalization and conservation[J]. Cities，1995（12）：231- 241.

[44] UNESCO.RECOMMENDATION ON THE HISTORIC URBAN LANDSCAPE[R]. 2011.

[45] Paul Davidoff.Advocacy and Pluralism in Planning[J]. Journal of the American Planning Association， 1965（4）.

[46] Sherry Aronstein.A Ladder of Citizen Participation[J]. Journal of the American Planning Association，1969（4）.

[47] David Bell，Mark Jayne. City of quarters：urban villages in the contemporary city[M]. York，Ashgate，2004.

[48] Criteria for Determining Cultural Heritage Value or Interest[R]，O.Reg.9/06.2006.

[49] English Heritage.Understanding Place：historic Area Assessment：Principles and Practice[R]. 2012.

[50] Northamptonshire County Council.Project Angel Historic Area Assessment[R]. 2013.

[51] English Heritage. OLD OAK.OUTLINE HISTORIC AREA ASSESSMENT[R]. 2015.

[52] VJJ Yannacone.National Environmental Policy Act of 1969[J]. Environmental Policy Collection，1970，176（4031）：453.

[53] Hong Kong Criteria for Cultural Heritage Impact Assessment，Environmental Impact Assessment and Ordinance（Cap. 499）Guidance Notes Assessment of Impact on Sites of Cultural Heritage in Environmental Impact Assessment Studies [R]. 1976.

[54] Jones，C.E. and Slinn，P.，"Cultural heritage in EIA – reflections on practice in North West Europe"[J]. Journal of Environmental Assessment Policy and Management，2008，10（3）：215-238.

[55] Australian Government，Environment Protection and Biodiversity Conservation Act 1999. Matters of National Environmental Significance：Significant Impact Guidelines 1.1[R]. 1999 .

[56] English Heritage Policy Statement，Enabling Development and the Conservation of Heritage Assets [R]. 2001.

[57] Canadian Environmental Assessment Agency. Reference Guide on Physical and Cultural Heritage Resources[R] .1996.

[58] International Network for Cultural Diversity-Framework for Cultural Impact Assessment[R]. 2004 .

[59] ICOMOS Canada，QUÉBEC DECLARATION ON THE PRESERVATION OF THE SPIRIT OF PLACE[R]. 2008.

[60] ICOMOS，Heritage as a driver for development（Paris Declaration 2011）[R] . 2011.

[61] UNESCO.The Role of Local Communities in the Management of UNESCO Designated Sites[R]. 2012.

[62] UNESCO.Hangzhou Declaration，Placing Culture at the Heart of Sustainable Development Policies[R]. 2013.

[63] ICOMOS.The Florence Declaration on Heritage and Landscape as Human Values [R]. 2014，Florence.

[64] WHTRAP.The Historic Urban Landscape，WHAT is the Historic Urban Landscape?[R]. 2014.

[65]　Ana Pereira Roders，Ron van Oers.Giudance on heritage impact assessments：Learning from its application on World Heritage site management[J]. Journal of Cultural Heritage Management and Sustainable Development 2012，02，（02）：104-114.

[66]　IAIA.what is impact Assessment?[R].2009.

[67]　Frank Vanclay，Ana Maria Esteves.Social impact Assessment：Guidance for assessing and managing the social impact of projects[R]. 2015：78.

[68]　Heritage Office and Department of Urban Affairs & Planning. Statements of Heritage Impact[R]. 1996.

[69]　CLG.Planning Policy Statement 5：Planning for the Historic Environment.London：Department for Communities and Local Government[R]. 2010.

[70]　English Heritage. National Planning Policy Framework（NPPF）[R]. 2012.

[71]　Ministry of Tourism，Culture and Sport.Ontario Heritage Amendment Act[R]. 2005 .

[72]　Office of The President.National Heritage Resource Act[R]. 1999.

[73]　Environmental impact assessment regulations[R]. 2014.

[74]　Environmental Protection Department，the Government of Hong Kong..Technical Memorandum [R].

[75]　Josh Fothergill.Guidelines for Landscape and Visual Impact Assessment 3rd edition[R]. 2013.

[76]　Leisure and Cultural Services Department，LCSD.Heritage Impact Assessment for Rear Portion of the Cattle Depot[R]. 2015.

[77]　NSW Heritage Office.Assessing heritage significance，2nd edition[R]. 2001.

[78]　English Heritage.Conservation Principles，Policies and Guidance[R]. 2008.

[79]　English Heritage.The setting of heritage assets[R]. 2012.

[80]　The Lieutenant Governor in Council，Provincial Policy Statement[R]. 2014.

[81]　Australia ICOMOS Incorporated International Council on Monuments and Sites，The Burra Charter[R]. 2013.

[82]　CEARC（Canadian Environmental Assessment Research Council）.The assessment of cumulative effect[M].A research prospectus.1988：9.

[83]　CEQ（Council on Environment al Quality）. National Environmental Policy Act . Final regulations[M] . Fed Regist . 1978：13.

[84]　Harry S et al. .Environ . Manage[J]. 1993，17（5）：587.

[85]　Heritage Impact Assessment 31-37 Helendale Avenue[R]. 2012：10.

[86]　Leisure and Cultural Services Department，LCSD，Antiquities and Monuments Office. Development Bureau Technical Circular（Works）No.6/2009. Heritage Impact Assessment Mechanism for Capital Works Projects[R]. 2009.

[87]　Antiquities and Monuments Office Leisure and Cultural Services Department. In Respect of the

Proposed Youth Hostel at 122A Hollywood Road Hong Kong [R]. 2015.

[88] Canadian Conservation Institute（CCI），ICCROM.The ABC Method：a risk management approach to the preservation of cultural heritage[M]. 2016.

中文书籍、期刊

[89] 联合国教科文组织世界遗产中心，国际古迹遗址理事会，国际文物保护与修复研究中心，中国国家文物局 . 国际文化遗产保护文件选编 [M]. 北京：文物出版社，2007.

[90] 董卫 . 可持续发展与文化遗产保护 [J]. 国际学术动态，1998（08）：3-5.

[91] 联合国人居署 . 新城市议程 [R].2016.

[92] 肖洪未，李和平 . 从"环评"到"遗评"：我国开展遗产影响评价的思考——以历史文化街区为例 [J]. 城市发展研究，2016（10）：105-110，117.

[93] 冯艳，叶建伟 . 国内外遗产影响评估（HIAs）发展述评 [J]. 城市发展研究，2017（01）：130-134.

[94] 冯艳，叶建伟 . 英格兰遗产影响评估的经验 [J]. 国际城市规划，2017（06）：54-60.

[95] 国际古迹遗址理事会（ICOMOS），中国古迹遗址保护协会译 .《世界文化遗产影响评估指南》（中文版）[R]. 巴黎，2011.

[96] 朱世云，林春绵 . 环境影响评价（第二版）[M]. 北京：化学工业出版社，2015：2.

[97] 联合国教科文组织世界遗产中心（WHC）. 实施《世界遗产公约》操作指南 [R]. 巴黎 .2013.

[98] 史晨暄 . 世界文化遗产"突出的普遍价值"评价标准的演变 [J]. 风景园林，2012，01：58-62.

[99] 国际古迹遗址理事会中国国家委员会，中华人民共和国国家文物局 . 中国文物古迹保护准则 [R].2015.

[100] 郭旃 .《西安宣言》——文化遗产环境保护新准则 [J]. 中国文化遗产，2005，06：6-7.

[101] 李晨 ."历史文化街区"相关概念的生成、解读与辨析 [J]. 规划师，2011，04：100-103.

[102] 阮仪三，孙萌 . 我国历史街区保护与规划的若干问题研究 [J]. 城市规划，2001（10）：25-32.

[103] 叶建伟，冯艳，袁世兵 . 遗产影响评价方法发展综述及我国的应用前景 [J]. 华中建筑，2016，07：25-28.

[104] Gamini，WIJESURIYA，李泓 . 遗产影响评估方法介绍——首届"遗产影响评估"国际培训课程综述 [J]. 能力建设，2013：12-17.[EB/OL].www.whitr-ap.org.

[105] 巴哈拉克·塞耶达什拉菲，徐知兰译 . 遗产影响评估在世界遗产地保护中的实际作用：科隆大教堂和维也纳城市历史中心 [J]. 世界建筑，2019（11）：56-61，138

[106] ICOMOS. 文化遗产阐释与展示宪章 [R].2008.

[107] 叶建伟，周俭，冯艳 . 澳大利亚遗产影响声明（SOHS）方法体系——以新南威尔士州为例 [J]. 城市发展研究，2016，02：13-18.

[108] 钟晓华.遗产社区的社会抗逆力——风险管理视角下的城市遗产保护 [J].城市发展研究，2016，23（02）：23-29.

[109] 邵甬，胡力骏，赵洁，陈欢.人居型世界遗产保护规划探索——以平遥古城为例 [J].城市规划学刊，2016（05）：94-102.

[110] 杨丽霞.英国文化遗产保护管理制度发展简史（上）[J].中国文物科学研究，2011，04：84-87.

[111] 肖洪未，李和平.我国香港地区遗产影响评价及其启示 [J].城市发展研究，2016（08），82-87.

[112] 肖洪未，李和平.基于视觉的香港遗产影响评估方法与应用：以香港文武庙为例 [J].建筑学报，2017（08）：95-99 .

[113] 中华人民共和国环境影响评价法 [R].2002.

[114] 国家文物局.国家考古遗址公园管理办法（试行）[R].2010.

[115] 国家文物局.大运河遗产保护管理办法 [R].2012.

[116] 宋文佳，别治明，王庆丽.文物影响评估初探 [J].中原文物，2014，05：122-155.

[117] 李伟芳.基于环境立法价值理念下的文化遗产保护研究 [J].武汉大学学报（哲学社会科学版），2015，06：111-118.

[118] 吉祥，任彬彬.五大道历史街区工程项目文物影响评估因子分析研究——以天津医院（天和医院）改扩建工程为例 [J].城市建筑，2015：1-2.

[119] 何吉成，徐洪磊，衷平，吴睿.城市轨道交通规划环评中的文物振动影响评价 [J].城市交通，2014（12）06：77-81，94.

[120] 吴东风.文物影响评估 [M].北京：科学出版社，2016.

[121] 李瑞.档案信息系统在世界文化遗产影响评估指南中的应用 [J].山西档案，2016（06）：51-54.

[122] 常海青.历史文化名城地铁建设项目文物影响评估的概念界定及评估技术路线研究 [J].南方建筑，2016（04）：35-39.

[123] 常海青.历史文化名城地铁规划建设项目文物影响评估的博弈分析 [J].建筑与文化，2016（12）：106-108.

[124] 刘宛.城市设计综合影响评价的评估方法 [J].建筑师，2005（02）：9-19.

[125] 陈旸，金广君.论城市设计的影响评估：概念、内涵与作用 [J].哈尔滨工业大学学报（社会科学版），2009（06）：31-38.

[126] 叶建伟.遗产影响评估的概述及发展历程 [A].中国城市规划学会、贵阳市人民政府.新常态：传承与变革——2015 中国城市规划年会论文集（08 城市文化）[C].贵阳：中国城市规划学会、贵阳市人民政府：2015：12.

[127] 杨茗，冯艳.香港文物影响评估——以荔枝角医院为例 [A].中国城市规划学会、贵阳市人民政府.新常态：传承与变革——2015 中国城市规划年会论文集（08 城市文化）[C].贵阳：中国城市规划学会、贵阳市人民政：2015：14.

[128] 杜爽，韩锋，罗婧.德国城市历史景观遗产保护实践：波茨坦柏林宫殿及公园的启示 [J].中国园林，2016（06）：61-66.

[129] 周炜."青藏铁路对当地传统文化影响与评估"座谈会综述 [J].中国藏学，2004（04）：113-116.

[130] 田青刚.基于文化生态视角的影响评价制度探讨 [J].生态经济，2011（07）：185-187+191.

[131] 王景慧.保护历史街区的政策和方法 [J].上海城市管理职业技术学院学报，2001，06：9-11.

[132] 张松.城市文化遗产保护国际宪章与国内法规选编 [M].上海：同济大学出版社，2007.

[133] 张松.城市历史环境的可持续保护 [J].国际城市规划，2017，02：1-5.

[134] 中华人民共和国建设部令.城市紫线管理办法 [S].2003.

[135] 中华人民共和国国务院令.历史文化名城名镇名村保护条例 [S].2008.

[136] 沈海虹.美国文化遗产保护领域中的税费激励政策 [J].建筑学报，2006，06：17-20.

[137] 李和平.美国历史遗产保护的法律保障机制 [J].西部人居环境学刊，2013，04：13-18.

[138] 胡斌，杜洋，许宁波.国外城市历史遗产保护制度体系综述 [J].福建建筑，2013，01：6-8+5.

[139] 伍江，王林.上海城市历史文化遗产保护制度概述 [J].时代建筑，2006，02：24-27.

[140] 张维亚.国外城市历史街区保护与开发研究综述 [J].金陵科技学院学报（社会科学版），2007，02：55-58.

[141] 吴良镛.北京旧城与菊儿胡同 [M].北京：中国建筑工业出版社，1994.

[142] 吴良镛.从"有机更新"走向新的"有机秩序"——北京旧城居住区整治途径(二)[J].建筑学报，1991，02：7-13.

[143] 张杰.论以社区为基础的城市小规模改造 [J].城市规划汇刊，1999，03：64-66.

[144] 宋晓龙，黄艳."微循环式"保护与更新——北京南北长街历史街区保护规划的理论和方法 [J].城市规划，2000，11：59-64.

[145] 陆翔.北京传统住宅街区渐进更新的途径 [J].北京规划建设，2001，03：20-21.

[146] 梁乔.历史街区保护的双系统模式的建构 [J].建筑学报，2005，12：36-38.

[147] 边兰春，井忠杰.历史街区保护规划的探索和思考——以什刹海烟袋斜街地区保护规划为例 [J].城市规划，2005，09：44-48，59.

[148] 吕斌，王春.历史街区可持续再生城市设计绩效的社会评估——北京南锣鼓巷地区开放式城市设计实践 [J].城市规划，2013，03：31-38.

[149] 杨涛.历史性城镇景观视角下的街区保护方法探索——以拉萨八廓街保护实践为例 [J].城市规划通讯，2015，04：15-16.

[150] 邵宁.以文化生态为核心的历史街区有机更新——以高邮盂城驿街区为例 [J].华中建筑，2016，04：118-121.

[151] 黄焕，Bert Smolders，JosVerweij.文化生态理念下的历史街区保护与更新研究——以武汉市青

岛路历史街区为例 [J]. 规划师，2010，05：61-67.

[152] 肖岚. 城市化进程中历史街区有机更新的探索——以温州市朔门历史街区为例 [J]. 城市发展研究，2009，06：119-124.

[153] 程亮. 城市化进程中的历史街区有机更新——以西宁东关清真大寺周边街区改造为例 [J]. 规划师，2014，S4：78-82.

[154] 马少军，刘丰，郑慧娜，等. 杭州清河坊历史街区的保护与有机更新 [J]. 建筑学报，2013，01：104-105.

[155] 杨克明，林锋. 有机更新理论在历史文化街区更新改造中的应用——以温州庆年坊历史文化街区为例 [J]. 规划师，2014，S3：217-220，226.

[156] 蒂耶斯德尔·史蒂文，希思·蒂姆，厄奇·塔内尔. 城市历史街区的复兴 [M]. 张玫英，董卫，译. 北京：中国建筑工业出版社，2006.

[157] 阮仪三，王景慧. 历史文化名城保护理论与规划 [M]. 上海：同济大学出版社，1999.

[158] 何丹，赵民. 论城市规划中公众参与的政治经济基础及制度安排 [J]. 城市规划汇刊，1999，05：31-34，80.

[159] 陈锦富. 论公众参与的城市规划制度 [J]. 城市规划，2000，07：54-57.

[160] 郑利军，杨昌鸣. 历史街区动态保护中的公众参与 [J]. 城市规划，2005，07：63-65.

[161] 冯家琪，李京生. 城市历史街区复兴过程中的公众参与——从北京钟鼓楼广场恢复整治项目所引发的公众参与事件谈起 [J]. 规划师，2013，S2：197-199.

[162] 王兆芳，赵勇，李沛帆，谷峥. 基于公众参与的历史文化街区保护研究——以正定历史文化名城为例 [J]. 城市发展研究，2014，02：27-30.

[163] 钟晓华，寇怀云. 社区参与对历史街区保护的影响——以都江堰市西街历史文化街区灾后重建为例 [J]. 城市规划，2015，07：87-94.

[164] 黄耀志，罗曦. 浅议历史文化街区的景观视觉影响评价——以苏州寒山寺为例 [J]. 现代城市研究，2010，06：44-49.

[165] 张小弨，赵博阳. 中国历史城镇和历史街区的保护与开发对地方社会的影响 [A].Information Engineering Research Institute，USA.Proceedings of 2013 International Conference on Economics and Social Science（ICESS 2013）Volume 14[C].USA：Information Engineering Research Institute，2013：8.

[166] 董莉莉，张宁. 历史文化街区保护整治的社会影响——以重庆市磁器口为例 [J]. 新建筑，2010，06：136-139.

[167] 蒲文娟. 历史街区保护的微观视域 [D]. 重庆：重庆大学，2017.

[168] 顾方哲. 公众参与、社区组织与建筑遗产保护：波士顿贝肯山历史街区的社区营造 [J]. 山东大学学报（哲学社会科学版），2018（03）：60-69.

[169] 向岚麟，董晶晶，王凯伦，赵丽璐. 基于主体视角的历史街区地方感差异研究——以北京南锣鼓巷为例 [J]. 城市发展研究，2019，26（07）：114-124.

[170] [英] 乔·韦斯顿. 城乡规划环境影响评价实践 [M]. 黄瑾、董欣，译. 北京：中国建筑工业出版社，2006：125.

[171] 蔡艳荣. 环境影响评价 [M]. 北京：中国环境科学出版社，2004.

[172] 朱贻庭. 伦理学大辞典 [M]. 上海：上海辞书出版社. 2002：144.

[173] 牛文元. 可持续发展理论的基本认知 [J]. 地理科学进展，2008，03：1-6.

[174] 李晖，丁宏伟. 可持续发展的历史街区保护 [J]. 规划师，2003，04：75-78.

[175] 国际古迹遗址理事会（ICOMOS）. 国际文化旅游宪章（重要文化古迹遗址旅游管理原则和指南）[R].1999.

[176] 国际古迹遗址理事会（ICOMOS）. 文化遗产阐释与展示宪章（中文版）[R].2008.

[177] 林源，李双双. 社群·文化遗产与景观——《关于作为人类价值的遗产与景观的佛罗伦萨宣言（2014）》导读 [J]. 建筑师.2016，02：60-67.

[178] 邵甬，朱丽娜. "历史性城镇景观"方法纳入《操作指南》的过程和意义 [J]. 世界遗产，2015，09：58-59.

[179] 谢华生，朱坦. 环境影响评价理论体系的建设 [J]. 农业环境科学学报.2004，23（4）：664-667.

[180] 吴煦，逯笑微. 基于价值判断的科技立法技术规范 [J]. 科技进步与对策.2011（10）：95-98.

[181] 徐振强，侯可斌. 建设项目环境影响评价的科学认识与价值判断——自然科学性与人文社会性的复合 [J]. 科技促进发展，2013（04）：48-56.

[182] 王景慧. "真实性"和"原真性" [J]. 城市规划，2009，11：87.

[183] 夏健，王勇，李广斌. 回归生活世界——历史街区生活真实性问题的探讨 [J]. 城市规划学刊，2008，04：99-103.

[184] 国际古迹遗址理事会（ICOMOS）. 国际古迹保护与修复宪章（威尼斯宪章）（中文版）[R].1964.

[185] 联合国教科文组织（UNESCO）. 内罗毕建议（中文版）[R]. 1976.

[186] 联合国教科文组织（UNESCO），世界遗产与当代建筑国际会议. 维也纳保护具有历史意义的城市景观备忘录（维也纳备忘录）（中文版）[R]. 2005.

[187] 联合国教科文组织（UNESCO）. 会安草案——亚洲最佳保护范例（中文版）[R]. 2005.

[188] 国际古迹遗址理事会，中国古迹遗址保护协会译. 世界文化遗产影响评估指南（中文版）[R]. 2011.

[189] 邱均平，文庭孝等. 评价学理论. 方法. 实践 [M]. 北京：科学出版社，2010：44-45.

[190] 李金香，李天杰. 南极长城站地区环境影响评估理论与方法初探 [J]. 极地研究，1997，04：70-80.

[191] 董文婉.国外环境影响评价概述及国内外工作程序的比较 [J].科技视界，2013.

[192] 吴仁海，熊豪品.景观及视觉影响评价 [J].中山大学学报（自然科学版），1998（S2）：225-228.

[193] 毛文永.建设项目景观影响评价 [M].北京：中国环境科学出版社，2005.

[194] 彭应登，王华东.累积影响研究及其意义 [J].环境科学，1997，01：87-89，97.

[195] 香港康乐及文化事务所古物古迹办事处.荔枝角医院之文物影响评估报告—文物保育计划书 [R].2009.

[196] 齐童，王亚娟，王卫华.国际视觉景观研究评述 [J].地理科学进展，2013，06：975-983.

[197] 西村幸夫等编＋历史街区研究会.城市风景规划——欧美景观控制方法与实务 [M].上海：上海科学技术出版社，2005：22-24.

[198] 单霁翔.历史文化街区保护 [M].天津：天津大学出版社，2015：49-51.

[199] 王军.《城记》[M].北京：生活·读书·新知三联书店，2003：14.

[200] 王路.历史街区保护误区之："镶牙式改造"——南京老城南历史文化保护困境 [J].中华建设，2011，05：22-23.

[201] 何依，邓巍.从管理走向治理——论城市历史街区保护与更新的政府职能 [J].城市规划学刊，2014（6）：109-116.

[202] 胡敏，郑文良，陶诗琦，等.我国历史文化街区总体评估与若干对策建议——基于第一批中国历史文化街区申报材料的技术分析 [J].城市规划，2016（10）：65-73，97.

[203] 重庆市规划设计院.渝中半岛城市形象设计 [Z].2003.

[204] 中国文化遗产研究院.湖广会馆全国重点文物保护单位的保护规划 [Z].2011.

[205] 钟晓华，寇怀云.社区参与对历史街区保护的影响——以都江堰市西街历史文化街区灾后重建为例 [J].城市规划，2015，07：87-94.

[206] 周俭，奚慧，陈飞.上海历史文化风貌区规划与建筑管理方法的探索 [J].上海城市管理职业技术学院学报，2006（2）：39-42.

[207] 王景慧."真实性"和"原真性"[J].城市规划，2009，11：87.

[208] 刘易斯.芒福德.城市文化 [M].北京：中国建筑工业出版社，2009.

[209] 梅保华.城市文化刍议 [J].城市问题，2000，1：14-17.

[210] 杨新海，林林，伍锡论，彭锐.历史街区生活原真性的内涵特征和评价要素 [J].苏州科技学院学报（工程技术版），2011，04：47-54.

[211] 张曦，葛昕.历史街区的生活方式保护与文化传承——看苏州古街坊改造 [J].规划师，2003，06：15-19.

[212] 罗曦，黄耀志，毕婧.历史文化街区视觉景观评价方法探析 [J].安徽农业科学，2011（09）：5393-5395.

[213] 张凤阳，王子强.基于视觉图式的历史街区景观空间组织研究——以苏州地区为例 [J]. 现代城市研究，2014（06）：14-21.

[214] 胡敏，张帆.英格兰遗产风险评估制度及其启示 [J]. 国际城市规划，2016（03）：49-55.

[215] 李瑞.档案信息系统在世界文化遗产影响评估指南中的应用 [J]. 山西档案，2016（06）：51-54.

[216] 钟晓华，寇怀云.社区参与对历史街区保护的影响——以都江堰市西街历史文化街区灾后重建为例 [J]. 城市规划，2015，07：87-94.

[217] 法兰克·范克莱，安娜·玛丽亚·艾斯特维丝编，谢燕，杨云枫译.社会影响评价新趋势 [M]. 北京：中国环境出版社，2015.

[218] 北碚区童家溪镇人民政府.童家溪镇志 [M].2004.

[219] 李和平，肖洪未.山地型历史文化街区保护规划的山地适应性方法研究——以重庆湖广会馆及东水门历史文化街区为例 [J]. 建筑学报，2016（03）：29-34.

[220] 重庆市规划局北碚分局.北碚区控制性详细规划全覆盖 [Z].2014.

[221] 重庆市规划设计研究院等.重庆市主城区传统风貌保护与利用规划 [Z].2015.

[222] 王伟，谷伟哲，翟俊，熊西亚.城市轨道交通对土地资源空间价值影响 [J]. 城市发展研究，2014（06）：117-124.

学位论文

[223] 潘鹏程.基于 HIAs 的历史街区保护规划评估研究 [D]. 南京：东南大学，2019.

[224] 常海清.西安城市轨道交通规划文物影响评估研究 [D]. 西安：西安建筑科技大学博士学位论文，2013.

[225] Jason Espino.Assessing the impact of natural gas drilling on the archaeological heritage of pennsylvania：A case study from washington county.Indiana University of Pennsylvania[D]. M.A.2013.

[226] Andrew Robert Goodrich.Heritage conservation in post-redevelopment Los angeles：evaluating the impact of the community redevelopment agency of the city of Los angeles（ARA/LA）on the historic built environment.University of Southern California [D].M.H.P.2013.

[227] 曹南薇.西安地铁一号线文物影响评估初探 [D]. 西安：西安建筑科技大学，2012.

[228] 魏鹏涛.西安地铁二号线文物影响评估初探 [D]. 西安：西安建筑科技大学，2012.

[229] 陶莹.西安地铁三号线文物影响评估初探 [D]. 西安：西安建筑科技大学，2012.

[230] 张琨.西安地铁四号线工可研阶段文物影响评估初探——以唐大明宫遗址周边站点为例 [D]. 西安：西安建筑科技大学，2012.

[231] 狄文莉.西安地铁五号线之文物影响评估初探 [D]. 西安：西安建筑科技大学，2013.

[232] 邓文青.大明宫遗址周边地铁站设计导则研究 [D]. 西安：西安建筑科技大学，2013.

[233] 覃俊翰 . 借鉴台湾经验的历史街区保护视角下的容积移转制度研究 [D]. 广州：华南理工大学，2012.

[234] 方国栋 .Public Participation in Hong Kong-case Studies in Community Urban Design[D]. 香港：香港中文大学，2001.

[235] LI Wai Sze，Freda. Public participation and urban renewal in Hong Kong：comparative case studies of two urban renewal projects[D]. 香港：香港大学，1999.

[236] 任栋 . 历史文化村镇保护规划评估研究 [D]. 广州：华南理工大学，2012.

[237] 刘雅静 . 磁器口历史街区保护过程与绩效评价 [D]. 重庆：重庆大学，2009.

[238] 王颖 . 历史街区保护更新实施状况的研究与评价 [D]. 南京：东南大学，2015.

[239] 罗军 . 可持续发展理论的哲学思考 [D]. 武汉：华中师范大学，2004：4.

中文报纸

[240] 张双敏 . 探讨文化遗产保护与可持续发展成功结合的有效途径 [N]. 中国文物报，2006-06-09（008）.

[241] 腾磊 . 何为文物影响评估（CHIA）[N]. 中国文物报，2014-05-02（006）.

[242] 常岷逊 . 英国文物影响评估机制概况及启示 [N]. 中国文物报，2015-03-20（006）.

[243] 腾磊 . 文物影响评估（CHIA）的范围 [N]. 中国文物报，2014- 5-14（006）.

[244] 腾磊 . 文物影响评估（CHIA）的主要内容 [N]. 中国文物报，2014-5-30（006）.

[245] 腾磊 . 文物影响评估的方法和手段 [N]. 中国文物报，2014-7-11（006）.

[246] 江迪 . 重视对重大建设项目的文化影响评估 [N]. 人民政协报，2016-03-12（021）.

[247] 历史街区"拆真建假"风潮：以文化名义自断文脉 [N]. 光明日报 .2014-02-25.

[248] 江山，徐明玉，郝话敏 . 济南芙蓉街保护现状堪忧 [N]. 中国文化报 .2012-10-11.

[249] 新沙滨路串起四座大桥 . 新建的磁器口段沙滨路，是一条呈 V 形水下隧道 [N]. 重庆晚报 .

中、英文网站

[250] 联合国教科文组织（UNESCO）. 关于城市历史景观的建议书 . 巴黎，2011.[EB/OL]. http：//www.historicurbanlandscape.com/themes/196/userfiles/download/2014/3/31/3ptdwdsom3eihfb.pdf.

[251] 丽江古城保护管理局 . 编制完成《遗产影响评估员工培训手册》.2013.[EB/OL] .http：//www.ljgc.gov.cn/gcdt/669.htm.

[252] ICOMOS INTERNATIONAL CONSERVATION CENTER. 联合国教科文组织"会安草案—亚洲最佳保护范例" .http：//www.iicc.org.cn/Info.aspx?ModelId=1&Id=347.

[253] NSW Government Office of Environment and Heritage.STATEMENTS OF HERITAGE IMPACT,

page2.[EB/OL]. http：//www.environment.nsw.gov.au/resources/heritagebranch/heritage/ hmstatementsofhi.pdf.

[254] Office of Environment and Heritage .Altering Heritage Assets. [EB/OL].http：//www.environment. nsw.gov.au/resources/heritagebranch/heritage/hmaltering.pdf.

[255] Ontario Heritage Act.2005.http：//www.mtc.gov.on.ca/en/heritage/heritage_act.shtml.

[256] Criteria for Determining Cultural Heritage Value or Interest，O Reg 9/06.2006，http：//canlii.ca/t/1pqc.

[257] 香港康乐及文化事务署古物古迹办事处 [EB/ OL].http：//sc.lcsd.gov.hk/TuniS/www.lcsd.gov.hk/ CE/Museum/Monument/b5/hia_01.php.

[258] The authority of the New Zealand Government. Resource Management Amendment.Act2013.[EB/ OL].http：//www.legislation.govt.nz/act/public/2013/0063/latest/DLM4921611.html.

[259] Frequently asked questions about Cultural Impact Assessments.[EB/OL]. http：//www. qualityplanning.org.nz/index.php/supporting-components/faq-s-on-cultural-impact-assessments.

[260] 国家文物局 . 关于加强基本建设工程中考古工作的指导意见的通知 .[EB/OL].http：//www.110. com/fagui/law_189444.html.

[261] 《中华人民共和国文物保护法》（2015）. 国务院新闻办公室网站 .www.scio.gov.cn.

[262] 黄阳阳，樊玉立 . 徐利明委员：历史文化名城项目须引入文化影响评估机制 . 新华报业网 [EB/ OL] http：//js.xhby.net/system/2017/03/03/030629669.shtml.

[263] WHTRAP. The Historic Urban Landscape，PILOT CITIES，亚太地区的试点城镇、中国试点城镇 . 2014 [EB/OL]. http：//www.historicurbanlandscape.com/.

[264] Environmental Protection Department，the Government of Hong Kong.Technical Memorandum [S]. [EB/OL]. http：//www.epd.gov.hk/eia/english/legis/index3.htmll.

[265] 住房城乡建设部办公厅关于印发《历史文化街区划定和历史建筑确定工作方案》的通 知，中华人民共和国住房和城乡建设部办公厅，2016.[EB/OL]. http：//www.mohurd.gov.cn/ wjfb/201608/t20160802_228390.html.

后 记

此书是基于我的博士论文《历史街区影响评估的方法及其应用研究》内容的再次梳理与修改撰写而形成的。因此，首先要感谢我的博士生导师李和平教授，他不仅引领我从事遗产保护的实践与学术研究，让我渐渐学习到认知遗产保护的新视野，而且他也相当于我的人生导师，让我领悟到了做学问最重要的前提是学会做学问的态度和方法，既要坚持诚实与执着的研究精神，而且善用学会弹钢琴的做事技巧。导师在我的论文写作过程中，从论文的选题、结构和写作方法等方面都给予了全面的指导。以上恩情学生今生将铭记于心。

其次，还要感谢重庆大学建筑城规学院能给予我学习和研究的平台，不仅给予我进入城乡规划一级学科继续深造的机会，也让我迷恋于具有巨大社会责任感的遗产保护事业，并深感遗产保护事业不仅需要人文情怀，而且更需要科学精神。

再次，要感谢我的父亲肖连军、母亲魏有华以及妻子季盈莹，在博士研究生学习与参加工作过程中给予我无限的关怀和支持，尤其在博士学位论文写作与书稿润色与修改过程中，对儿子肖苏翰给予全面的养育与教导，使得我才能更加全身心投入到书稿编辑工作过程中，在此由衷表达感谢与感恩。

最后，衷心感谢重庆大学建筑城规学院和平工作室的师兄肖竞、刘志、薛威，师姐高芙蓉，师弟谢鑫及其他同门，在博士生涯给予我无限的帮助和支持。

肖洪未

二〇二一年三月于西南大学北碚校区